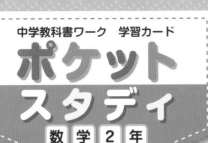

中学教科書ワーク　学習カード

ポケットスタディ

Pocket Study

数学2年

1 多項式の次数

次の式は何次式？

$3x^2y-5xy+13x$

2 同類項

次の式の同類項をまとめると？

$-x-8y+5x-17y$

JN079589

3 多項式の加法

次の式を計算すると？

$(4x-5y)+(-6x+2y)$

4 多項式の減法

次の式を計算すると？

$(4x-5y)-(-6x+2y)$

5 単項式の乗法

次の式を計算すると？

$-5x\times(-8y)$

6 単項式の除法

次の式を計算すると？

$-72x^2y\div9xy$

7 式の値

$x=-1$，$y=6$のとき，次の式の値は？

$-72x^2y\div9xy$

8 文字式の利用

nを整数としたときに，偶数，奇数をnを使って表すと？

9 等式の変形

次の等式をyについて解くと？

$\frac{1}{3}xy=6$

各項の次数を考える

$3x^2y + (-5xy) + 13x$

次数3　次数2　次数1

答 **3次式** ← 各項の次数のうちでもっとも大きいものが，多項式の次数。

使い方

- ミシン目で切り取り，穴をあけてリングなどを通して使いましょう。
- カードの表面が問題，裏面が解答と解説です。

すべての項を加える

$(4x-5y)+(-6x+2y)$ ← 符号はそのまま。

$=4x-5y-6x+2y$

$=4x-6x-5y+2y$

$=-2x-3y$ …答

$ax+bx=(a+b)x$

$-x-8y+5x-17y$ ← 項を並べかえる。

$=-x+5x-8y-17y$ ← 同類項をまとめる。

$=4x-25y$ …答

係数の積に文字の積をかける

$-5x\times(-8y)$

$=-5\times(-8)\times x\times y$

$=40xy$ …答

係数　文字

ひく式の符号を反対にする

$(4x-5y)-(-6x+2y)$ ← 符号を反対にする。

$=4x-5y+6x-2y$

$=4x+6x-5y-2y$

$=10x-7y$ …答

式を簡単にしてから代入

$-72x^2y\div9xy$ ← 式を簡単にする。

$=-8x$ ← $x=-1$ を代入する。

$=-8\times(-1)$

$=8$ …答

分数の形になおして約分

$-72x^2y\div9xy$ ← わる式を分母にする。

$=\dfrac{-72x^2y}{9xy}$ ← 約分する。

$=-8x$ …答

$y=$○の形に変形する

$\dfrac{1}{3}xy\times\dfrac{3}{x}=6\times\dfrac{3}{x}$ ← 両辺に$\dfrac{3}{x}$をかける。

$y=\dfrac{18}{x}$ …答

偶数は2の倍数

答 偶数　$2n$ ← 2の倍数

奇数　$2n-1$ ← 偶数 −1

または，$2n+1$ ← 偶数 +1

10 連立方程式の解

次の連立方程式で，解が$x=2$，$y=-1$であるものはどっち？

㋐ $\begin{cases} 3x-4y=10 \\ 2x+3y=-1 \end{cases}$　㋑ $\begin{cases} 4x+7y=1 \\ -x+5y=-7 \end{cases}$

11 加減法

次の連立方程式を解くと？

$$\begin{cases} 2x-y=3 & \cdots① \\ -x+y=2 & \cdots② \end{cases}$$

12 加減法

次の連立方程式を解くと？

$$\begin{cases} 2x-y=5 & \cdots① \\ x-y=1 & \cdots② \end{cases}$$

13 代入法

次の連立方程式を解くと？

$$\begin{cases} x=-2y & \cdots① \\ 2x+y=6 & \cdots② \end{cases}$$

14 1次関数の式

次の式で，1次関数をすべて選ぶと？

㋐ $y=\frac{1}{2}x-4$　㋑ $y=\frac{24}{x}$

㋒ $y=x$　㋓ $y=-4+x$

15 変化の割合

次の1次関数の**変化の割合**は？

$y=3x-2$

16 1次関数とグラフ

次の1次関数のグラフの**傾き**と**切片**は？

$y=\frac{1}{2}x-3$

17 直線の式

右の図の直線の式は？

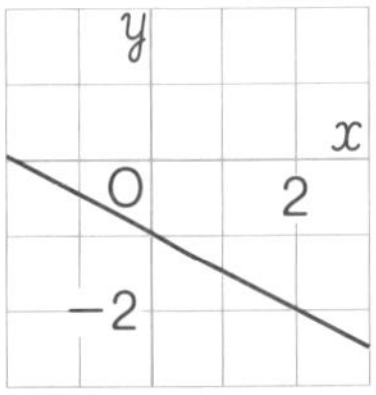

18 方程式とグラフ

次の方程式のグラフは，右の図のどれ？

$2x-3y=6$

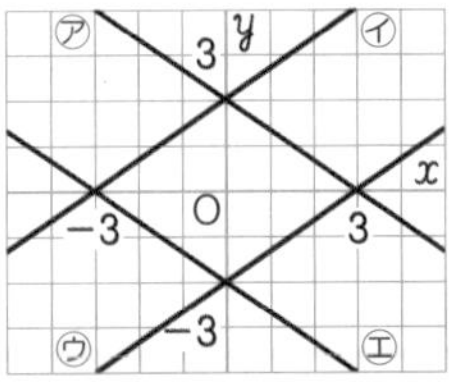

19 $y=k$，$x=h$ のグラフ

次の方程式のグラフは，右の図のどれ？

$7y=-14$

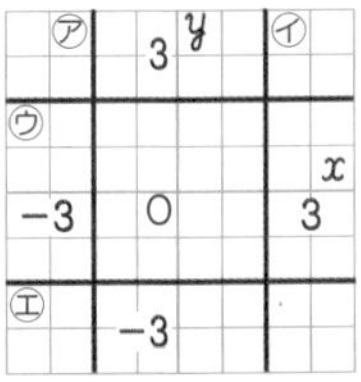

①+②で y を消去

$$\begin{array}{rl} & 2x-y=3 \\ +) & -x+y=2 \\ \hline & x\quad =5 \end{array}$$

$x=5$を②に代入

$-5+y=2$

$y=7$

答 $x=5,\ y=7$

①を②に代入して x を消去

$2\times(\underline{\underline{-2y}})+y=6$

$-3y=6$

$y=-2$

$y=-2$を①に代入

$x=-2\times(-2)$

$x=4$

答 $x=4,\ y=-2$

x の係数に注目

答 3

> 1次関数 $y=ax+b$ では，
> 変化の割合は一定で a に等しい。
> $(\text{変化の割合})=\dfrac{(y\text{の増加量})}{(x\text{の増加量})}=a$

切片と傾きから求める

答 $y=-\dfrac{1}{2}x-1$

（$-\dfrac{1}{2}$ ↑ 傾き，-1 ↑ 切片）

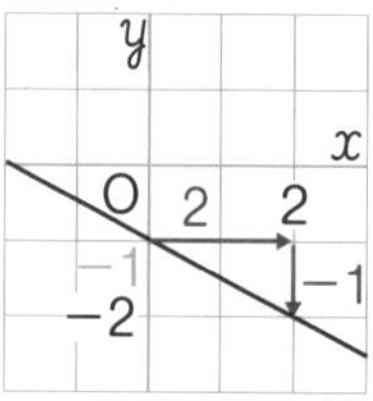

$y=k$，$x=h$ の形にする

答 ㊁

$7y=-14$

$y=-2$ ← x 軸に平行な直線。

㋐ $x=-2$
㋑ $x=2$
㋒ $y=2$
㋓ $y=-2$

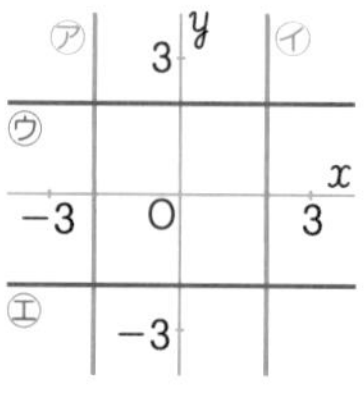

代入して成り立つか調べる

答 ㋑ ← どちらの方程式も成り立たせる x，y の値が解。

㋐	上の式	左辺 $=3\times2-4\times(-1)=10$	○
	下の式	左辺 $=2\times2+3\times(-1)=1$	×
㋑	上の式	左辺 $=4\times2+7\times(-1)=1$	○
	下の式	左辺 $=-1\times2+5\times(-1)=-7$	○

①−②で y を消去

$$\begin{array}{rl} & 2x-y=5 \\ -) & x-y=1 \\ \hline & x\quad =4 \end{array}$$

$x=4$を②に代入

$4-y=1$

$y=3$

答 $x=4,\ y=3$

y が x の1次式か考える

答 ㋐，㋒，㋓

（㋒ ↑ $b=0$ の場合。）

> 1次関数の式
> $y=ax+b$
> ax…x に比例する部分
> b …定数の部分

a，b の値に注目

答 傾き $\dfrac{1}{2}$

切片 -3

> 1次関数 $y=ax+b$ のグラフは，傾きが a，切片が b の直線である。

y について解く

答 ㋒

$2x-3y=6$をyについて解くと，

$y=\dfrac{2}{3}x-2$ ← 傾き $\dfrac{2}{3}$，切片 -2 のグラフ。

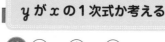

20 対頂角

右の図で，

∠xの大きさは？

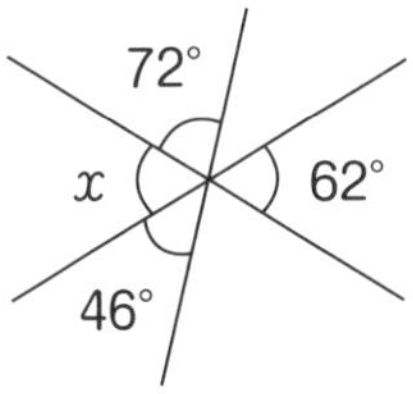

21 平行線と同位角，錯角

右の図で，

$\ell /\!/ m$のとき，

∠x，∠yの

大きさは？

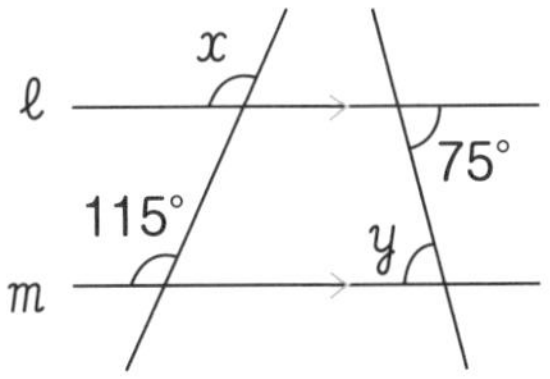

22 三角形の内角と外角

右の図で，

∠xの大きさは？

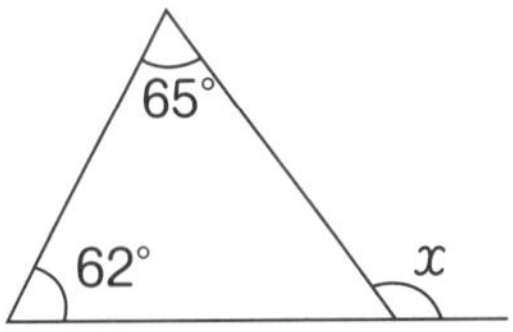

23 多角形の内角

内角の和が1800°の多角形は何角形？

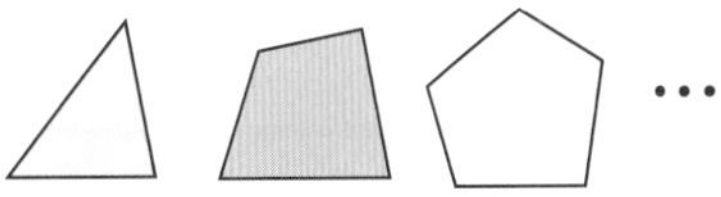

24 多角形の外角

１つの外角が20°である正多角形は？

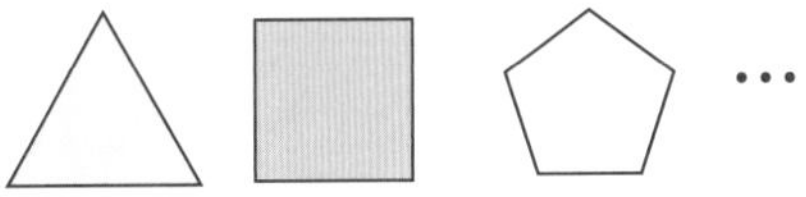

25 三角形の合同条件

次の三角形は合同といえる？

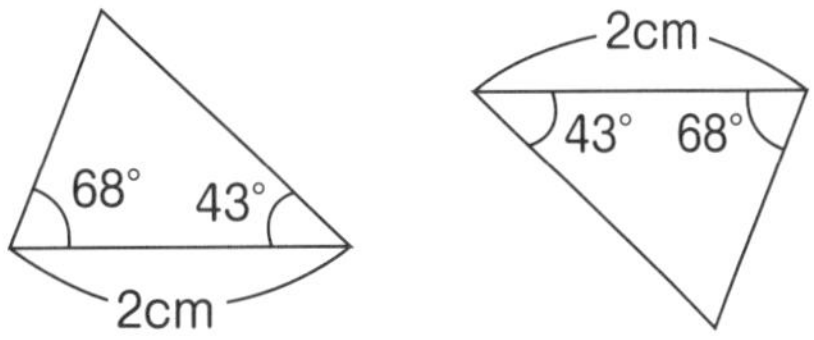

26 二等辺三角形の性質

二等辺三角形の性質２つは？

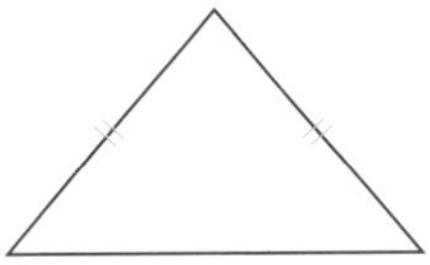

27 二等辺三角形の角

右の図で，

AB＝ACのとき，

∠xの大きさは？

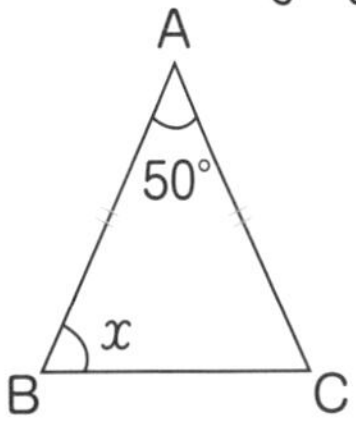

28 二等辺三角形になる条件

右の△ABCは，

二等辺三角形と

いえる？

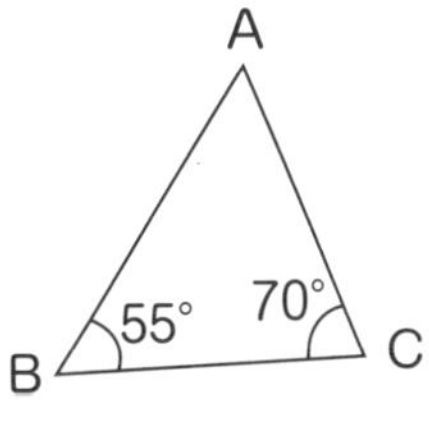

29 直角三角形の合同条件

次の三角形は合同といえる？

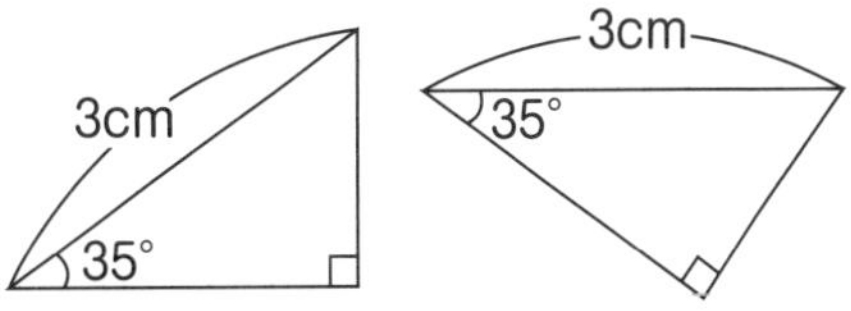

同位角，錯角を見つける

答 $\angle x=115°$
$\angle y=75°$

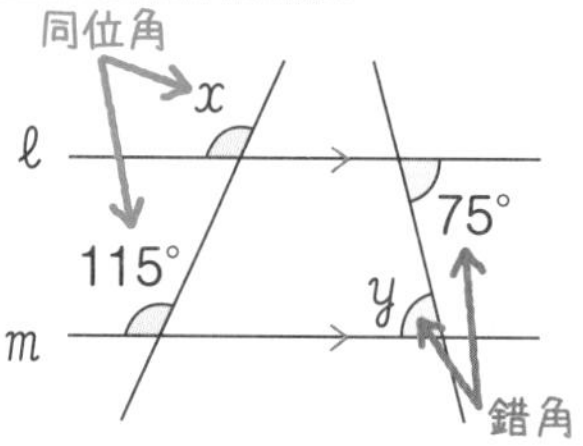

2直線が平行ならば
同位角，錯角は等しい。

対頂角は等しい

答 $\angle x=62°$

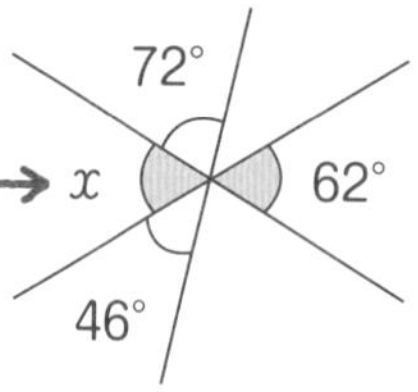

向かい合った角を → x
対頂角といい，
対頂角は等しい。

内角の和の公式から求める

答 十二角形

$180°\times(n-2)=1800°$

$n-2=10$

$n=12$

n角形の内角の和は
$180°\times(n-2)$

三角形の外角の性質を利用する

答 $\angle x=127°$

$\angle x=62°+65°$

$=127°$

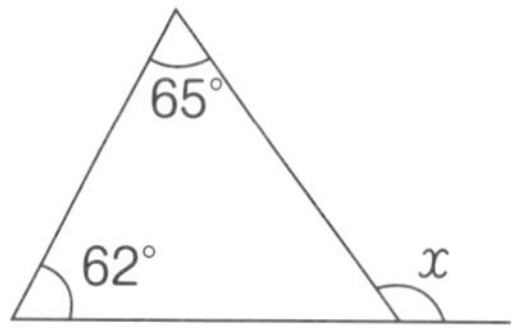

合同条件にあてはまるか考える

答 いえる

3組の辺がそれぞれ等しい。

2組の辺とその間の角がそれぞれ等しい。

1組の辺とその両端の角がそれぞれ等しい。

多角形の外角の和は 360°

答 正十八角形

$360°\div20°=18$

正多角形の外角はすべて等しい。

多角形の外角の和は360°である。

底角は等しいから∠B=∠C

答 $\angle x=65°$

$\angle x=(180°-50°)\div2$

$=65°$

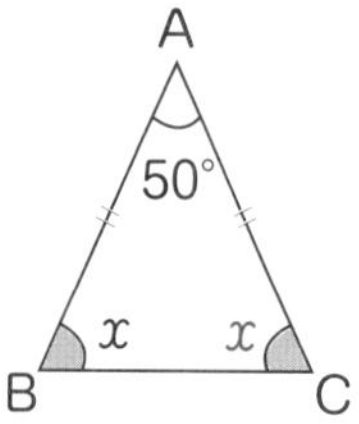

底角，底辺などに注意

答 ・底角は等しい。
・頂角の二等分線は，
底辺を垂直に2等分する。

合同条件にあてはまるか考える

答 いえる

直角三角形の

斜辺と1つの鋭角がそれぞれ等しい。

斜辺と他の1辺がそれぞれ等しい。

2つの角が等しいか考える

答 いえる

$\angle A=\angle B=55°$より，

$180°-(55°+70°)=55°$

2つの角が等しいので，
二等辺三角形といえる。

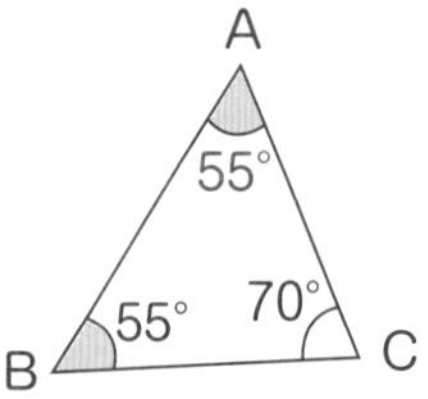

30 平行四辺形の性質

平行四辺形の性質３つは？

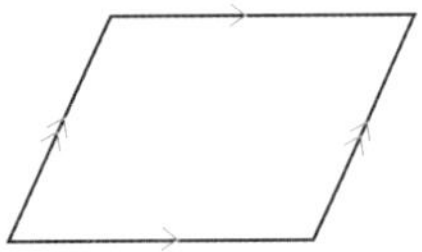

31 平行四辺形になる条件

平行四辺形になるための条件５つは？

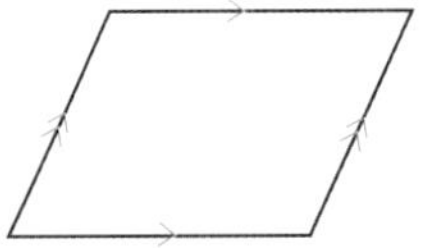

32 特別な平行四辺形の定義

長方形，ひし形，正方形の定義は？

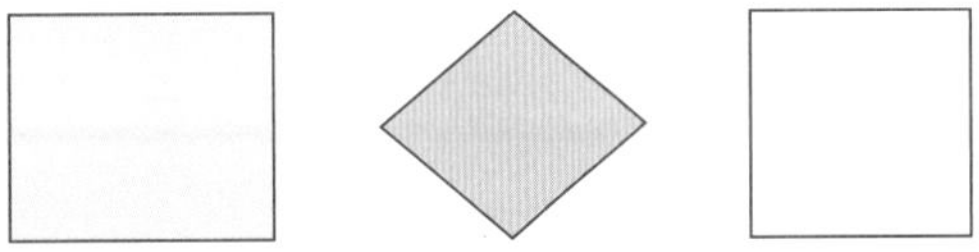

33 特別な平行四辺形の対角線

長方形，ひし形，正方形の対角線の性質は？

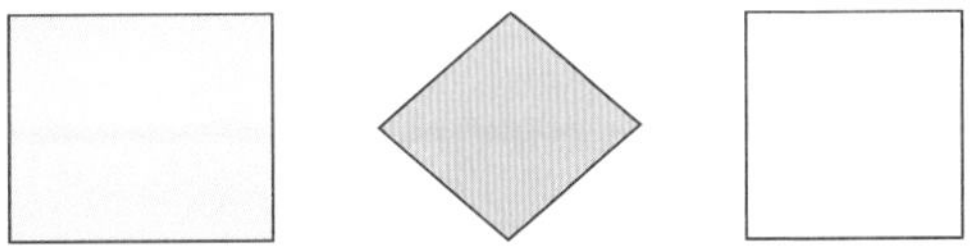

34 確率の求め方

１つのさいころを投げるとき，出る目の数が６の約数になる確率は？

35 樹形図と確率

２枚の硬貨A，Bを投げるとき，１枚が表でもう１枚が裏になる確率は？

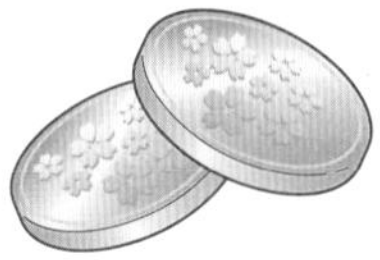

36 組み合わせ

A，B，Cの３人の中から２人の当番を選ぶとき，Cが当番に選ばれる確率は？

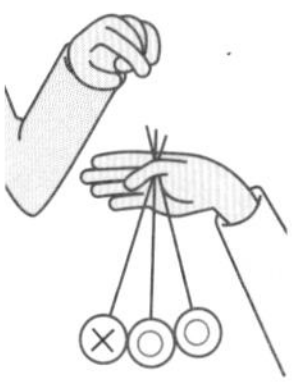

37 表と確率

大小２つのさいころを投げるとき，出た目の数が同じになる確率は？

38 Aの起こらない確率

大小２つのさいころを投げるとき，出た目の数が同じにならない確率は？

39 箱ひげ図

次の**箱ひげ図**で，データの第１四分位数，中央値，第３四分位数の位置は？

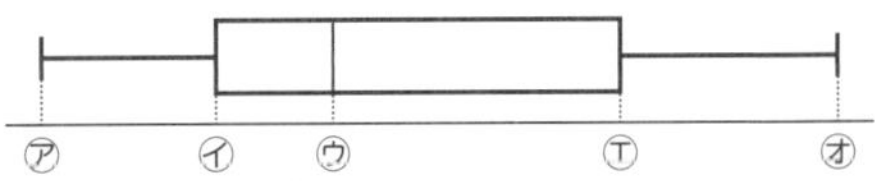

定義，性質の逆があてはまる

答 ・２組の対辺がそれぞれ平行である。（定義）
・２組の対辺がそれぞれ等しい。
・２組の対角がそれぞれ等しい。
・対角線がそれぞれの中点で交わる。
・１組の対辺が平行でその長さが等しい。

対辺，対角，対角線に注目

答 ・２組の対辺はそれぞれ等しい。
・２組の対角はそれぞれ等しい。
・対角線はそれぞれの中点で交わる。

長さが等しいか垂直に交わる

答 長方形 → 対角線の長さは等しい。
ひし形 → 対角線は垂直に交わる。
正方形 → 対角線の長さが等しく，垂直に交わる。

角や，辺の違いを覚える

答 長方形 → ４つの角がすべて等しい。
ひし形 → ４つの辺がすべて等しい。
正方形 → ４つの角がすべて等しく，４つの辺がすべて等しい。

樹形図をかいて考える

$\frac{2}{4}=\frac{1}{2}$…答

出方は全部で４通り。
１枚が表で１枚が裏の場合は２通り。

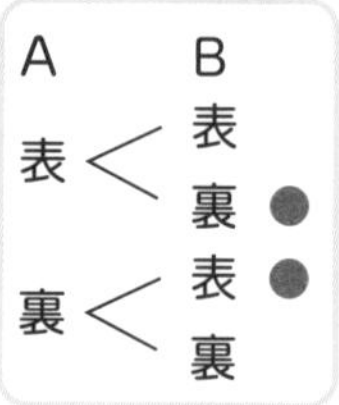

何通りになるか考える

$\frac{4}{6}=\frac{2}{3}$…答

目の出方は全部で６通り。
６の約数の目は４通り。
↑
1，2，3，6

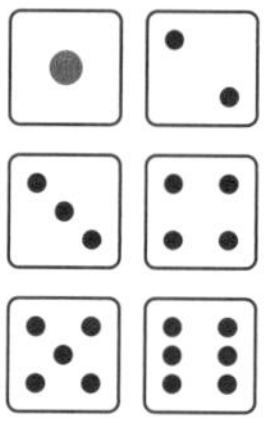

表をかいて考える

$\frac{6}{36}=\frac{1}{6}$…答

出方は全部で36通り。
同じになるのは６通り。

	1	2	3	4	5	6
1	○					
2		○				
3			○			
4				○		
5					○	
6						○

〔A,B〕，〔B,A〕を同じと考える

答 $\frac{2}{3}$

選び方は全部で３通り。
Cが選ばれるのは２通り。

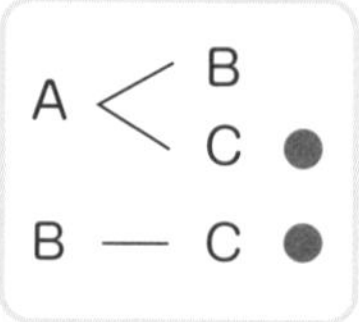

箱ひげ図を正しく読み取ろう

答 第１四分位数…㋑
中央値（第２四分位数）…㋒
第３四分位数…㋓
㋐はデータの最小値，㋔は最大値

（起こらない確率）=1−（起こる確率）

答 $\frac{5}{6}$

$1-\frac{1}{6}=\frac{5}{6}$
↑同じになる確率

	1	2	3	4	5	6
1	×					
2		×				
3			×			
4				×		
5					×	
6						×

日本文教版
数学2年 もくじ

		教科書ページ	ステージ1 確認のワーク	ステージ2 定着のワーク	ステージ3 実力判定テスト
1章 式の計算					
1節	文字式の計算	12～22	2～9	10～11	18～19
2節	文字式の活用	24～31	12～15	16～17	
2章 連立方程式					
1節	連立方程式	38～47	20～25	26～27	34～35
2節	連立方程式の活用	50～55	28～31	32～33	
3章 1次関数					
1節	1次関数	62～76	36～43	44～45	56～57
2節	1次方程式と1次関数	78～82	46～49	54～55	
3節	1次関数の活用	84～91	50～53		
4章 図形の性質と合同					
1節	角と平行線	98～111	58～63	64～65	74～75
2節	三角形の合同と証明	113～127	66～71	72～73	
5章 三角形と四角形					
1節	三角形	134～144	76～79	80～81	92～93
2節	平行四辺形	146～157	82～89	90～91	
6章 データの分布と確率					
1節	データの分布の比較	164～173	94～95	100～101	102～103
2節	場合の数と確率	176～185	96～99		
	発展 数学のたんけん　期待値	187	104	－	－

発展→この学年の学習指導要領には示されていない内容を取り上げています。学習に応じて取り組みましょう。

特別ふろく

定期テスト対策	予想問題	105～120
	スピードチェック	別冊
学習サポート	ポケットスタディ(学習カード)	要点まとめシート
	定期テスト対策問題	どこでもワーク(スマホアプリ)
	ホームページテスト	

※特別ふろくについて，くわしくは表紙の裏や巻末へ

解答と解説　別冊

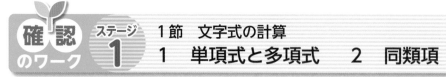

確認のワーク ステージ1　1節　文字式の計算
1　単項式と多項式　2　同類項

例1 多項式の項と次数
教 p.12～13 → 基本問題 1 2 3

次の多項式の項と次数を答えなさい。

(1)　$4x^3-5x^2+2x-8$　　(2)　$-3ab+b$

考え方　多項式は，いくつかの単項式の和の形になっている。このそれぞれの単項式が，その多項式の項である。各項の次数のうち，最も大きい次数を，その多項式の次数という。

解き方　(1)　$4x^3-5x^2+2x-8$

$=(4x^3)+(-5x^2)+(2x)+(-8)$ と表せる。

（項　項　項　項）
各項の次数…3　2　1　定数項

この多項式の項は，$4x^3$，$-5x^2$，①［　　］，-8 の4つ。

また，この多項式の次数は②［　　］

↑最も大きい次数で答える。

(2)　$-3ab+b=(-3ab)+(b)$ と表せる。

2次の項　1次の項

この多項式の項は，③［　　］，④［　　］の2つで，次数は⑤［　　］

たいせつ

単項式（たんこうしき）…$3x$ や ab，x^2 のように，数や文字についての乗法だけでできている式。

多項式（たこうしき）…2つ以上の単項式の和の形で表される式。

次数（じすう）…単項式で，かけ合わされた文字の個数を，その単項式の次数という。

例2 同類項
教 p.14 → 基本問題 4

次の式の同類項（どうるいこう）をまとめなさい。

(1)　$3x-2y+5x+y$　　(2)　$a^2-2a+2a-3a^2$

考え方　$3x+5x=(3+5)x=8x$ のように，1つの項にすることを，同類項をまとめるという。

解き方　分配法則を使って，1つの項にまとめる。

(1)　$3x-2y+5x+y$

$=3x+5x-2y+y$　（項を並べかえる。）

$=(3+5)x+(-2+1)y$　（分配法則を使う。）

$=$⑥［　　］　（同類項をまとめる。）

(2)　$a^2-2a+2a-3a^2$

$=a^2-3a^2-2a+2a$　（項を並べかえる。）

$=(1-3)a^2+(-2+2)a$　（分配法則を使う。）

$=$⑦［　　］　（同類項をまとめる。）

ここがポイント

同類項
$3x-2y+5x+y$
同類項

分配法則を思い出そう。
$ax+bx=(a+b)x$
だね。

基本問題

解答 p.1

1 多項式の項　次の多項式の項を答えなさい。

教 p.12問1

(1) $3x-1$　(2) $4a+5b$　(3) $-x^2+\frac{2}{3}x-5$

(4) $\frac{4x-y}{3}$　(5) $a-\frac{3}{4}ab+1$　(6) $a^2-\frac{b^2}{5}+a$

2 単項式の次数　次の単項式の係数と次数を答えなさい。

教 p.13問2

(1) $-4y$　(2) x

(3) $3a^2b$　(4) $-x^3$

(5) $\frac{3}{4}xy$　(6) $\frac{2ab}{3}$

覚えておこう

かけ合わされた文字の個数を，その単項式の次数という。

例　$5ab=5\times\overbrace{ⓐ\times ⓑ}^{2個}$

係数は5で，次数は2

3 多項式の次数　次の式は何次式ですか。

教 p.13問3

(1) $x+2$　(2) $5a+3b-c$

(3) $4-2b^3$　(4) $x^2y+3xy+5xy^2$

(5) $3a+2b+5c-3ab$　(6) $3abc-5xy$

ここがポイント

多項式の次数は，各項の次数のうちで最も大きい項の次数である。

例　x^2 ＋ $5x$ -4

2次の項　1次の項　定数項

↑次数が最も大きい

x^2+5x-4 の次数は 2

4 同類項　次の式の同類項をまとめなさい。

教 p.14問2

(1) $6x-5x$　(2) $4x^2+3x-3x^2$

(3) $5a^2-3a+3a-5a^2$　(4) $7a-3b-a+4b$

ミス注意

x^2 と x は，同じ x の文字を使っているが，同類項ではないので，まとめることはできない。

左ページの例の答え　① $2x$　② 3　③ $-3ab$　④ b　⑤ 2　⑥ $8x-y$　⑦ $-2a^2$

確認のワーク　ステージ1

1節　文字式の計算
3　多項式の加法と減法

例1　多項式の加法
教 p.15 → 基本問題 1 2

次の 2 つの多項式をたしなさい。

(1)　$5x+7y$　$3x-4y$　　(2)　$2x^2+5x-1$　$-4x^2+x+9$

考え方 それぞれの式にかっこをつけてたす。

多項式の加法は，そのままかっこをはずして同類項をまとめる。

解き方 (1)　$(5x+7y)+(3x-4y)$　（かっこをはずす。）

$=5x+7y+3x-4y$　（符号は変わらない。）（項を並べかえる。）

$=5x+3x+7y-4y$　（同類項をまとめる。）

$=$ ①

知ってると得

同類項を縦にそろえて計算することもできる。

$$\begin{array}{r} 5x+7y \\ +)\ 3x-4y \\ \hline ① \end{array}$$

(2)　$(2x^2+5x-1)+(-4x^2+x+9)$　（かっこをはずす。）

$=2x^2+5x-1-4x^2+x+9$　（符号は変わらない。）（項を並べかえる。）

$=2x^2-4x^2+5x+x-1+9$　（同類項をまとめる。）

$=$ ②

別解

縦にそろえて計算すると，

$$\begin{array}{r} 2x^2+5x-1 \\ +)\ -4x^2+\ x+9 \\ \hline ② \end{array}$$

例2　多項式の減法
教 p.16 → 基本問題 1 3 4

次の 2 つの多項式で，左の式から右の式をひきなさい。

(1)　$7x+2y$　$4x-6y$　　(2)　$2x^2-5x+3$　$-x^2+3x-5$

考え方 それぞれの式にかっこをつけてひく。

多項式の減法は，ひく方の式のすべての項の符号（ふごう）を変えて加える。

解き方 (1)　$(7x+2y)-(4x-6y)$　（かっこをはずす。）

$=7x+2y-4x+6y$　（符号が変わる。）（項を並べかえる。）

$=7x-4x+2y+6y$　（同類項をまとめる。）

$=$ ③

縦にそろえて計算すると，

$$\begin{array}{r} 7x+2y \\ -)\ 4x-6y \\ \hline ③ \end{array}$$

(2)　$(2x^2-5x+3)-(-x^2+3x-5)$　（かっこをはずす。）

$=2x^2-5x+3+x^2-3x+5$　（符号が変わる。）（項を並べかえる。）

$=2x^2+x^2-5x-3x+3+5$　（同類項をまとめる。）

$=$ ④

別解

縦にそろえて計算すると，

$$\begin{array}{r} 2x^2-5x+3 \\ -)\ -x^2+3x-5 \\ \hline ④ \end{array}$$

基本問題

解答 p.2

1 多項式の加法と減法　次の2つの式があります。 教 p.15問1, p.16問3

㋐ $x+4y$　　㋑ $2x-5y$

(1) ㋐の式と㋑の式をたしなさい。

(2) ㋐の式から㋑の式をひきなさい。

思い出そう

$x+4y$ では，x の係数の1は省略されている。

$x+4y$
$=1x+4y$

2 多項式の加法　次の計算をしなさい。 教 p.15問2

(1) $(3x+y)+(x-2y)$

(2) $(3a^2+5ab+b^2)+(a^2-5ab-b^2)$

(3)
$$\begin{array}{rr} & -x^2+3x+2 \\ +) & 2x^2-3x-5 \\ \hline \end{array}$$

(4)
$$\begin{array}{rr} & 5x^2-4x+6 \\ +) & x^2+1 \\ \hline \end{array}$$

3 多項式の減法　次の計算をしなさい。 教 p.16問4

(1) $(3x-y)-(x+y)$

(2) $(3x^2-5xy+y^2)-(2x^2-5xy)$

(3)
$$\begin{array}{rr} & 3x+2y+1 \\ -) & x-5y-3 \\ \hline \end{array}$$

(4)
$$\begin{array}{rr} & x^2-3x+1 \\ -) & -3x^2+3 \\ \hline \end{array}$$

ミス注意

減法でかっこをはずすとき，ひく方の多項式の各項の符号を変えて加えることに注意する。

4 多項式の減法　$(-4a+2b)-(3a-5b)$ の計算を次のようにしましたが，まちがっています。まちがっているわけをことばで説明し，正しい答えを求めなさい。 教 p.16

$(-4a+2b)-(3a-5b)$
$=-4a+2b-3a-5b$
$=-4a-3a+2b-5b$
$=-7a-3b$

左ページの例の答え　① $8x+3y$　② $-2x^2+6x+8$　③ $3x+8y$　④ $3x^2-8x+8$

確認のワーク ステージ1

1節 文字式の計算
4 いろいろな多項式の計算

例1 多項式と数の乗法と除法
教 p.17 → 基本問題 1

次の計算をしなさい。 (1) $3(2x-5y)$ (2) $(8x+12y)\div 4$

考え方 (1) 多項式と数の乗法は，分配法則を使ってかっこをはずす。
(2) 多項式と数の除法は，わる数の逆数をかけて，乗法の形になおす。

思い出そう
分配法則
$a(x+y)=ax+ay$

解き方

(1) $3(2x-5y)$
$=3\times 2x+3\times$ ①［　　］ ← 分配法則を使ってかっこをはずす。
$=$ ②［　　］

(2) $(8x+12y)\div 4$
$=(8x+12y)\times\frac{1}{4}$ ← わる数の逆数をかける。
$=8x\times\frac{1}{4}+12y\times\frac{1}{4}$ ← 分配法則を使ってかっこをはずす。
$=$ ③［　　］

例2 かっこを使った多項式の計算
教 p.18 → 基本問題 2

$x+3y$ の 2 倍から，$3x-2y$ の 3 倍をひきなさい。

考え方 $x+3y$ の 2 倍は $2(x+3y)$，$3x-2y$ の 3 倍は $3(3x-2y)$

解き方 $2(x+3y)-3(3x-2y)$
$=2x+6y-9x+$ ④［　　］ ← 分配法則を使ってかっこをはずす。
$=$ ⑤［　　］ ← 同類項をまとめる。

ミス注意
$-3(3x-2y)$
$=-3\times 3x-3\times(-2y)$
$=-9x+6y$ となる。
符号のミスに要注意

例3 分数をふくむ多項式の計算
教 p.18 → 基本問題 3

$\frac{2x-y}{3}-\frac{x+4y}{2}$ を計算しなさい。

考え方 分母が 3 と 2 だから，通分すると分母は 6 になる。

解き方 通分して計算する。

$\frac{2x-y}{3}-\frac{x+4y}{2}$
$=\frac{2(2x-y)-3(x+4y)}{⑥［　　］}$ ← 通分して 1 つの分数にまとめる。
$=\frac{4x-2y-3x-12y}{6}$ ← 分子のかっこをはずす。
$=$ ⑦［　　］ ← 分子の同類項をまとめる。

$\frac{2x-y}{3}-\frac{x+4y}{2}$
$=\frac{1}{3}(2x-y)-\frac{1}{2}(x+4y)$ ← (分数)×(多項式)の形にする。
$=\frac{2}{3}x-\frac{1}{3}y-\frac{1}{2}x-2y$ ← かっこをはずす。
$=\frac{4}{6}x-\frac{2}{6}y-$ ⑧［　　］ $-\frac{12}{6}y$ ← 通分する。
$=$ ⑨［　　］ ← 同類項をまとめる。

基本問題

解答 p.2

1 多項式と数の乗法と除法　次の計算をしなさい。

教 p.17問1，問2

(1)　$2(3x-5y)$

(2)　$(4x-3y)\times(-5)$

(3)　$(15x+5y)\times\frac{1}{5}$

(4)　$(20x-8y)\div 4$

(5)　$(-6x+9y)\div(-3)$

(6)　$(12a-3b)\div\frac{3}{4}$

2 かっこを使った多項式の計算　次の計算をしなさい。

教 p.18問3

(1)　$4(x-3y)+2(3x+y)$

(2)　$3(2a+b)-2(3a-2b)$

(3)　$2(3x-y+5)-(x-2y+7)$

(4)　$2(4a-b+3)+(-6a+3b)\div 3$

負の数をかけてかっこをはずすとき，符号の変化に注意しよう。

3 分数をふくむ多項式の計算　次の計算をしなさい。

教 p.18問4

(1)　$\frac{x}{2}+\frac{x-2y}{3}$

(2)　$\frac{5a-b}{3}-\frac{2a+3b}{4}$

(3)　$\frac{4x-y}{3}+\frac{3x+2y}{6}$

(4)　$\frac{5x+y}{6}-\frac{-5x-y}{3}$

ミス注意

$\frac{4x-6y}{2}$ では，

$\frac{4x-6y}{2}=\frac{4x}{2}-\frac{6y}{2}$

$=2x-3y$

のように約分できるが，

$\frac{4x-3y}{2}$ では，

$\frac{4x-3y}{2}=\frac{4x}{2}-\frac{3y}{2}$

$=2x-\frac{3}{2}y$

となり，y の項は約分できない。

左ページの例の答え

①$(-5y)$　②$6x-15y$　③$2x+3y$　④$6y$　⑤$-7x+12y$　⑥$6$　⑦$\frac{x-14y}{6}$　⑧$\frac{3}{6}x$　⑨$\frac{1}{6}x-\frac{7}{3}y$

確認のワーク ステージ1 1節 文字式の計算
5 単項式の乗法と除法 6 式の値

例1 単項式の乗法
教 p.19〜20 → 基本問題 1

次の計算をしなさい。

(1) $(-3x)\times 5y$　　(2) $-3x^2\times 2xy$

考え方 単項式は係数と文字をかけ合わせた式なので，係数どうしの積と文字どうしの積をそれぞれ求め，それらをかけ合わせる。

解き方 (1) $(-3x)\times 5y$
$=(-3)\times x\times 5\times y$
$=(-3)\times 5\times x\times y$
$=$ ① xy

(2) $-3x^2\times 2xy$
$=(-3)\times x\times x\times 2\times x\times y$
$=(-3)\times 2\times x\times x\times x\times y$
$=-6$ ② y

ここがポイント
係数どうしの積，文字どうしの積をかけ合わせる。
(係数の積)
$-3x\times 5y=-15xy$
(文字の積)

例2 単項式の除法
教 p.21 → 基本問題 2

$9x^2y\div 3xy$ を計算しなさい。

考え方 $3xy$ でわるときは，逆数 $\dfrac{1}{3xy}$ の乗法になおす。

解き方 $9x^2y\div 3xy=9x^2y\times$ ③ $=\dfrac{9x^2y}{3xy}=$ ④

例3 3つの単項式の乗法と除法
教 p.21 → 基本問題 3

$8x\div 6xy\times(-3xy)$ を計算しなさい。

考え方 すべて乗法になおして計算する。

解き方 $8x\div 6xy\times(-3xy)$
$=8x\times$ ⑤ $\times(-3xy)$　乗法になおす。
$=-\dfrac{8x\times 3xy}{6xy}=$ ⑥　← 約分する。

乗法と除法の混じった計算も，除法を乗法になおして計算すればいいね。

例4 式の値
教 p.22 → 基本問題 4

$x=4$，$y=-1$ のとき，$2(3x+y)-3(x-2y)$ の式の値(あたい)を求めなさい。

考え方 式の値を求めるときは，式を簡単にしてから代入する。

解き方 同類項をまとめると，

$2(3x+y)-3(x-2y)=6x+2y-3x+6y=$ ⑦

$x=4$，$y=-1$ を代入すると，$3\times 4+8\times(-1)=$ ⑧

知ってると得
式の値を求めるとき，そのまま文字に値を代入しても求められるが，式を簡単にしてから代入すると，計算しやすくなる。

基本問題

解答 p.3

1 単項式の乗法　次の計算をしなさい。

教 p.19問1～問3

(1) $2a\times5b$　(2) $x\times(-2y)$　(3) $(-2x)\times(-4y)$

(4) $\frac{3}{5}a\times\frac{2}{3}b$　(5) $5xy\times x$　(6) $3a\times(-2a)$

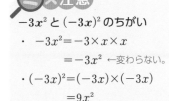

(7) $x^2\times3x$　(8) $(-2x)^3$

ミス注意

$-3x^2$ と $(-3x)^2$ のちがい

・ $-3x^2=-3\times x\times x$
$=-3x^2$ ←変わらない。

・ $(-3x)^2=(-3x)\times(-3x)$
$=9x^2$

2 単項式の除法　次の計算をしなさい。

教 p.21問4

(1) $8xy\div4y$　(2) $(-12ab^2)\div6ab$

(3) $6x^2y\div\frac{2}{3}x$　(4) $\frac{3}{8}xy^2\div\left(-\frac{3}{4}xy\right)$

$\frac{2}{3}x=\frac{2x}{3}$ だから，$\frac{2}{3}x$ の逆数は，$\frac{3}{2x}$ となるね。

3 3つの単項式の乗法と除法　次の計算をしなさい。

教 p.21問5

(1) $9x\div3y\times4xy$　(2) $6x^3\times2x\div(-3x^2)$

(3) $(-18ab^2)\div6b\div3a$　(4) $ax^2\div(-4a^2x)\times2a$

知ってると得

・$x^m\times x^n=x^{(m+n)}$

例　$x^3\times x^5=x^{(3+5)}=x^8$

・$\frac{x^m}{x^n}=x^{(m-n)}$

例　$\frac{x^7}{x^2}=x^{(7-2)}=x^5$

4 式の値　$x=2$，$y=-3$ のとき，次の式の値を求めなさい。

教 p.22問1

(1) $3(5x+2y)-2(3x+4y)$　(2) $3x^2y\div6x^2y^2\times2xy^2$

左ページの例の答え　① -15　② x^3　③ $\frac{1}{3xy}$　④ $3x$　⑤ $\frac{1}{6xy}$　⑥ $-4x$　⑦ $3x+8y$　⑧ 4

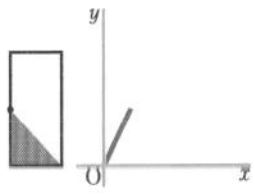

解答 p.3

定着のワーク ステージ2

1節 文字式の計算

1 次の問いに答えなさい。

(1) $5x^3y$ の次数をいいなさい。

(2) $\dfrac{2}{3}x^2-x+8$ の項と係数をいいなさい。

(3) $3x^2-6xy^2+y^2$ は何次式ですか。

(4) $-\dfrac{a^2}{3}+3ab^2-4b$ は何次式ですか。

2 次の計算をしなさい。

(1) $-3a+2b-5-3a+b-2$

(2) $x^2-4x+3+2x^2-3x-4$

(3) $(-2a^2+ab-4b^2)+(a^2-ab+3b^2)$

(4) $(3x^2+5x+4)-(x^2-4x+1)$

(5) $0.5x^2+3x-4-1.3x^2-3x+2$

(6) $\dfrac{2}{3}x-\dfrac{3}{4}y-\dfrac{1}{2}x+\dfrac{1}{3}y$

(7)
$$\begin{array}{rr} & 5x^2-3x+7 \\ +) & -2x^2+9x-3 \\ \hline \end{array}$$

(8)
$$\begin{array}{rr} & -3x^2 \qquad -4 \\ -) & 4x^2-3x-9 \\ \hline \end{array}$$

よく出る 3 次の計算をしなさい。

(1) $3x\times(-2xy)^2$

(2) $8a^3b^2\div(-4a^2b^3)$

(3) $(-x)^2\times4xy\div(-2x)^2$

(4) $2(3a-5b)+4(-a+b)$

(5) $-3x^2\times\dfrac{5}{6}x\div(4x)^2$

(6) $\dfrac{1}{2}(x-4y)+\dfrac{2}{3}(2x-y)$

ヒントの森

2 3 かっこをふくんだ計算では，かっこをはずすとき，符号の変化に注意する。

3 (1) $3x\times(-2xy)^2=3x\times(-2xy)\times(-2xy)$

(6) 通分すると，$\dfrac{1}{2}(x-4y)+\dfrac{2}{3}(2x-y)=\dfrac{3}{6}(x-4y)+\dfrac{4}{6}(2x-y)$

4 次の計算をしなさい。

(1) $\dfrac{2a+2b}{3}-\dfrac{a-4b}{3}$

(2) $\dfrac{2x-y}{4}+\dfrac{x-3y}{6}$

(3) $\dfrac{2x-3y}{5}-\dfrac{x-2y}{6}$

レベルUP (4) $\dfrac{a+3b-c}{2}+\dfrac{2a-b-c}{3}-\dfrac{a-b+3c}{4}$

5 $A=3x-2y$, $B=2x+3y-1$, $C=5y-2$ のとき，次の計算をしなさい。

(1) $A+B-C$

(2) $3A+2(B-C)$

6 $x=4$, $y=-2$ のとき，次の式の値を求めなさい。

(1) $5(3x-2y)-2(7x-4y)$

(2) $8xy^2\div(-2xy)^2\times3x^2y$

(3) $\dfrac{4x-y}{5}-2x+y$

(4) $\dfrac{2x+y}{3}-\dfrac{x-2y}{2}$

7 右の図の円柱㋐の体積は，円錐（すい）㋑の体積の何倍になるか求めなさい。

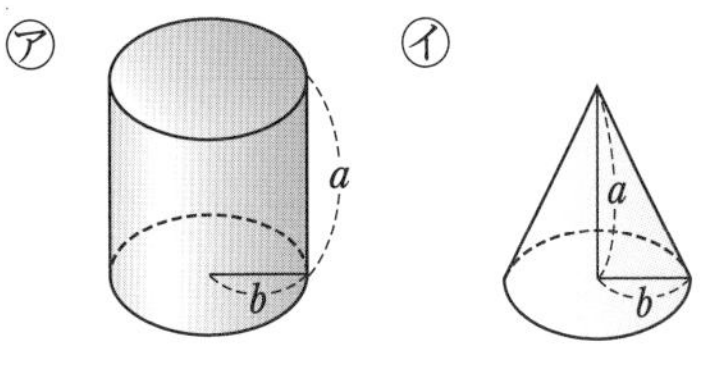

入試問題をやってみよう！

1 次の計算をしなさい。

(1) $2(5a+b)-3(3a-2b)$ 〔大分〕

(2) $\dfrac{x-y}{2}-\dfrac{x+3y}{7}$ 〔静岡〕

5 (1) $A+B-C$ に，$A=3x-2y$, $B=2x+3y-1$, $C=5y-2$ を代入すると，
$(3x-2y)+(2x+3y-1)-(5y-2)$ となる。

7 円錐の体積は，$\dfrac{1}{3}\times$(底面積)$\times$(高さ)

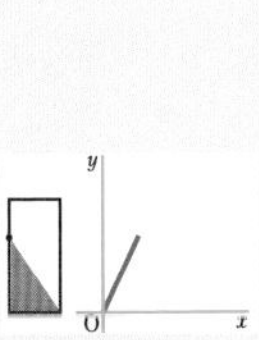

確認のワーク ステージ1

2節 文字式の活用
1 文字を使った説明① 2 文字を使った説明②

例1 連続する整数

教 p.24〜25 → 基本問題 1 2 3

連続する3つの整数の和は，真ん中の数の3倍になります。このことを，真ん中の数をnとして説明しなさい。

考え方 3つの整数をnを使って表し，和が$3n$になることをいえばよい。

解き方 連続する3つの整数のうち，真ん中の数をnとすると，

何をnとするか決める。

3つの整数は　$n-1$，n，①[　　]と表される。

↑真ん中の数より1小さい数　↑真ん中の数より1大きい数

連続する3つの整数の和は

$(n-1)+n+(n+1)=n-1+n+n+1$

$=$②[　　] ← 3つの整数の和

nは真ん中の数だから，連続する3つの整数の和は，真ん中の数の③[　　]倍になる。

知ってると得

連続する整数を文字を使って表す場合，真ん中の数をnにすると，計算しやすい場合が多い。

連続する3つの整数

$n-1$，n，$n+1$

例2 2けたの自然数の性質

教 p.27 → 基本問題 4

2けたの自然数で，その数の十の位の数と一の位の数の和が9になるとき，この2けたの自然数は9の倍数になることを説明しなさい。

考え方 2けたの自然数の十の位の数をx，一の位の数をyとすると，2けたの自然数は$10x+y$と表せる。$x+y=9$ を使って，$10x+y$ が $9\times$(整数) の形になることを説明する。

解き方 2けたの自然数の十の位の数をx，一の位の数をyとすると，

この2けたの自然数は④[　　]と表される。

↑この式を変形して説明する。

$10x+y=9x+$⑤[　　]$+y$ ← $10x$を$9x$とxに分ける。

$=9x+(x+y)$

$=9x+$⑥[　　]　（$x+y=9$）

$=9(x+1)$

$x+1$は整数なので，$9(x+1)$は⑦[　　]の倍数になる。

したがって，2けたの自然数で，十の位の数と一の位の数の和が9になるとき，この2けたの自然数は9の倍数になる。

たいせつ

例えば，32は

十の位が3　一の位が2

➡ $10\times3+2$

同じように

十の位がx　一の位がy

➡ $10x+y$

基本問題

解答 p.4

1 カレンダーの数 カレンダーで，縦に並んだ 3 つの数について，上の数と下の数の和は，真ん中の数の 2 倍になっていることを，文字を使って説明します。□にあてはまる文字や式をかいて，説明を完成させなさい。 教 p.25問2，問3

日	月	火	水	木	金	土
	1	2	3	4	5	6
7	8	9	10	11	12	13
14	15	16	17	18	19	20
21	22	23	24	25	26	27
28	29	30				

［説明］ 真ん中の数を n とすると，上の数は $n-7$，下の数は ①□ と表すことができる。

上の数と下の数の和は $(n-7)+($②□$)=$③□

真ん中の数を 2 倍すると $n\times 2=$④□

したがって，上の数と下の数の和は，真ん中の数の 2 倍である。

ここがポイント

カレンダーの縦に並んだ数は 7 ずつ増えていることに着目して，3 つの数を文字を使って表す。
3 つ並んだ数の真ん中の数を n とすると，上の数は n より 7 小さく，下の数は n より 7 大きくなることから，上の数と下の数を，n を使った式で表す。

2 奇数・偶数 奇数（きすう）と奇数の差は偶数（ぐうすう）になることを，文字を使って説明しなさい。 教 p.26問2

ミス注意

2 つの奇数は連続しているとは限らないので，2 つの文字 m，n を使って，$2m+1$，$2n+1$ と表して説明する。
$2n+1$，$2n-1$ のように，1 つの文字を使って表さないようにする。

3 連続する奇数 連続する 3 つの奇数の和は 3 の倍数になることを，文字を使って説明しなさい。 教 p.26問2

連続する 3 つの奇数は，$2n+1$，$2n+3$，$2n+5$ と，1 つの文字を使って表すことができるよ。

4 3けたの整数 一の位の数が 0 でない 3 けたの正の整数があります。この整数の百の位の数と一の位の数を入れかえた整数をつくります。このとき，もとの整数と，入れかえた整数の差は，99 でわり切れます。そのわけを，文字を使って説明しなさい。 教 p.27問3

左ページの例の答え ① $n+1$ ② $3n$ ③ 3 ④ $10x+y$ ⑤ x ⑥ 9 ⑦ 9

確認のワーク ステージ1　2節 文字式の活用
3 等式の変形　4 スタート位置を決めよう

例1 等式の変形

教 p.28 → 基本問題 1 2

$3x+5y=10$ を y について解きなさい。

考え方 y について解くとは，$y=$ ▢ という形の式にすること。

解き方
$3x+5y=10$
$5y=10-3x$　（左辺の $3x$ を移項する。）
$y=$ ①▢　（両辺を 5 でわる。）

（$y=2-\frac{3}{5}x$ としてもよい。）

思い出そう
等式の性質　$A=B$ ならば，
1 $A+C=B+C$　2 $A-C=B-C$
3 $AC=BC$　4 $\frac{A}{C}=\frac{B}{C}$ $(C\neq0)$

例2 文字でわる等式の変形

教 p.29 → 基本問題 3

底辺が a cm，高さが h cm の三角形の面積を S cm² とすると，$S=\frac{1}{2}ah$ と表せます。

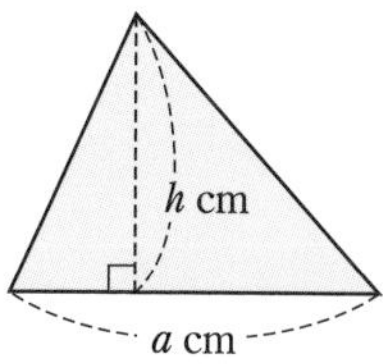

(1) この等式を，h について解きなさい。
(2) $S=24$，$a=8$ であるときの h の値（あたい）を求めなさい。

考え方 h について解くのだから，$h=$ ▢ という形の式にする。

解き方 (1)
$S=\frac{1}{2}ah$
$2S=ah$　（両辺に 2 をかける。）
$ah=2S$　（両辺を入れかえる。）
$h=$ ②▢　（両辺を a でわる。）

(2) (1)で求めた式に，$S=24$，$a=8$ を代入して，h の値を求める。
$h=\frac{2\times24}{8}$
$h=$ ③▢

例3 となり合うレーンの長さの差

教 p.30, 31 → 基本問題 4

右の図のような，2つの半円と長方形を組み合わせた陸上トラックがあります。各レーンの内側の周の長さを，そのレーンの長さとします。レーンの幅（はば）が 1.2 m のとき，第1レーンと第2レーンの長さの差を，文字を使って表しなさい。

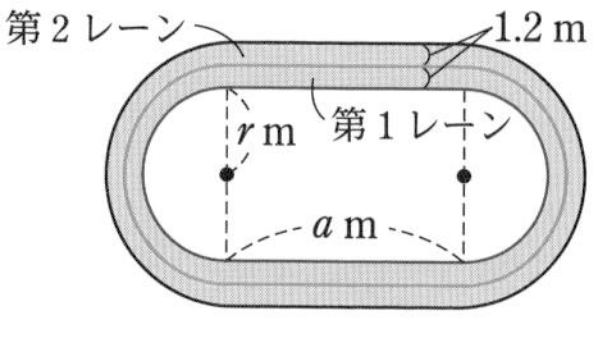

考え方 2つのレーンの長さを a，r を使った式に表し，その差を求める。

解き方 第1レーンの長さを表す式……2π ④▢ $+2a$
第2レーンの半円部分の半径の長さは，$r+1.2$ だから，
第2レーンの長さを表す式……$2\pi(r+$ ⑤▢ $)+2a=2\pi r+2.4\pi+2a$
2つのレーンの長さの差は，$2\pi r+2.4\pi+2a-(2\pi r+2a)=$ ⑥▢　**答** ⑥▢ m

基本問題

解答 p.5

1 等式の変形 次の等式を，〔　〕の中の文字について解きなさい。

教 p.28問3

移項や等式の性質を利用して式を変形するよ。

(1) $3x-6=12y$ 〔x〕　(2) $3a+b=2a-b$ 〔a〕

(3) $\frac{3}{4}x+y=\frac{6}{7}$ 〔x〕　(4) $\frac{a-b}{2}=5$ 〔b〕

2 両辺を入れかえる等式の変形 次の等式を，〔　〕の中の文字について解きなさい。

教 p.29問4

(1) $4x=2y-5$ 〔y〕　(2) $9a=3b-12$ 〔b〕

(3) $-3(x+4)=2y$ 〔y〕　(4) $\ell=2a+2b+2c$ 〔a〕

3 文字でわる等式の変形 次の等式で，S は台形の面積，a はその上底，b は下底，h は高さを表しています。

教 p.29問6

$$S=\frac{1}{2}(a+b)h$$

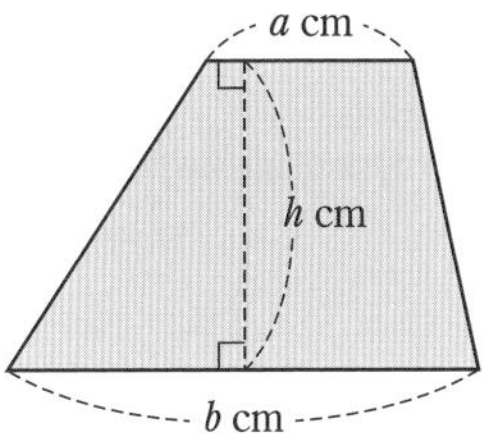

［面積 S cm²］

(1) この等式を，a について解きなさい。

(2) $S=72$，$b=12$，$h=8$ であるときの a の値を求めなさい。

4 レーンの長さの差 右の図のような，2 つの半円と長方形を組み合わせた形の外側に，幅が 10 m のランニングコースがあります。このコースのいちばん内側の長さと，いちばん外側の長さの差を求めなさい。

教 p.30Q

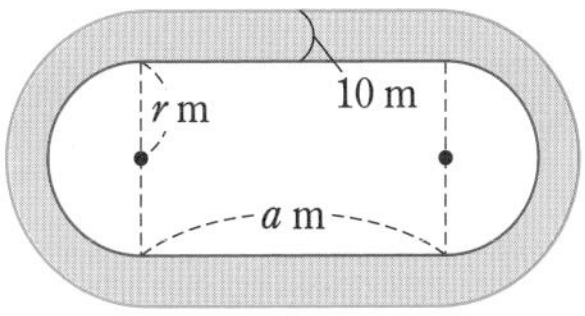

左ページの例の答え　① $\frac{10-3x}{5}$　② $\frac{2S}{a}$　③ 6　④ r　⑤ 1.2　⑥ 2.4π

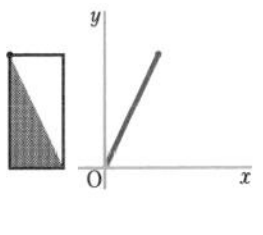

解答 p.5

定着のワーク ステージ2

2節　文字式の活用

1 2，4，6や10，12，14のように，連続する3つの偶数(ぐうすう)の和は6でわり切れます。

(1)　3つの偶数のうち，真ん中の数と，最も小さい数の差を求めなさい。

(2)　3つの偶数のうち，最も小さい数を$2n$とすると，真ん中の数はどのような式で表すことができますか。

(3)　(2)のとき，連続する3つの偶数の和を表す式をつくり，計算して簡単にしなさい。

(4)　(1)〜(3)を利用して，連続する3つの偶数の和は6でわり切れることを，文字を使って説明しなさい。

よく出る **2** 3，5，7や9，11，13のように連続する3つの奇数(きすう)の和は奇数になります。このことを，文字を使って説明しなさい。

3 $9-6=3$，$18-9=9$ のように，3の倍数どうしの差は3の倍数になります。このことを，文字を使って説明しなさい。

レベルUP **4** 3けたの整数があります。この整数の各位の数の和を9でわった余りは，この整数を9でわったときの余りと等しくなります。このことを，文字を使って説明しなさい。

ヒントの森

2 真ん中の奇数を$2n+1$とすると，3つの連続する奇数は，$2n-1$，$2n+1$，$2n+3$

3 3の倍数は，$3m$，$3n$と表すことができる。3×(整数) が3の倍数である。

4 3けたの整数を $100a+10b+c$ とすると，$99a+9b+a+b+c$ と変形できる。

5 次の等式を，〔　〕の中の文字について解きなさい。

(1)　$-3x+2y=4(x-3y)$　〔y〕

(2)　$3(x-y)-2(x-4y)=0$　〔x〕

(3)　$\dfrac{x}{4}-\dfrac{y}{3}=-1$　〔x〕

(4)　$\ell=2\pi r$　〔r〕

(5)　$V=\dfrac{1}{3}\pi r^2h$　〔h〕

(6)　$S=\dfrac{(a+b)h}{2}$　〔b〕

6 右の図のような2つの半円と長方形を組み合わせた陸上トラックに，A，B 2つのレーンがあります。2つのレーンの間は1.5 m はなれています。各レーンの内側の周の長さを，そのレーンの長さとします。このレーンを1周するとき，スタートからゴールまでの長さを等しくするには，Bレーンのスタートの位置をAレーンからどれだけずらすとよいですか。

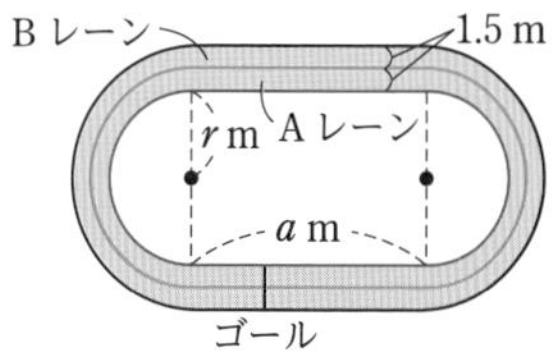

入試問題をやってみよう！

1 次の文章は，連続する5つの自然数について述べたものです。文章中の［ A ］にあてはまる最も適当な式を書きなさい。また，［ a ］，［ b ］，［ c ］，［ d ］にあてはまる自然数をそれぞれ書きなさい。〔愛知〕

> 連続する5つの自然数のうち，最も小さい数をnとすると，最も大きい数は［ A ］と表される。
> このとき，連続する5つの自然数の和は［ a ］(n＋［ b ］)と表される。
> このことから，連続する5つの自然数の和は，小さい方から［ c ］番目の数の［ d ］倍となっていることがわかる。

5 (6)　両辺に2をかけると，$2S=(a+b)h$ となる。

6 2つのコースの長さの差だけBのスタートの位置をずらす。

1 5つの自然数は，n，$n+1$，$n+2$，$n+3$，$n+4$ と表される。

解答 p.7

実力判定テスト ステージ3 式の計算

40分　/100

1 次の式は単項式，多項式のどちらですか。また，何次式ですか。　4点×4(16点)

(1) $-3a^2$　(　　)

(2) $3x-8$　(　　)

(3) $\dfrac{2a+3b}{5}$　(　　)

(4) $\dfrac{2}{3}x^2y$　(　　)

よく出る **2** 次の計算をしなさい。　4点×10(40点)

(1) $3x-2y+5x+y$　(　　)

(2) $4a^2-2a-5+2a-1-3a^2$　(　　)

(3) $(4x^2+5x-2)+(-x^2+2x+3)$　(　　)

(4) $(a^2-3ab+2b^2)-(2a^2-ab-3b^2)$　(　　)

(5) $3x^2y\times5xy\div(-x^2y)$　(　　)

(6) $18a^2b\div\left(-\dfrac{3}{4}b\right)^2\times(-4b^2)$　(　　)

(7) $-3(2x+y)+3(5x-2y)$　(　　)

(8) $\dfrac{2}{3}(6a-b)-\dfrac{1}{2}(3a-2b)$　(　　)

(9) $\dfrac{3x-2y}{4}+\dfrac{-2x+y}{3}$　(　　)

(10) $\dfrac{2a+b}{3}-\dfrac{a-3b}{2}$　(　　)

3 右の図の㋐の直方体の体積は，㋑の立方体の体積の何倍か求めなさい。　(4点)

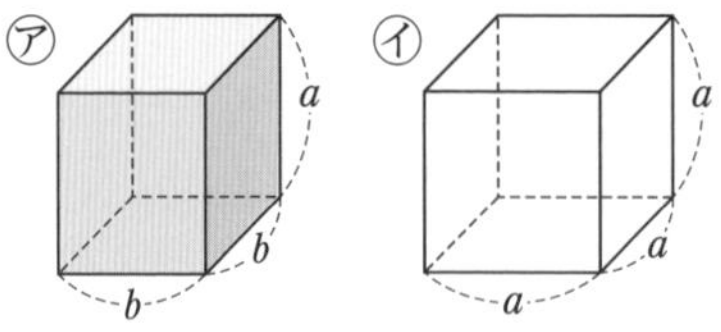

(　　)

目標　1，2，4，5は基本的な問題です。確実に解けるようにしよう。

自分の得点まで色をぬろう!
がんばろう!　もう一歩　合格!
0　60　80　100点

4 $x=-2$，$y=\frac{1}{3}$ のとき，次の式の値（あたい）を求めなさい。　4点×2（8点）

(1)　$8x^3y^2\div(-4x^2y^3)\times xy$　　(2)　$2(4x+3y)-3(2x-y)$

（　　　）　（　　　）

くる **5** 次の等式を，〔　〕の中の文字について解きなさい。　4点×4（16点）

(1)　$3x-2y=5$　〔x〕　　(2)　$4a-5=3b$　〔b〕

（　　　）　（　　　）

(3)　$x+\frac{y}{5}=-8$　〔y〕　　(4)　$c=3(a+b)$　〔a〕

（　　　）　（　　　）

6 縦が a m，横が b m の長方形の土地に，右の図のような道路をつくり，残りを畑にしました。畑の面積を式で表しなさい。　（6点）

（　　　）

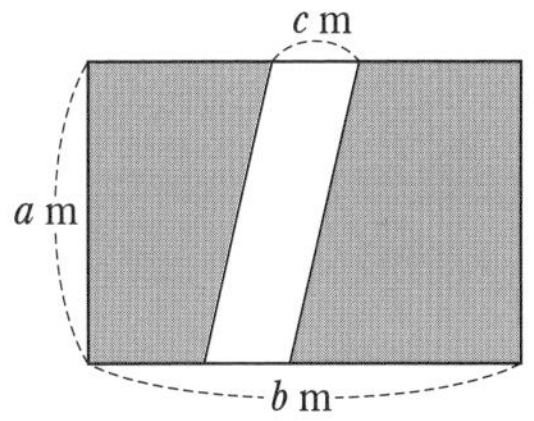

7 十の位の数が 0 でない 3 けたの整数 A があります。この整数の百の位の数と十の位の数を入れかえてできた数を B とします。　5点×2（10点）

(1)　もとの整数 A の百の位の数を a，十の位の数を b，一の位の数を c として，百の位の数と十の位の数を入れかえた数Bを，a，b，c の文字を使った式で表しなさい。

（　　　）

(2)　$A-B$ が 90 の倍数になることを，文字を使って説明しなさい。

（　　　）

アプリ【どこでもワーク計算編】をやって，さらに力をつけよう！

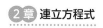

確認のワーク ステージ1
1節 連立方程式
1 連立方程式とその解
2 連立方程式の解き方

例1 連立方程式の解

教 p.38～39 → 基本問題 1

次の連立方程式の解となる x，y の値（あたい）の組は，㋐，㋑のどちらですか。

$\begin{cases} x+y=10 & \cdots\cdots① \\ 2x+3y=24 & \cdots\cdots② \end{cases}$　㋐ $\begin{cases} x=5 \\ y=5 \end{cases}$　㋑ $\begin{cases} x=6 \\ y=4 \end{cases}$

考え方 ㋐，㋑の x，y の値が①，②の 2 元 1 次方程式を同時に成り立たせるか調べる。

解き方 ㋐の $x=5$，$y=5$ の値を①，②の式に代入すると，

①の式（左辺）$5+5=10$　（右辺）10　→ 成り立つ

②の式（左辺）$2\times5+3\times5=25$　（右辺）24　→ 成り立たない

㋑の $x=6$，$y=4$ を①，②の式に代入すると，

①の式（左辺）$6+4=10$　（右辺）10　→ 成り立つ

②の式（左辺）$2\times6+3\times4=24$　（右辺）24　→ 成り立つ

①，②の 2 元 1 次方程式を同時に成り立たせるのは ① ＿＿ の値の組である。

したがって，これが連立方程式の解になる。

2 元 1 次方程式
2 つの文字をふくむ 1 次方程式を 2 元（げん）1 次方程式という。

x と y の値を代入して，方程式が成り立つか調べよう。

例2 連立方程式の解き方

教 p.40～41 → 基本問題 2 3

連立方程式 $\begin{cases} 2x+y=10 & \cdots\cdots① \\ 3x-y=5 & \cdots\cdots② \end{cases}$ を解きなさい。

考え方 ①，②の式の y の係数は，絶対値が等しく，正負が逆なので，左辺どうし，右辺どうしをたすと，y が消去できる。

解き方 ①，②の両辺をそれぞれたすと，

$$\begin{array}{rl} 2x+y&=10 \\ +)\ 3x-y&=\ \ 5 \\ \hline 5x\quad\ &=15 \end{array}$$ ＜ y を消去

$x=$ ② ＿＿

$x=3$ を①に代入すると，

$2\times3+y=10$

$y=$ ③ ＿＿

たいせつ
x，y についての連立方程式から，y をふくまない方程式を導くことを，その連立方程式から y を消去（しょうきょ）するという。

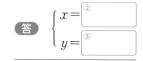

答 $\begin{cases} x= ② ＿＿ \\ y= ③ ＿＿ \end{cases}$

基本問題

解答 p.8

1 連立方程式の解 次の問いに答えなさい。 教 p.39問5

(1) 次の値の組で，連立方程式 $\begin{cases} x-y=3 \\ 3x+2y=19 \end{cases}$ の解は，どれですか。

㋐ $\begin{cases} x=2 \\ y=-1 \end{cases}$ ㋑ $\begin{cases} x=5 \\ y=2 \end{cases}$ ㋒ $\begin{cases} x=3 \\ y=5 \end{cases}$

ミス注意
連立方程式の片方の2元1次方程式だけが成り立っても，連立方程式の解とはいえない。両方を同時に成り立たせる値の組が解になる。

(2) 次の連立方程式で，$\begin{cases} x=2 \\ y=1 \end{cases}$ が解であるものを，すべて選びなさい。

㋐ $\begin{cases} 3x+2y=8 \\ x-y=-1 \end{cases}$ ㋑ $\begin{cases} 4x+y=9 \\ 5x-3y=7 \end{cases}$ ㋒ $\begin{cases} 2x+y=5 \\ 5x+y=11 \end{cases}$

2 連立方程式の解き方 次の連立方程式を解きなさい。 教 p.41問4

(1) $\begin{cases} 3x+y=7 \\ 6x+y=13 \end{cases}$ (2) $\begin{cases} x+y=12 \\ x-y=4 \end{cases}$

(3) $\begin{cases} 3x+5y=6 \\ 6x+5y=-3 \end{cases}$ (4) $\begin{cases} 5x-2y=13 \\ x+2y=5 \end{cases}$

(5) $\begin{cases} -5x-y=21 \\ 5x+2y=-17 \end{cases}$ (6) $\begin{cases} 3x-3y=15 \\ 2x+3y=-15 \end{cases}$

ここがポイント
文字を消去するには，

3 連立方程式の解き方 次の連立方程式を，下のようにして解きましたが，答えがまちがっていました。どこがまちがっているかを説明しなさい。 教 p.40〜41

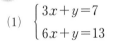

$\begin{cases} 2x+3y=12 \\ 2x-y=4 \end{cases}$ ➡

$$\begin{array}{rl} 2x+3y=12 & \cdots\cdots① \\ -)\ 2x-\ y=\ 4 & \cdots\cdots② \\ \hline 2y=\ 8 & \\ y=\ 4 & \end{array}$$

$y=4$ を②に代入して

$x=\ 4$

左ページの例の答え ①㋑ ②3 ③4

確認のワーク ステージ1

1節 連立方程式
3 加減法 4 代入法

例1 加減法

教 p.42〜43 → 基本問題 1

連立方程式 $\begin{cases} 6x-3y=6 & \cdots\cdots① \\ 5x+2y=14 & \cdots\cdots② \end{cases}$ を，加減法（かげんほう）で解きなさい。

考え方 連立方程式を解くとき，1つの文字の係数の絶対値をそろえてから，左辺どうし，右辺どうしをたしたりひいたりして，その文字を消去して解く方法を加減法という。

係数をそろえるときは，なるべく簡単な式になるようにするといいね。

解き方 y の係数をそろえるため，①の式を2倍，②の式を3倍にする。

①×2　$12x-6y=12$
②×3　$+)\ 15x+6y=42$
　　　$27x\qquad =54$

係数をそろえて y を消去

y の係数が-6と6なのでたし算になる。

$x=$ ①□

$x=$ ①□ を①の式に代入すると，

$6\times2-3y=6$

$-3y=-6$

$y=$ ②□

答 $\begin{cases} x= ①□ \\ y= ②□ \end{cases}$

●確かめ●
$x=2$，$y=2$ を①の式に代入
(左辺)$=6\times2-3\times2=6$
(右辺)$=6$
②の式に代入
(左辺)$=5\times2+2\times2=14$
(右辺)$=14$
どちらの式も成り立つ。

例2 代入法

教 p.44〜45 → 基本問題 2

連立方程式 $\begin{cases} y=-2x+7 & \cdots\cdots① \\ 3x+2y=12 & \cdots\cdots② \end{cases}$ を，代入法（だいにゅうほう）で解きなさい。

考え方 連立方程式の一方の方程式を1つの文字について解き，それを他方の方程式に代入して解く方法を代入法という。

覚えておこう
$y=$ ▭ か $x=$ ▭ の形の式があるときは，代入法を利用する。
代入するときは，(　)をつける。

解き方 ①を②に代入すると，

$3x+2(-2x+7)=12$　（　）をつけて代入する。

かっこをはずす。

$3x-4x+14=12$

整理する。

$-x=-2$

$x=$ ③□

$x=$ ③□ を①の式に代入すると，

$y=-2\times2+7$

$=$ ④□

答 $\begin{cases} x= ③□ \\ y= ④□ \end{cases}$

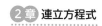

基本問題

解答 p.8

1 加減法 次の連立方程式を，加減法で解きなさい。

教 p.43問2，問3

(1) $\begin{cases} 4x+5y=34 \\ 3x-y=-3 \end{cases}$　　(2) $\begin{cases} -4x+5y=14 \\ x+6y=40 \end{cases}$

(3) $\begin{cases} 6x+5y=-9 \\ 4x+2y=-10 \end{cases}$　　(4) $\begin{cases} 2x-4y=12 \\ 5x+6y=-2 \end{cases}$

(5) $\begin{cases} -5x+6y=43 \\ 3x+4y=-3 \end{cases}$　　(6) $\begin{cases} 3x+2y=18 \\ 4x-5y=1 \end{cases}$

ここがポイント

係数をそろえるときは，なるべく簡単な式になるようにする。

例 $\begin{cases} x+2y=1 & \cdots\cdots① \\ 2x+3y=4 & \cdots\cdots② \end{cases}$

①は x，②は $2x$ だから x の係数を 1 と 2 の最小公倍数の 2 にそろえる。

$$\begin{array}{lr} ①\times2 & 2x+4y=\ \ 2 \\ ② & -)\ 2x+3y=\ \ 4 \\ \hline & y=-2 \end{array}$$

$y=-2$ を①に代入して，

$x-4=1$

$x=5$　　$\begin{cases} x=5 \\ y=-2 \end{cases}$

2 代入法 次の連立方程式を，代入法で解きなさい。

教 p.44問1

(1) $\begin{cases} y=-3x+10 \\ 5x+6y=8 \end{cases}$　　(2) $\begin{cases} 6x+3y=15 \\ x=2y-5 \end{cases}$

(3) $\begin{cases} y=6x-11 \\ y=-2x+5 \end{cases}$　　(4) $\begin{cases} y=3x-5 \\ y=2x-3 \end{cases}$

(5) $\begin{cases} y=3x-1 \\ x=2y-3 \end{cases}$　　(6) $\begin{cases} y=4x-10 \\ x=2y-8 \end{cases}$

ミス注意

文字に多項式を代入するときは，(　)をつけて代入すると，代入したときの符号のミスが少なくなる。

例 $2x-3y=7$

↓ $y=x-3$ を代入

$2x-3(x-3)=7$

左ページの例の答え　①2　②2　③2　④3

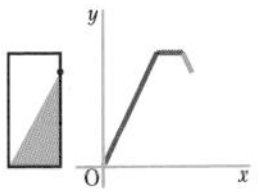

確認のワーク ステージ1

1節 連立方程式
5 いろいろな連立方程式

例1 いろいろな連立方程式

教 p.46～47 → 基本問題 1 2

次の連立方程式を解きなさい。

(1) $\begin{cases} 2(x+y)-y=4 & \cdots\cdots① \\ 2x+7y=16 & \cdots\cdots② \end{cases}$

(2) $\begin{cases} 2x-y=8 & \cdots\cdots① \\ \frac{2}{3}x+\frac{1}{2}y=1 & \cdots\cdots② \end{cases}$

考え方 (1)は，分配法則を使ってかっこをはずし，整理してから計算する。

(2)は，式の両辺に分母の最小公倍数をかけ，係数を整数にする。

解き方 (1) ①の式のかっこをはずして整理する。

$2(x+y)-y=4 \cdots\cdots①$ ➡ $2x+2y-y=4$ ➡ $2x+y=4 \cdots\cdots③$

（かっこをはずす。）（整理する。）

したがって，$\begin{cases} 2x+y=4 & \cdots\cdots③ \\ 2x+7y=16 & \cdots\cdots② \end{cases}$

③と②の連立方程式を，加減法を使って解くと，

$x=$ ①[　　]，$y=$ ②[　　]

答 $\begin{cases} x= ①[　　] \\ y= ②[　　] \end{cases}$

(2) ②の式の両辺に，分母の 3 と 2 の最小公倍数の ③[　　] をかけ，係数を整数にする。

$\frac{2}{3}x+\frac{1}{2}y=1 \cdots\cdots②$ ➡ $4x+3y=6 \cdots\cdots③$ ← 右辺の 1 にも 6 をかけることに注意。

（両辺に 6 をかける。）

したがって，$\begin{cases} 2x-y=8 & \cdots\cdots① \\ 4x+3y=6 & \cdots\cdots③ \end{cases}$

①と③の連立方程式を，加減法を使って解くと，

$x=$ ④[　　]，$y=$ ⑤[　　]

答 $\begin{cases} x= ④[　　] \\ y= ⑤[　　] \end{cases}$

例2 $A=B=C$ の形の方程式

教 p.47 → 基本問題 3

方程式 $5x+y=4x-y=9$ を解きなさい。

考え方 $A=B=C$ の形を，$\begin{cases} A=C \\ B=C \end{cases}$ の組み合わせにして解く。

解き方 $\begin{cases} 5x+y=9 & \cdots\cdots① \\ 4x-y=9 & \cdots\cdots② \end{cases}$

この連立方程式を，加減法を使って解くと，

$x=$ ⑥[　　]，$y=$ ⑦[　　]

答 $\begin{cases} x= ⑥[　　] \\ y= ⑦[　　] \end{cases}$

知ってると得

$A=B=C$ の形は

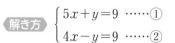

$\begin{cases} A=B \\ A=C \end{cases}$　$\begin{cases} A=B \\ B=C \end{cases}$　$\begin{cases} A=C \\ B=C \end{cases}$

の中で，計算が簡単な組を選ぶ。

例 $A=B=17$ ➡ $\begin{cases} A=17 \\ B=17 \end{cases}$

（C が数）

基本問題

解答 p.9

1 かっこがある連立方程式　次の連立方程式を解きなさい。

教 p.46問2

(1) $\begin{cases} x+y=2 \\ 2x+3(y-2)=-3 \end{cases}$　　(2) $\begin{cases} 4x-3(x+2y)=16 \\ 3x+5y=2 \end{cases}$

2 係数に小数や分数をふくむ連立方程式　次の連立方程式を解きなさい。

教 p.46問4, p.47問6

(1) $\begin{cases} 0.5x+0.3y=0.4 \\ 2x-y=-5 \end{cases}$　　(2) $\begin{cases} 0.2x+0.4y=1.4 \\ 3x-2y=5 \end{cases}$

(3) $\begin{cases} x+6y=2 \\ 0.5x+0.4y=-1.6 \end{cases}$　　(4) $\begin{cases} 0.5x-0.6y=-2.8 \\ -0.2x+0.5y=1.9 \end{cases}$

(5) $\begin{cases} \dfrac{x}{5}+\dfrac{y}{3}=1 \\ 3x+4y=9 \end{cases}$　　(6) $\begin{cases} \dfrac{3}{4}x+\dfrac{2}{3}y=5 \\ 3x-2y=6 \end{cases}$

(7) $\begin{cases} x-y=3 \\ \dfrac{1}{5}x-\dfrac{1}{4}y=1 \end{cases}$　　(8) $\begin{cases} \dfrac{1}{3}x+\dfrac{1}{6}y=3 \\ \dfrac{1}{4}x+\dfrac{2}{5}y=5 \end{cases}$

ここがポイント

係数に小数をふくむ連立方程式

➡ 両辺に10，100，……をかけ，係数を整数にする。

係数に分数をふくむ連立方程式

➡ 両辺に分母の最小公倍数をかけ，係数を整数にする。

ミス注意

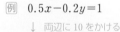

係数を整数にする数をかけるとき，右辺にもかけることを忘れないように注意する。

例　$0.5x-0.2y=1$

↓ 両辺に10をかける

$5x-2y=10$

ここも10倍

3 $A=B=C$ の形の方程式　次の方程式を解きなさい。

教 p.47問8

(1) $5x+2y=x-y=7$　　(2) $4x+y=-2x-3y=5$

(3) $3x+2y=5+3y=7x-2$　　(4) $5x+2y=4x+3y-3=3x+y$

左ページの例の答え　①1　②2　③6　④3　⑤−2　⑥2　⑦−1

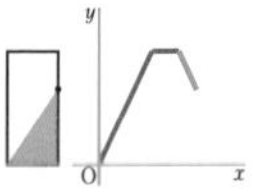

解答 p.10

定着のワーク ステージ2　1節　連立方程式

1 次の㋐〜㋒の中から，連立方程式 $\begin{cases} 2x-3y=5 \\ x+2y=-1 \end{cases}$ の解であるものを選びなさい。

㋐ $\begin{cases} x=4 \\ y=1 \end{cases}$　　㋑ $\begin{cases} x=5 \\ y=-3 \end{cases}$　　㋒ $\begin{cases} x=1 \\ y=-1 \end{cases}$

よく出る **2** 次の連立方程式を解きなさい。

(1) $\begin{cases} 3x-2y=13 \\ x+2y=-1 \end{cases}$

(2) $\begin{cases} 4x+3y=-2 \\ 4x-y=-26 \end{cases}$

(3) $\begin{cases} 3x+4y=2 \\ 2x+y=-3 \end{cases}$

(4) $\begin{cases} 2x+3y=18 \\ 5x-4y=-1 \end{cases}$

(5) $\begin{cases} y=-3x+13 \\ y=5x-3 \end{cases}$

(6) $\begin{cases} 4y=x+23 \\ 3x+4y=27 \end{cases}$

(7) $\begin{cases} x-2(y+3)=-3 \\ 2x+3y=13 \end{cases}$

(8) $\begin{cases} 3(2x-y)-4y=9 \\ 4x-3(x-y)=-11 \end{cases}$

(9) $\begin{cases} 0.7x-0.5y=1.1 \\ 6x-2y=-2 \end{cases}$

(10) $\begin{cases} \dfrac{2x-y}{7}=3 \\ \dfrac{1}{2}x+\dfrac{1}{3}y=2+\dfrac{2}{9}y \end{cases}$

ヒントの森

2 (1)〜(6) 加減法と代入法のどちらが適切か判断する。$y=$ ▢ の形は代入法。

(7), (8) かっこをはずして，同類項をまとめてから計算する。

(9), (10) 係数が小数や分数のときは，両辺を何倍かして係数を整数にする。

3 次の方程式，連立方程式を解きなさい。

(1)　$2x+3y=-x-3y=3x+5$

レベルUP (2)　$\begin{cases} x+y+z=1 \\ 2x-3y-z=13 \\ 3x+5y+z=-11 \end{cases}$

4 連立方程式 $\begin{cases} ax-by=5 \\ bx-ay=4 \end{cases}$ の解が $\begin{cases} x=2 \\ y=-1 \end{cases}$ であるとき，係数 a，b の値(あたい)を求めなさい。

レベルUP **5** 連立方程式 $\begin{cases} x+y=2 \\ 2x-y=7 \end{cases}$ の解 x，y と 2 次式 $2x-3y^2$ の x，y の値は同じです。

このとき，$2x-3y^2$ の式の値を求めなさい。

入試問題をやってみよう！

1 次の連立方程式を解きなさい。

(1)　$\begin{cases} x-2y=7 \\ 4x+3y=6 \end{cases}$　〔滋賀〕

(2)　$\begin{cases} 2x-3y=16 \\ 4x+y=18 \end{cases}$　〔富山〕

(3)　$\begin{cases} 2x+3y=9 \\ y=3x+14 \end{cases}$　〔千葉〕

(4)　$\begin{cases} \dfrac{x}{6}-\dfrac{y}{4}=-2 \\ 3x+2y=3 \end{cases}$　〔長崎〕

2 連立方程式 $\begin{cases} ax-by=23 \\ 2x-ay=31 \end{cases}$ の解が，$x=5$，$y=-3$ であるとき，係数 a，b の値をそれぞれ求めなさい。　〔京都〕

3 (2)　3 つの方程式のうち 2 つを組にして z を消去し，x と y の方程式をつくる。同じようにして，別の x と y の方程式をつくる。つくった x と y の 2 つの方程式から，x と y の値を求める。この x と y の値をもとの方程式にあてはめて，z の値を求める。

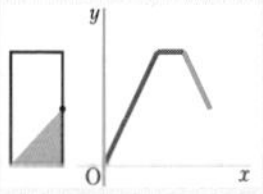

確認のワーク ステージ1

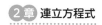

2節 連立方程式の活用
1 連立方程式の活用

例1 代金と個数の問題

教 p.50 → 基本問題 1 2 3

1冊100円のノートと1冊80円のノートを合わせて8冊買ったところ，代金が700円でした。2種類のノートを，それぞれ何冊買いましたか。

考え方 100円のノートをx冊，80円のノートをy冊買ったとして，冊数の関係と代金の関係について，方程式をつくる。

解き方 100円のノートをx冊，80円のノートをy冊買ったとすると，

↑最初に，何を文字x，yで表すかをかこう。

100円のノートだけの代金は$100x$円，80円のノートだけの代金は ① 円となる。

このことから，次の連立方程式をつくる。

$x+y=8$ ……① ＜合わせて8冊

② $=700$ ……② ＜代金が700円

これを解くと，$x=$ ③ ，$y=$ ④

求めた解は，問題にあう。

↑文章題では，解が問題にあうか必ず確認する。

①×100	$100x+100y=800$
②	$-)\ 100x+\ 80y=700$
	$20y=100$
	$y=$ ④

答 100円のノート ③ 冊，80円のノート ④ 冊

例2 代金と代金の問題

教 p.51 → 基本問題 4 5

ジュース5本とお茶2本の代金の合計は740円，ジュース4本とお茶3本の代金の合計は760円です。ジュース1本とお茶1本の値段は，それぞれ何円ですか。

考え方 ジュース1本をx円，お茶1本をy円として，代金の合計について，それぞれ方程式をつくる。

解き方 ジュース1本の値段をx円，お茶1本の値段をy円とすると，

$5x+2y=740$ ……① ＜ジュース5本とお茶2本の代金の合計が740円

（$5x$ ← ジュース5本，$2y$ ← お茶2本）

⑤ $=760$ ……② ＜ジュース4本とお茶3本の代金の合計が760円

これを解くと，$x=$ ⑥ ，$y=$ ⑦

求めた解は，問題にあう。

①×3	$15x+6y=2220$
②×2	$-)\ 8x+6y=1520$
	$7x\ \ =\ 700$
	$x\ \ =$ ⑥

答 ジュース1本の値段 ⑥ 円，お茶1本の値段 ⑦ 円

基本問題

解答 p.12

1 代金と個数の問題　1 個 80 円のオレンジと 1 個 140 円のりんごを合わせて 15 個買ったところ，代金が 1560 円でした。オレンジを x 個，りんごを y 個買ったとします。

教 p.51 問 3

(1)　個数の関係から，方程式をつくりなさい。

(2)　代金の関係から，方程式をつくりなさい。

(3)　(1)と(2)の方程式を連立方程式として解き，オレンジとりんごをそれぞれ何個買ったか求めなさい。

ここがポイント

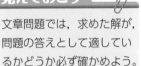

連立方程式を活用するときのポイントは，文章の中に等しい数量の関係を 2 つ見つけることである。

覚えておこう

文章問題では，求めた解が，問題の答えとして適しているかどうか必ず確かめよう。個数を求める問題で，答えが小数や負の数になったときは，計算ミスの可能性がある。

2 代金と個数の問題　1 本 50 円の鉛筆(えんぴつ)と 1 本 90 円のボールペンを合わせて 7 本買うと，代金は 430 円になりました。鉛筆とボールペンをそれぞれ何本買いましたか。

教 p.51 問 3

3 代金と個数の問題　大人 1 人 600 円，中学生 1 人 400 円の入園料を払って，大人と中学生何人かで動物園に入ったところ，入園料の合計は 6000 円でした。大人より中学生のほうが 5 人多いとき，大人と中学生はそれぞれ何人でしたか。

教 p.51 問 3

4 代金と代金の問題　パン 2 個とおにぎり 5 個を買うと，代金は 830 円，パン 4 個とおにぎり 3 個を買うと，代金は 750 円です。パン 1 個とおにぎり 1 個の値段は，それぞれ何円ですか。

教 p.51 問 4

パン 1 個 x 円，おにぎり 1 個 y 円として方程式をつくろう。

5 重さの問題　2 種類の品物 A，B があります。A 3 個と B 1 個の重さは合わせて 800 g，A 1 個と B 2 個の重さは合わせて 400 g です。品物 A 1 個と B 1 個の重さをそれぞれ求めなさい。

教 p.51 問 4

左ページの例の答え　① $80y$　② $100x+80y$　③ 3　④ 5　⑤ $4x+3y$　⑥ 100　⑦ 120

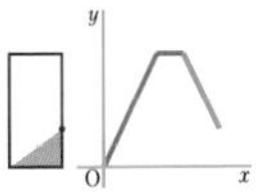

確認のワーク ステージ1 2節 連立方程式の活用
2 速さの問題 3 割合の問題

例1 速さの問題
教 p.52〜53 → 基本問題 1 2

A市から 140 km 離(はな)れたB市まで車で行くのに，はじめは時速 30 km で走り，途中(とちゅう)から高速道路を時速 80 km で走ったところ，全体で 3 時間かかりました。時速 30 km と時速 80 km で走った道のりは，それぞれ何 km ですか。

考え方 数量の関係を図や表に整理すると，式がつくりやすくなる。この問題の数量の関係を表に整理すると，右のようになる。

	時速 30 km	時速 80 km	全体
道のり (km)	x	y	140
速さ (km/h)	30	80	
時間 (時間)	①	$\frac{y}{80}$	3

解き方 時速 30 km で x km, 時速 80 km で y km 走ったとして，道のりの関係，時間の関係から方程式をつくる。

$$\begin{cases} x+y=140 & \cdots\cdots ① \\ \boxed{②}=3 & \cdots\cdots ② \end{cases}$$

① 道のりの関係（全体の道のり）
② 時間の関係（かかった時間）
↑ 時速 30 km で走った時間と時速 80 km で走った時間の和

これを解くと，$x=$ ③ ，$y=$ ④

求めた解は，問題にあう。

思い出そう
- (道のり)＝(速さ)×(時間)
- (速さ)＝$\frac{(道のり)}{(時間)}$
- (時間)＝$\frac{(道のり)}{(速さ)}$

答 時速 30 km で ③ km，時速 80 km で ④ km

例2 割合の問題
教 p.54〜55 → 基本問題 3 4

ある中学校の 2 年生は，全体で 110 人います。そのうち，男子の 10% と女子の 15% の合わせて 14 人が美術部員です。2 年生全体の男子と女子の人数は，それぞれ何人ですか。

考え方 数量の関係を表に整理すると，右のようになる。

	男子	女子	合計
全体の人数 (人)	x	y	110
美術部の人数 (人)	⑤	$\frac{15}{100}y$	14

解き方 2 年生の男子を x 人，女子を y 人として式をつくると，

$$\begin{cases} x+y=110 & \cdots\cdots ① \\ \boxed{⑥}=14 & \cdots\cdots ② \end{cases}$$

① 全体の人数
② 美術部の人数
↑ 美術部の男子と女子の人数の和

これを解くと，$x=$ ⑦ ，$y=$ ⑧

求めた解は，問題にあう。

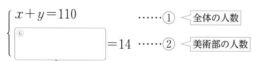

係数が分数の方程式は，両辺に分母の最小公倍数をかけ，係数を整数にして計算しよう。

答 男子 ⑦ 人，女子 ⑧ 人

基本問題

解答 p.12

1 速さの問題　Aさんは午前8時に家を出て，900 m 離れた学校に向かいました。はじめは分速60 m で歩いていましたが，遅刻（ちこく）しそうなので，途中から分速150 m で走り，午前8時12分に学校に着きました。歩いた道のりを x m，走った道のりを y m とします。

教 p.52例1

(1) 道のりの関係から，方程式をつくりなさい。

(2) 時間の関係から，方程式をつくりなさい。

(3) (1)と(2)の方程式を連立方程式として解き，歩いた道のりと走った道のりを求めなさい。

知ってると得

1は，歩いた時間を x 分，走った時間を y 分として連立方程式をつくることもできる。

$$\begin{cases} x+y=12 & \leftarrow \text{時間の関係} \\ 60x+150y=900 & \leftarrow \text{道のりの関係} \end{cases}$$

この解き方だと，係数が分数にならない！

2 速さの問題　A地点を出発して，自転車で36 km 離れたB地点まで行きました。途中のC地点までは時速16 km で走っていましたが，C地点から時速12 km で走ったところ，A地点を出発してからB地点に着くまでに2時間30分かかりました。AC間，CB間を走るのにかかった時間は，それぞれ何時間ですか。

教 p.53問2

ミス注意

方程式をつくるとき，単位をそろえることに注意。

2時間30分 ➡ $\frac{5}{2}$ 時間

3 割合の問題　ある工場で，製品Aと製品Bを合わせて500個つくったところ，不良品が製品Aには20%，製品Bには10%でき，不良品の合計は70個になりました。製品A，Bを，それぞれ x 個，y 個として何個つくったか求めなさい。

教 p.55問2

4 割合の問題　ある店で，お弁当とサンドイッチを1つずつ買うのに，定価で買うと合わせて950円になりますが，お弁当を定価の20%引き，サンドイッチを定価の40%引きで買ったので，合わせて260円安くなりました。お弁当とサンドイッチの定価は，それぞれ何円ですか。

教 p.55問3

知ってると得

x 円の10%増

$x\times\left(1+\frac{10}{100}\right)$ ➡ $\frac{11}{10}x$（円）

x 円の30%減

$x\times\left(1-\frac{30}{100}\right)$ ➡ $\frac{7}{10}x$（円）

x 円の2割引

$x\times\left(1-\frac{2}{10}\right)$ ➡ $\frac{4}{5}x$（円）

2章

左ページの例の答え　① $\frac{x}{30}$　② $\frac{x}{30}+\frac{y}{80}$　③ 60　④ 80　⑤ $\frac{10}{100}x$　⑥ $\frac{10}{100}x+\frac{15}{100}y$　⑦ 50　⑧ 60

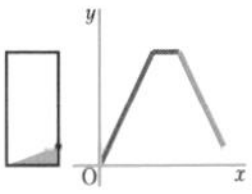

解答 p.13

定着のワーク ステージ2 2節 連立方程式の活用

1 1個80円のパンと1個120円のドーナツを何個か買いました。買った数は，パンの個数がドーナツの個数の2倍よりも3個多く，代金は1360円でした。パンとドーナツをそれぞれ何個買いましたか。

よく出る **2** 鉛筆(えんぴつ)4本とノート3冊の代金は680円，鉛筆5本とノート6冊の代金は1120円でした。鉛筆1本の値段とノート1冊の値段は，それぞれ何円ですか。

3 2けたの自然数があります。各位の数の和は10で，十の位の数と一の位の数を入れかえた数は，もとの数より18大きくなります。もとの自然数を，十の位をx，一の位をyとして求めなさい。

4 Aさんは，朝7時に家を出て2.1 km離(はな)れた学校へ向かいました。はじめ分速140 mで走り，途中(とちゅう)から分速70 mで歩きました。学校には，7時22分に着きました。Aさんは，自分の走った時間を知るために，走った時間をx分，歩いた時間をy分として，次のような連立方程式をつくって考えました。□にあてはまる数あるいは式をかいて，Aさんが走った時間，歩いた時間を求めなさい。

$$\begin{cases} x+y=\boxed{㋐} \\ 140x+\boxed{㋑}=2100 \end{cases}$$

よく出る **5** ある中学校の昨年度の生徒数は290人でした。今年度は，昨年度に比べて男子が5％減り，女子が8％増えたので，全体で5人増えました。昨年度の男子をx人，女子をy人とします。

(1) 昨年度の男子と女子の人数を求めなさい。

(2) 今年度の男子と女子の人数を求めなさい。

ヒントの森

1 パンの個数をx個，ドーナツの個数をy個とすると，個数の関係は $x=2y+3$ となる。

3 十の位をx，一の位をyとする2けたの自然数は$10x+y$と表される。

5 今年度に増えた人数の合計は，$-\frac{5}{100}x+\frac{8}{100}y=5$ となる。

6 そうたさんは，1個80円のお菓子と1個100円のお菓子を，合わせて20個買う予定で店に行きました。ところが，この2種類のお菓子の個数を反対にし，合わせて20個買ったため，予定の金額より40円安く買えました。そうたさんは，最初それぞれ何個買う予定にしていましたか。

7 A地点からB地点を通ってC地点まで行くとき，AB間を歩き，BC間を自転車で行くと4時間20分かかり，AB間を自転車で行き，BC間を歩くと5時間40分かかります。歩く速さは時速3 km，自転車の速さは時速15 kmです。このとき，AB間の道のり，BC間の道のりは，それぞれ何kmですか。

入試問題をやってみよう！

1 ある中学校では，遠足のため，バスで，学校から休憩所を経て目的地まで行くことにしました。学校から目的地までの道のりは98 kmです。バスは，午前8時に学校を出発し，休憩所まで時速60 kmで走りました。休憩所で20分間休憩した後，再びバスで，目的地まで時速40 kmで走ったところ，目的地には午前10時15分に到着しました。このとき，学校から休憩所までの道のりと休憩所から目的地までの道のりは，それぞれ何kmですか。〔静岡〕

2 **A中学校の生徒数は，男女合わせて365人です。そのうち，男子の80％と女子の60％が，運動部に所属しており，その人数は257人でした。**〔富山〕

(1) A中学校の男子の生徒数をx人，女子の生徒数をy人として，連立方程式をつくりなさい。

(2) A中学校の男子の生徒数と女子の生徒数を，それぞれ求めなさい。

6 買う予定だった個数をx個，y個とすると，予定の金額は$80x+100y$(円)

7 AB間をx km，BC間をy kmとして，時間の関係を方程式で表す。時間の単位に注意。

1 休憩所で20分間休憩したので，バスが走っていた時間は1時間55分になる。

解答 p.14

実力判定テスト ステージ3 連立方程式

40分 /100

1 次の㋐〜㋒の中から，$\begin{cases} x=4 \\ y=-2 \end{cases}$ が解となるものを選びなさい。（5点）

㋐ $\begin{cases} x+2y=7 \\ 2x+y=6 \end{cases}$　㋑ $\begin{cases} 2x+y=6 \\ x-3y=-7 \end{cases}$　㋒ $\begin{cases} x-2y=8 \\ 2x+5y=-2 \end{cases}$

（　　　）

よく出る **2** 次の連立方程式を解きなさい。5点×8（40点）

(1) $\begin{cases} 3x-2y=13 \\ x+2y=-1 \end{cases}$　(2) $\begin{cases} x+y=9 \\ x-3y=1 \end{cases}$　(3) $\begin{cases} 5x-3y=5 \\ 2x-y=3 \end{cases}$

（　　　）（　　　）（　　　）

(4) $\begin{cases} 3x+4y=2 \\ 2x-3y=7 \end{cases}$　(5) $\begin{cases} 5x-4y=9 \\ 2x-3y=5 \end{cases}$　(6) $\begin{cases} y=2x-1 \\ 4x-y=9 \end{cases}$

（　　　）（　　　）（　　　）

(7) $\begin{cases} y=-x+15 \\ y=3x-21 \end{cases}$　(8) $\begin{cases} 9x-2y=64 \\ 4x+5y=-1 \end{cases}$

（　　　）（　　　）

3 次の方程式，連立方程式を解きなさい。5点×4（20点）

(1) $\begin{cases} 3x-2(y-2)=3 \\ 6x-7y=10 \end{cases}$　(2) $\begin{cases} x+\dfrac{5}{2}y=2 \\ 3x+4y=-1 \end{cases}$

（　　　）（　　　）

(3) $\begin{cases} 3x+2y=6 \\ 0.3x-0.2y=-1 \end{cases}$　(4) $4x+y=-3x-4y-11=2x-2y$

（　　　）（　　　）

目標 ②，③の計算問題は確実に解けるようにしよう。⑤〜⑦の文章問題は連立方程式がつくれるようになろう。

自分の得点まで色をぬろう！

がんばろう！ | もう一歩 | 合格！

0　60　80　100点

4 連立方程式 $\begin{cases} 2ax+by=8 \\ ax-3by=-10 \end{cases}$ の解が $\begin{cases} x=2 \\ y=1 \end{cases}$ であるとき，係数 a，b の値（あたい）を求めなさい。

（5点）

（　　　　　　）

5 りんご2個となし3個を買うと480円，りんご3個となし1個を買うと440円です。

5点×2（10点）

(1) りんご1個の値段を x 円，なし1個の値段を y 円として，連立方程式をつくりなさい。

（　　　　　　）

(2) りんご1個，なし1個の値段をそれぞれ求めなさい。

（りんご　　　　円，なし　　　　円）

6 ある中学校では，男子が女子より20人少なく，男子の10％と女子の8％の合わせて25人が陸上部に入っています。

5点×2（10点）

(1) 男子の人数を x 人，女子の人数を y 人として，連立方程式をつくりなさい。

（　　　　　　）

(2) 男子と女子の人数を，それぞれ求めなさい。

（男子　　　　人，女子　　　　人）

7 Aさんは，家から960 m 離（はな）れた図書館でBさんと待ち合わせをしました。約束の時刻は10分後で，ちょうどその時刻に図書館に着きたいです。Aさんの歩く速さは分速60 m，走る速さは分速150 m です。今から家を出ると何分歩いて何分走ればよいですか。　（10点）

（　　　　　　）

アプリ【どこでもワーク計算編】をやって，さらに力をつけよう！

確認のワーク ステージ1　1節 1次関数
1 1次関数　2 変化の割合

例1 関数の式と変域
教 p.62〜63 → 基本問題 1 2

水が 50 L まではいる水そうに，水が 20 L はいっています。そこへ毎分 3 L ずつ x 分間水を入れた場合の，水そうの水の量を y L とします。

(1) y を x の式で表し，x の変域も表しなさい。

(2) y は x の1次関数といえますか。

考え方 毎分 3 L ずつ x 分間にはいった水の量と，はじめからはいっていた水の量 20 L の合計が y L になることから，y を x の式で表す。

解き方 (1) 1分間にはいる水の量は 3 L だから，水を入れ始めてから x 分間にはいる水の量は $3x$ L，水そうの水の量 y L は，$y=$ ① ＿＿＿ となる。

また，② ＿＿＿ 分後には水そうがいっぱいになる

↑(50−20)÷3

ので，x の変域は，$0 \leqq x \leqq$ ③ ＿＿＿ となる。

x の変域とは，x の値(あたい)が変わる範囲(はんい)のことだよ。

(2) $y=ax+b$ の式で表せるので，y は x の1次関数と ④ ＿＿＿。

たいせつ
1次関数 $y=\boxed{ax}+\boxed{b}$
x に比例する項　定数項

例2 変化の割合
教 p.64〜66 → 基本問題 3

1次関数 $y=3x-5$ で，x の値が1から5まで増加するときの x の増加量，y の増加量を求めなさい。

また，このときの変化の割合を求めなさい。

考え方 x の増加量に対する y の増加量の割合を，変化の割合という。

$$(\text{変化の割合})=\frac{(y\text{ の増加量})}{(x\text{ の増加量})}$$

覚えておこう
1次関数 $y=ax+b$ の変化の割合は一定で，x の係数 a に等しい。

解き方 $x=1$ のとき，$y=3\times1-5=-2$

$x=5$ のとき，$y=3\times5-5=10$

x と y の値の変化を表にすると，

（x：1 → 5 の増加 4）

x	…	1	…	5	…
y	…	−2	…	10	…

（y：−2 → 10 の増加 12）

(x の増加量) $5-1=$ ⑤ ＿＿＿

(y の増加量) $10-(-2)=$ ⑥ ＿＿＿

変化の割合は，$\dfrac{10-(-2)}{5-1}=$ ⑦ ＿＿＿

基本問題

解答 p.15

1 関数と変域 長さ 15 cm のろうそくがあります。火をつけると，1 分間に 0.5 cm の割合で燃えていきます。火をつけてから x 分後のろうそくの長さを y cm とします。 教 p.63 例 1

(1) ろうそくは，火をつけてから何分後に燃えつきますか。

(2) y を x の式で表しなさい。また，x の変域を表しなさい。

(3) y が x の 1 次関数であるといえますか。

ミス注意
x の変域とは，x の値が変化する範囲のことである。ここでは，火をつけたときの 0 分後から，燃えつきるときまでの時間がその変域になる。

2 1次関数の式 次の数量の関係について，y を x の式で表しなさい。また，y が x の 1 次関数であるかどうかを答えなさい。 教 p.63 問 2，問 3

(1) 20 L の水がはいった水そうから，毎分 3 L ずつ水をぬくときの x 分後の水の量 y L

(2) 1 辺が x cm の正三角形の周の長さ y cm

(3) 1 辺が x cm の正方形の面積 y cm^2

ここがポイント
x にともなって y が変化し，y が x の 1 次式で表されるとき，y は x の 1 次関数であるという。
式は，$y=ax+b$
になる。

3 変化の割合 次の 1 次関数の変化の割合を答えなさい。 教 p.66 問 5

(1) $y=5x-3$

(2) $y=-x-2$

(3) $y=x+4$

(4) $y=0.3x$

(5) $y=\frac{2}{3}x+3$

(6) $y=-\frac{3}{5}x+\frac{1}{4}$

覚えておこう
1 次関数の変化の割合は一定で，x の係数 a に等しい。
$y=ax+b$
（a：変化の割合）

左ページの例の答え ① $3x+20$ ② 10 ③ 10 ④ いえる ⑤ 4 ⑥ 12 ⑦ 3

確認のワーク ステージ1

1節 1次関数
3 1次関数のグラフ　4 1次関数のグラフの特徴

例1 比例のグラフとの関係

教 p.68〜69 → 基本問題 1

1次関数 $y=2x-3$ のグラフについて，次の問いに答えなさい。

(1) $y=2x-3$ のグラフは，$y=2x$ のグラフを，y 軸(じく)のどちらの方向にどれだけ平行移動させたものですか。

(2) $y=2x-3$ のグラフでは，右へ3だけ進むとき，上へどれだけ進みますか。

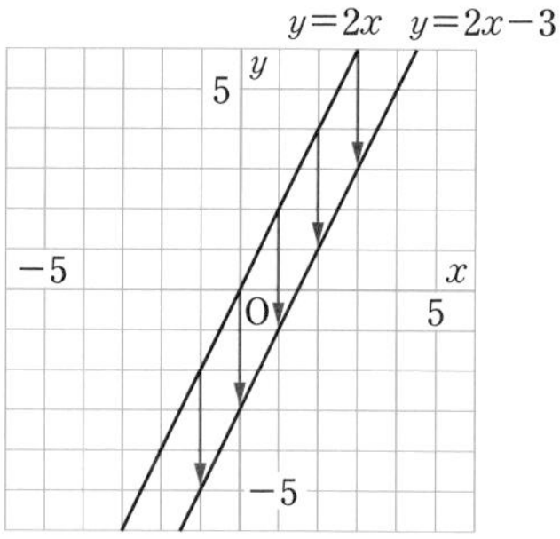

考え方 $y=2x$ と $y=2x-3$ のように，x の係数が等しい2つの1次関数のグラフは，たがいに平行になる。

解き方 (1) $y=2x-3$ のグラフは，$y=2x$ のグラフを y 軸の負の方向に ① だけ平行移動したものです。

(2) 変化の割合が2だから，右へ3進むとき，上へ ② だけ進む。 ← 2×3

例2 1次関数の傾きと切片

教 p.70 → 基本問題 2 3

次の1次関数のグラフの傾き(かたむ)きと切片(せっぺん)を答えなさい。

(1) $y=3x+2$　　(2) $y=-x-4$

考え方 $y=ax+b$ の x の係数 a を傾き，定数項(こう) b を切片という。

解き方 (1) x の係数が3だから傾きは ③ ，定数項が2だから切片は ④ である。

(2) $y=-x-4$ のグラフでは，傾きは ⑤ ，切片は ⑥ である。 ← x の係数は -1

例3 1次関数のグラフの傾き

教 p.71 → 基本問題 2 3 4

右の図の(1)〜(3)の直線は，切片が -2 で，傾きが異なる1次関数のグラフです。それぞれのグラフの傾きを読み取りなさい。

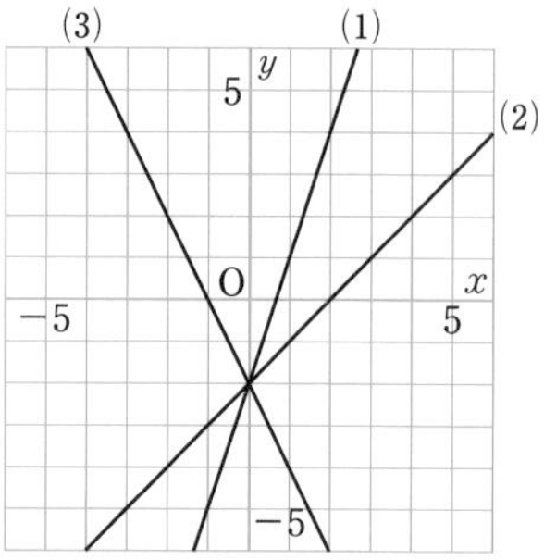

考え方 (0, −2) の点から右と上下への進み方で傾きを読み取る。

$$(1\text{次関数のグラフの傾き})=\frac{(y\text{の増加量})}{(x\text{の増加量})}$$

解き方 (1) 傾き… ⑦ ＜切片から右へ1進むと上へ3進む。

(2) 傾き… ⑧ ＜切片から右へ1進むと上へ1進む。

(3) 傾き… ⑨ ＜切片から右へ1進むと下へ2進む。

ここがポイント

傾き $=\dfrac{n}{m}$

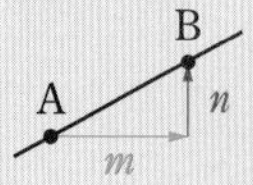

・右下がりのとき n は負になる。

基本問題

解答 p.15

1 グラフの平行移動　次の㋐～㋒の1次関数のグラフは，$y=-4x$ のグラフを，y 軸の正の方向にどれだけ平行移動したものですか。それぞれについて答えなさい。 教 p.67～68

㋐　$y=-4x+1$　　㋑　$y=-4x-5$　　㋒　$y=-4x+3$

2 グラフの傾き　次の㋐～㋕の1次関数について，下の問いに答えなさい。 教 p.70～71

㋐　$y=3x+2$　　㋑　$y=-2x-5$　　㋒　$y=x+3$

㋓　$y=2x-1$　　㋔　$y=3x-2$　　㋕　$y=-x+1$

(1)　㋐～㋕の1次関数のグラフのうち，平行になる直線の組を答えなさい。

(2)　㋐～㋕の1次関数のグラフのうち，直線が右下がりとなるものを，すべて答えなさい。

覚えておこう

$y=ax+b$ で，a が傾きを表している。また，傾きが等しいグラフは，平行になる。
$y=ax+b$ のグラフは，
　$a>0$ …右上がり
　$a<0$ …右下がり
になる。

3 傾きと切片　次の問いに答えなさい。 教 p.70 問4，p.71 問5

(1)　次の1次関数のグラフについて，それぞれ傾きと切片を答えなさい。

㋐　$y=\frac{2}{3}x-5$　　㋑　$y=x$　　㋒　$y=-3x+2$

(2)　次の直線の傾きと切片を求めなさい。

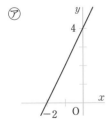

㋐
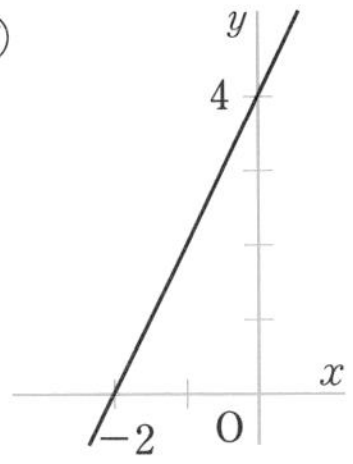

㋑
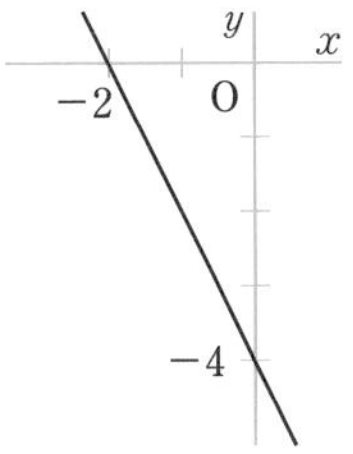

㋒
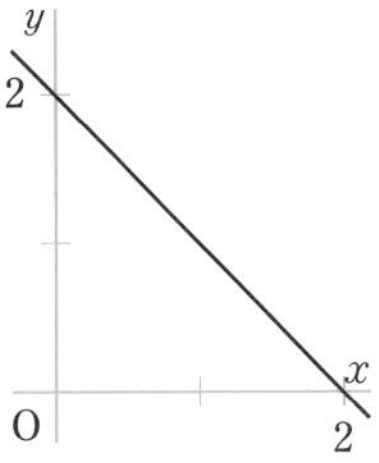

1次関数のグラフが y 軸と交わった点の y 座標が切片になるよ。

4 傾きと切片　1次関数 $y=ax+b$ のグラフが下の図のようになるとき，a，b の値(あたい)は，それぞれ正の数，負の数のどちらになりますか。また，そう考えたわけも説明しなさい。 教 p.71 問6

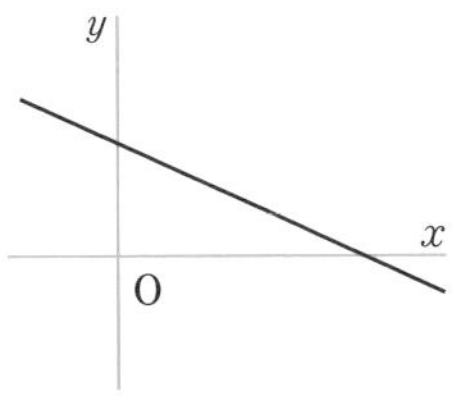

(1)　a の値

(2)　b の値

左ページの例の答え　①3　②6　③3　④2　⑤−1　⑥−4　⑦3　⑧1　⑨−2

確認のワーク ステージ1　1節 1次関数
5　1次関数のグラフのかき方

例1　1次関数のグラフのかき方
教 p.72 → 基本問題 1

次の1次関数のグラフをかきなさい。

(1)　$y=2x+3$　　　(2)　$y=-2x-3$

考え方　グラフが通る2点の座標を求めて，直線をひく。
↑ x 座標と y 座標がともに整数になる点

解き方　まず切片をとり，次に直線の傾きからもう1つの点をとる。

(1)　切片が ①[　　] だから，点(0, 3)を通る。

傾きが ②[　　] だから，点(0, 3)から右へ1進むと

上へ ③[　　] 進む。この2点を通る直線をひく。

(2)　切片が ④[　　] だから，点(0, −3)を通る。

傾きが ⑤[　　] だから，点(0, −3)から右へ1進む

と下へ ⑥[　　] 進む。この2点を通る直線をひく。
↑ 係数が負の数なので，下へ進む。

覚えておこう
切片と傾きがわかっている直線のかき方。
1　切片の座標を求める。
2　傾きから直線が通る点を求める。

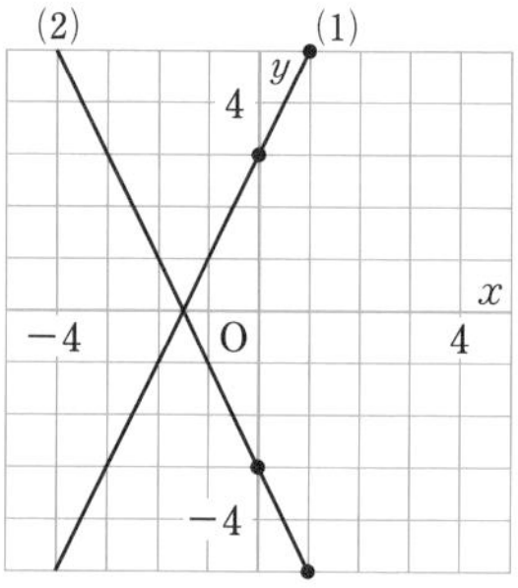

例2　傾きが分数である1次関数のグラフ
教 p.73 → 基本問題 2

次の1次関数のグラフをかきなさい。

(1)　$y=\frac{3}{4}x-1$　　　(2)　$y=-\frac{1}{2}x+2$

考え方　傾きが分数の1次関数でも，整数の場合と同じように2点の座標を求めて直線をひく。

解き方　(1)　切片が ⑦[　　] だから，点(0, −1)を通る。

傾きが ⑧[　　] だから，点(0, −1)から右へ4進むと，

上へ ⑨[　　] 進む。◁ x 座標と y 座標がともに整数になる点

この2点を通る直線をひく。

(2)　切片が ⑩[　　] だから，点(0, 2)を通る。

傾きが $-\frac{1}{2}$ だから，グラフは右下がりの直線になる。

点(0, 2)から右へ2進むと，下へ ⑪[　　] 進む。

この2点を通る直線をひく。

知ってると得
傾きが分数のとき
➡右に分母の数，上に分子の数だけ進んだ点を通る直線

例　傾き $\frac{2}{5}$

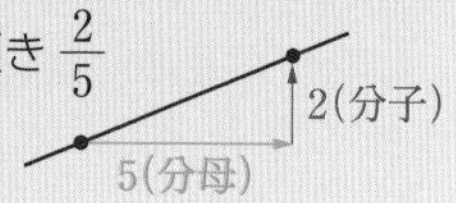

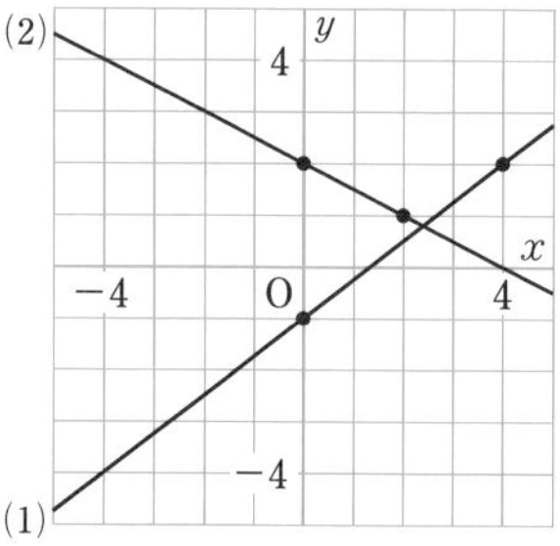

基本問題

解答 p.15

1 1次関数のグラフをかく　次の1次関数のグラフをかきなさい。

教 p.72 問1

(1)　$y=3x+1$

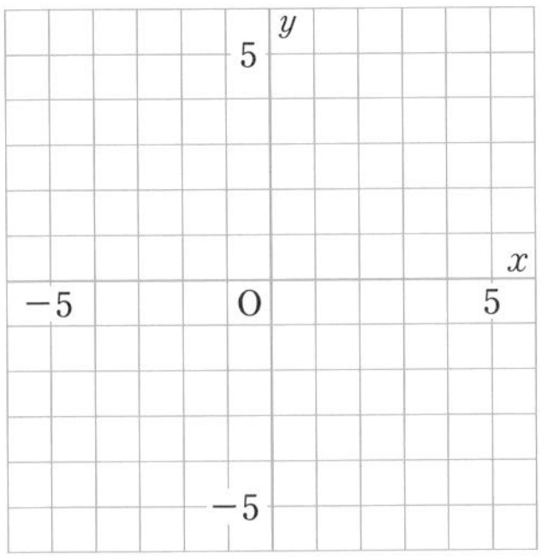

(2)　$y=2x-4$

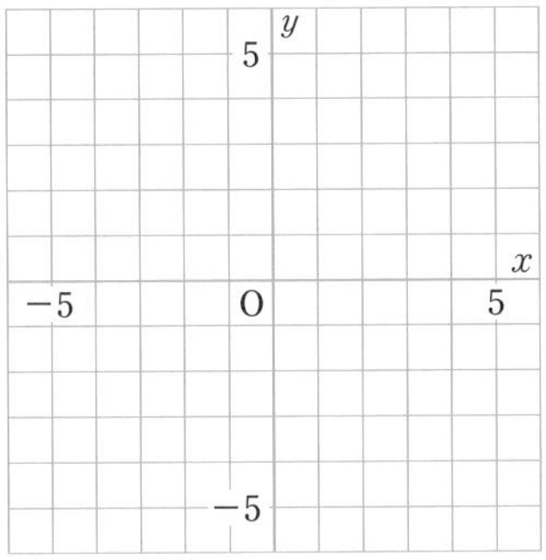

たいせつ

1次関数 $y=ax+b$ のグラフをかく手順

1 切片が b だから，点B$(0,\ b)$ を通る。

2 傾きが a だから，点Bから右へ1，上へ a 進んだ点Aを通る。

$(a>0$ のとき$)$

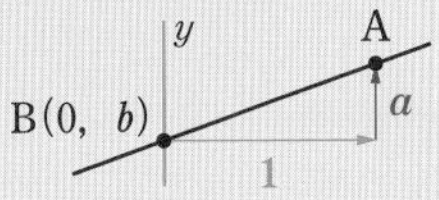

$(a<0$ ならば下に進む$)$

(3)　$y=-4x+2$

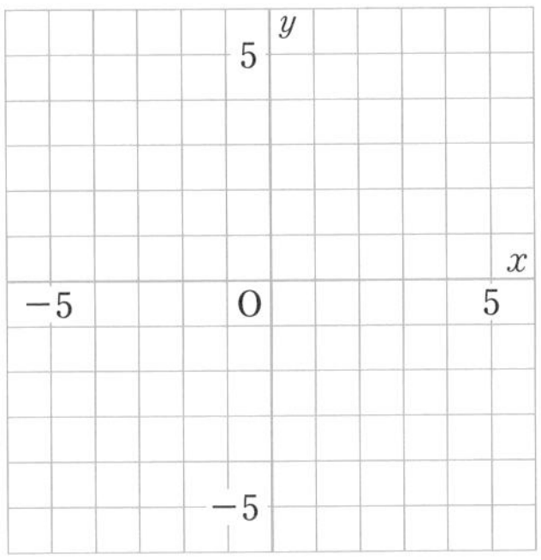

(4)　$y=-3x-3$

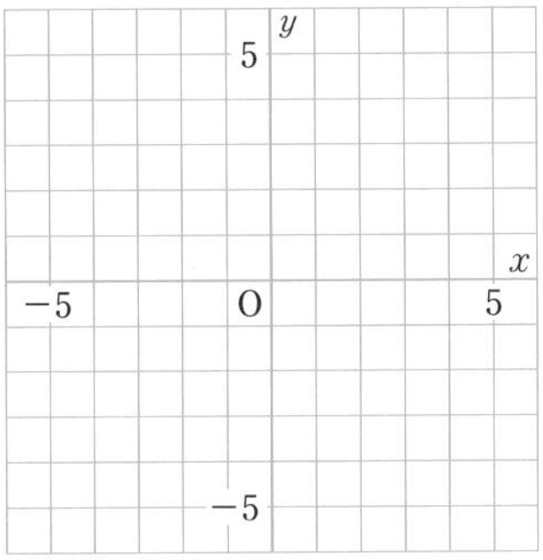

2 傾きが分数である1次関数のグラフをかく　次の1次関数のグラフをかきなさい。

教 p.73 問2

(1)　$y=\frac{1}{2}x+3$

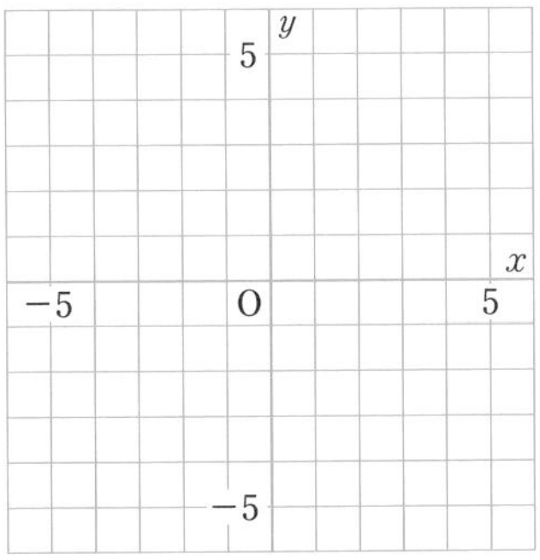

(2)　$y=-\frac{3}{4}x+1$

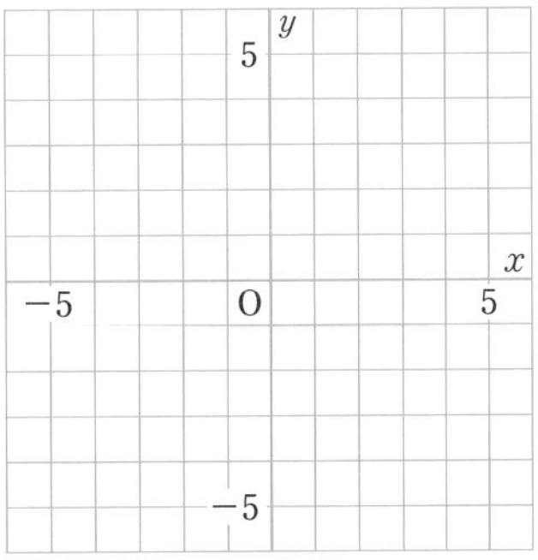

3章

左ページの例の答え　①3　②2　③2　④−3　⑤−2　⑥2　⑦−1　⑧$\frac{3}{4}$　⑨3　⑩2　⑪1

確認のワーク ステージ1　1節 1次関数
6　1次関数の式の求め方

例1　1組の x，y の値から1次関数の式を求める
教 p.75 → 基本問題 2

$x=2$ のとき $y=3$ で，変化の割合が2である1次関数の式を求めなさい。

考え方　求める1次関数の式を $y=ax+b$ として，a，b にあてはまる数を求める。
変化の割合が2であるから，$a=2$
$y=2x+b$ の式に x，y の値（あたい）を代入して b の値を求める。

解き方　1次関数の式を $y=ax+b$ とすると，変化の割合（傾き）が2だから，$a=2$
したがって，$y=$ ① $x+b$ となる。
この式に x と y の値を代入して b の値を求める。
$x=2$ のときに $y=3$ だから，
$3=2\times2+b$
$3=4+b$
$b=$ ②

ここがポイント
1次関数を求めなさい。
➡ $y=ax+b$ とおき，a，b の値を求める。

答　$y=$ ③

例2　2組の x，y の値から1次関数の式を求める
教 p.75 → 基本問題 3

$x=1$ のとき $y=-1$，$x=3$ のとき $y=5$ である1次関数の式を求めなさい。

考え方　1次関数の式は $y=ax+b$ と表されるから，先に傾き a を求め，その a と1組の x，y の値を $y=ax+b$ に代入して，b の値を求める。

解き方　求める1次関数の式を $y=ax+b$ とする。
このグラフの傾き a は，$a=\dfrac{5-(-1)}{3-1}=\dfrac{6}{2}=3$　＜ 傾き $a=$(変化の割合)$=\dfrac{(y\text{の増加量})}{(x\text{の増加量})}$
したがって，$y=$ ④ $x+b$ となる。
この式に $x=1$，$y=-1$ を代入して b の値を求める。
$-1=3\times1+b$
$-1=3+b$
$b=$ ⑤

答　$y=$ ⑥

別解　連立方程式をつくって，a，b の値を求める。
求める1次関数の式を $y=ax+b$ とすると，
$x=1$ のとき $y=-1$ だから，　$-1=a+b$ …①
$x=3$ のとき $y=5$ だから，　$5=3a+b$ …②
①，②の連立方程式を解くと，$a=$ ④，$b=$ ⑤

2点を通る直線の式も，同じ方法で求められるね。

基本問題

解答 p.16

1 直線の式を求める

次の図の直線(1)，(2)の式を求めなさい。

教 p.74 問 1

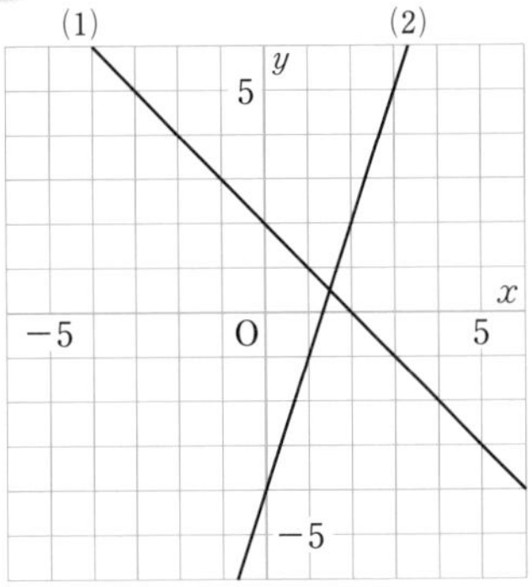

たいせつ

直線の式の求め方
〈1〉切片を求める。
〈2〉傾きを求める。

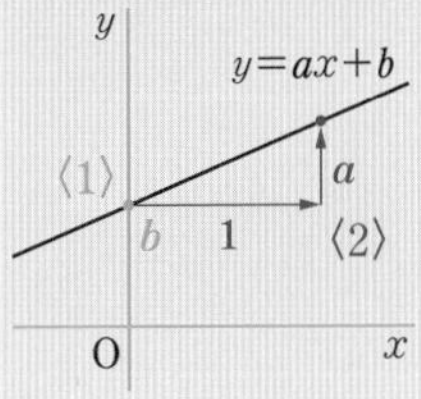

2 1 組の x，y の値から 1 次関数の式を求める

次の条件を満たす 1 次関数の式を求めなさい。

教 p.75 問 2, p.76 問 5

(1)　$x=3$ のとき $y=-2$ で，変化の割合が 2 である。

(2)　グラフが点 $(-1,\ 3)$ を通り，傾きが -1 の直線である。

(3)　グラフの切片が 2 で，点 $(2,\ 3)$ を通る直線である。

(4)　グラフが点 $(1,\ -1)$ を通り，直線 $y=-2x$ に平行な直線である。

たいせつ

グラフが平行
↕
傾きが等しい

3 2 組の x，y の値から 1 次関数の式を求める

次の条件を満たす 1 次関数の式を求めなさい。

教 p.75 問 3, p.76 問 4

(1)　$x=4$ のとき $y=-3$，$x=-1$ のとき $y=-8$ である。

(2)　グラフが 2 点 $(-1,\ 2)$，$(2,\ -7)$ を通る直線である。

(3)　グラフが $(-2,\ -5)$，$(2,\ 3)$ を通る直線である。

(4)　グラフが点 $(-1,\ 4)$ を通り，$x=3$ のとき x 軸と交わる。

覚えておこう

通る 2 点がわかるとき
1 傾きを求めてから b を求める。
2 $y=ax+b$ に 2 点の座標を代入して連立方程式を解く。

左ページの 例 の答え　① 2　② -1　③ $2x-1$　④ 3　⑤ -4　⑥ $3x-4$

解答 p.16

定着のワーク ステージ2　1節　1次関数

1 次の数量の関係について，y を x の式で表しなさい。また，y が x の1次関数であるときは，変化の割合を答えなさい。

(1) 底辺が4 cm，高さが x cm の三角形の面積 y cm^2

(2) 半径 x cm の円の円周の長さ y cm

(3) 1 m の重さが8 g の針金6 m から，x m を切りとったときの残りの重さ y g

レベルUP (4) 16 km の道のりを，はじめ時速 x km で4時間歩き，残りの道のりを時速4 km で歩いたときにかかる合計の時間 y 時間

2 次の1次関数のグラフをかきなさい。

(1) $y=2x-3$

(2) $y=-\frac{1}{2}x+1$

(3) $y=\frac{2}{3}x-1$

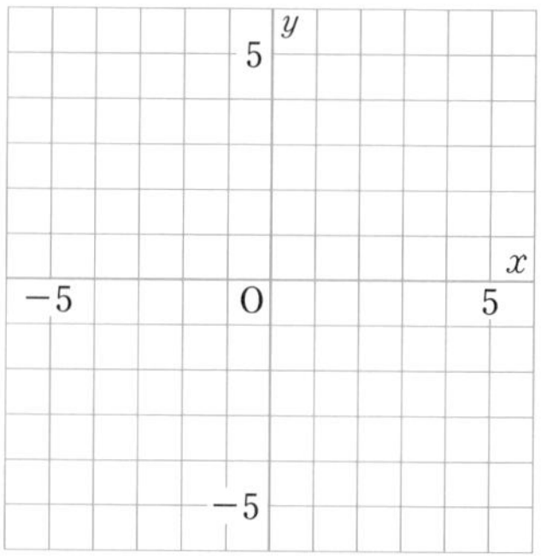

3 右の1次関数のグラフについて，次の問いに答えなさい。

(1) グラフの傾きと切片を答えなさい。

(2) 直線の式を求めなさい。

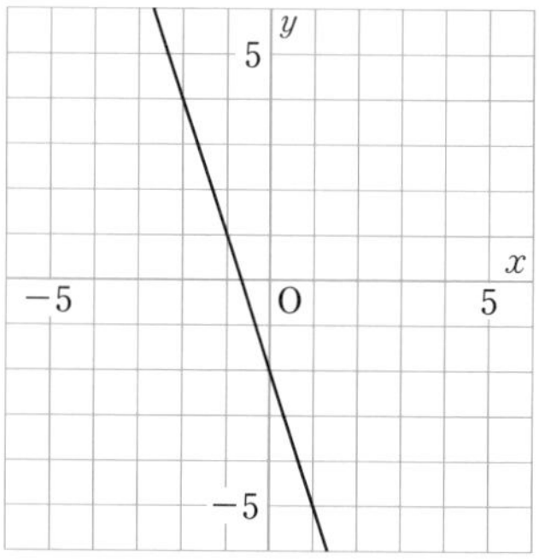

ヒントの森

1 (2) (円周の長さ)$=2\times$(半径)$\times\pi$

(4) 残りの道のりを歩いたときにかかる時間は $\frac{16-4x}{4}$ 時間になる。

4 右の図の(1)〜(3)の直線の式を求めなさい。

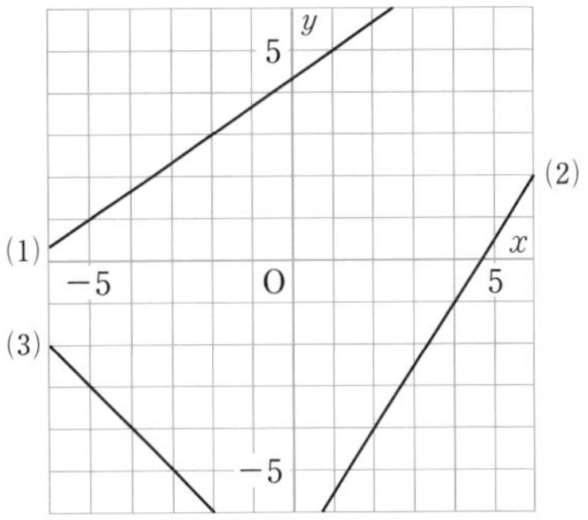

5 次の条件を満たす **1** 次関数を求めなさい。

(1)　$y=4x-2$ と変化の割合が等しく，$x=3$ のとき $y=2$ である。

(2)　$x=0$ のとき $y=-3$ で，x が 2 増加すると y は 4 増加する。

(3)　グラフが 2 点 $(-2,\ 1)$，$(1,\ 0)$ を通る直線になる。

(4)　$x=2$ のとき $y=-3$ で，$x=-3$ のとき $y=5$ である。

(5)　グラフが点 $(2,\ 5)$ を通り，y 軸（じく）との交点が $y=2x-4$ と同じ直線である。

レベルUP (6)　グラフが $y=-2x+3$ と x 軸について対称な直線である。

入試問題をやってみよう！

1 関数 $y=4x+5$ について述べた文として正しいものを，次の㋐〜㋓の中から全て選び，符号で書きなさい。　〔岐阜〕

㋐　グラフは点 $(4,\ 5)$ を通る。

㋑　グラフは右上がりの直線である。

㋒　x の値（あたい）が -2 から 1 まで増加するときの y の増加量は 4 である。

㋓　グラフは，$y=4x$ のグラフを，y 軸の正の向きに 5 だけ平行移動させたものである。

5 (5)　y 軸との交点が同じになるから，切片は $y=2x-4$ の切片と同じになる。

1 ㋑　1 次関数 $y=ax+b$ のグラフは，$a>0$ のときは右上がりの直線，$a<0$ のときは右下がりの直線になる。

確認のワーク ステージ1
2節 1次方程式と1次関数
1 2元1次方程式のグラフ

例1 2元1次方程式のグラフ
教 p.79 → 基本問題 1 3

2元1次方程式 $3x+2y=6$ のグラフをかきなさい。

考え方 $3x+2y=6$ を y について解き，$y=$ ▭ の形にした1次関数のグラフをかく。

解き方 $3x+2y=6$ を y について解くと，

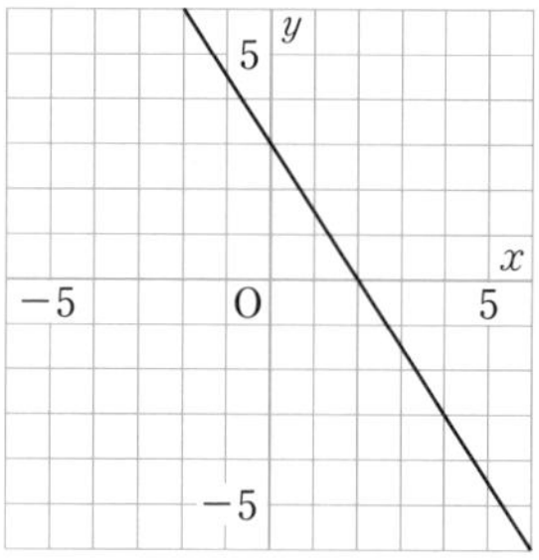

$3x+2y=6$

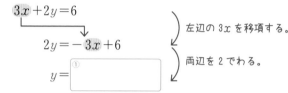

$2y=-3x+6$ （左辺の $3x$ を移項する。）

$y=$ ①☐ （両辺を2でわる。）

したがって，$3x+2y=6$ のグラフは，傾きが ②☐

切片が ③☐ の右の図のような直線になる。

別解 グラフが通る2点の座標を求めてかくこともできる。

$x=0$ を代入すると，
$3\times0+2y=6$
$2y=6$
$y=3$
（$x=0$ のとき $y=3$）

$y=0$ を代入すると，
$3x+2\times0=6$
$3x=6$
$x=2$
（$y=0$ のとき $x=2$）

すなわち，グラフは2点 $(0,\ 3)$ と ④☐ を通る直線になる。

$ax+by=c$ のグラフは，y について解くか，2点の座標を求めてかくよ。

例2 x 軸，y 軸に平行な直線
教 p.79〜80 → 基本問題 2 3

次の方程式のグラフをかきなさい。

(1) $y=4$　　(2) $x=3$

考え方 $y=k$ の方程式は，x にどんな値(あたい)を代入しても，y の値は常に k となる。
したがって，グラフは点 $(0,\ k)$ を通り，x 軸(じく)に平行な直線になる。
同様に，$x=h$ のグラフは点 $(h,\ 0)$ を通り，y 軸に平行な直線になる。

解き方 (1) $y=4$ のグラフは，y 座標が常に4である点の集まり，すなわち，右の図の(1)のような，点 $(0,$ ⑤☐ $)$ を通り，x 軸に平行な直線になる。

(2) $x=3$ のグラフは，x 座標が常に3である点の集まり，すなわち，右の図の(2)のような点 $($ ⑥☐ $,\ 0)$ を通り，y 軸に平行な直線になる。

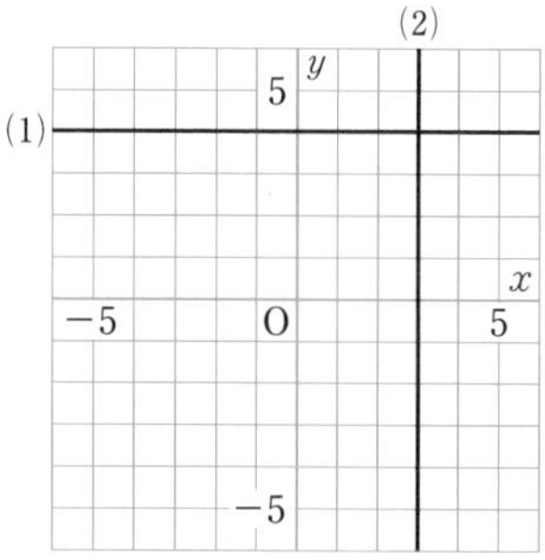

基本問題

解答 p.17

1 2元1次方程式のグラフ　次の2元1次方程式のグラフをかきなさい。 教 p.79問1

(1)　$2x+y=3$

(2)　$3x+5y=-10$

(3)　$2x-3y=3$

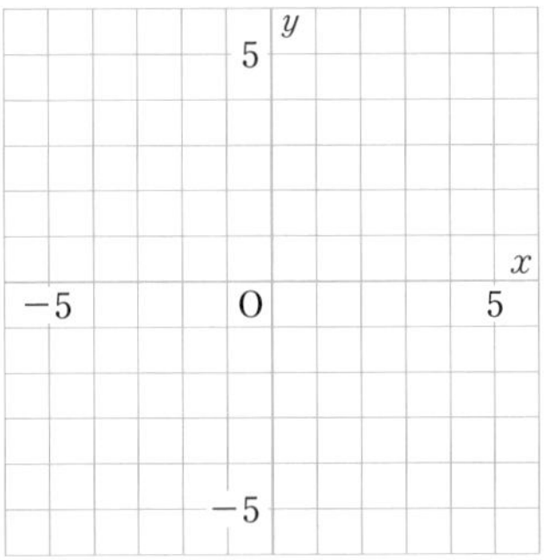

知ってると得

$ax+by=c$ を y について解くと，

$$y=-\frac{a}{b}x+\frac{c}{b}$$

となる。

2 $y=k$，$x=h$ のグラフ　次の方程式のグラフをかきなさい。 教 p.80問2，問3

(1)　$y=-4$

(2)　$9y-9=0$

(3)　$x=5$

(4)　$4x+8=0$

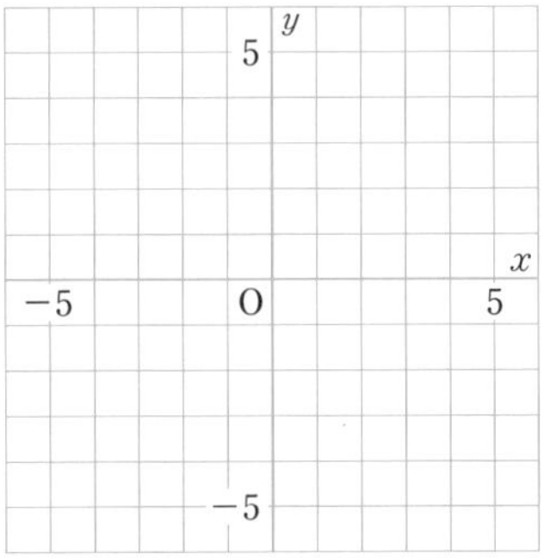

覚えておこう

$y=k$ のグラフは，
点 $(0,\ k)$ を通り，
x 軸に平行な直線になる。
また，$y=k$ のグラフは，
傾き0，切片 k の直線と考えることもできる。

3 方程式のグラフ　次の方程式のグラフを右の㋐～㋕から選び，記号で答えなさい。 教 p.79問1，p.80問2

(1)　$x-3y=0$　　(2)　$3x+y=0$

(3)　$x-y=1$　　(4)　$x-2y=8$

(5)　$y=3$　　(6)　$y=0$

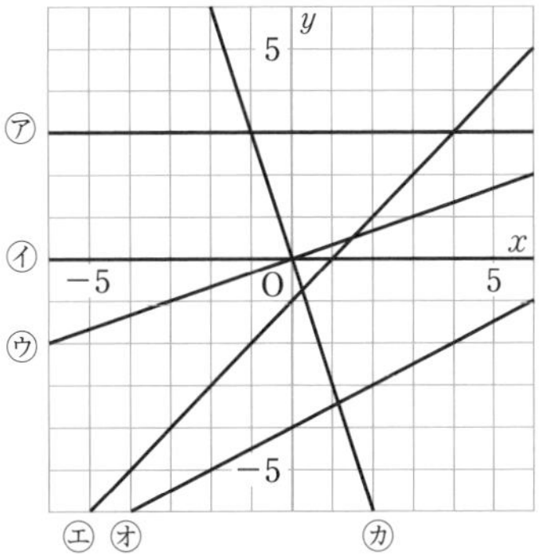

左ページの 例 の答え　① $-\frac{3}{2}x+3$　② $-\frac{3}{2}$　③ 3　④ $(2,\ 0)$　⑤ 4　⑥ 3

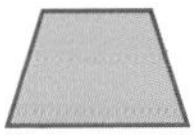

確認のワーク ステージ1

2節 1次方程式と1次関数
2 連立方程式の解とグラフ

例1 連立方程式の解とグラフ

教 p.81 → 基本問題 1

次の連立方程式の解を，グラフを使って求めなさい。

$$\begin{cases} 2x+y=3 & \cdots\cdots① \\ x-3y=12 & \cdots\cdots② \end{cases}$$

考え方 それぞれの2元1次方程式のグラフをかくと，その交点の座標が解となる。

解き方 それぞれの方程式を y について解き，グラフに表す。

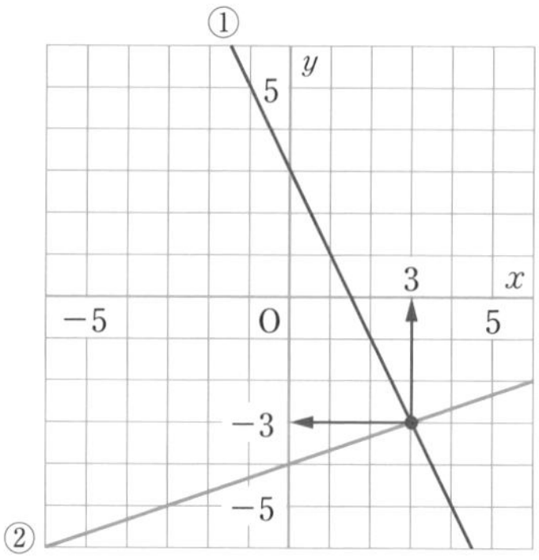

方程式① $y=$ ①［　　］ ＜傾き −2，切片 3 右の①の直線

方程式② $y=$ ②［　　］ ＜傾き $\frac{1}{3}$，切片 −4 右の②の直線

直線①上の点の座標は，方程式①の解である x，y の値（あたい）の組を表している。同じように，直線②上の点の座標は，方程式②の解である x，y の値の組を表している。

したがって，直線①と②の交点の座標 (3, ③［　　］) が連立方程式の解になる。

よって，解は $\begin{cases} x=3 \\ y= \text{③［　　］} \end{cases}$ ＜交点の座標 (3, −3) を答えとしないように注意する。

例2 2直線の交点の座標

教 p.82 → 基本問題 2

右の図の2直線 ℓ，m の交点の座標を求めなさい。

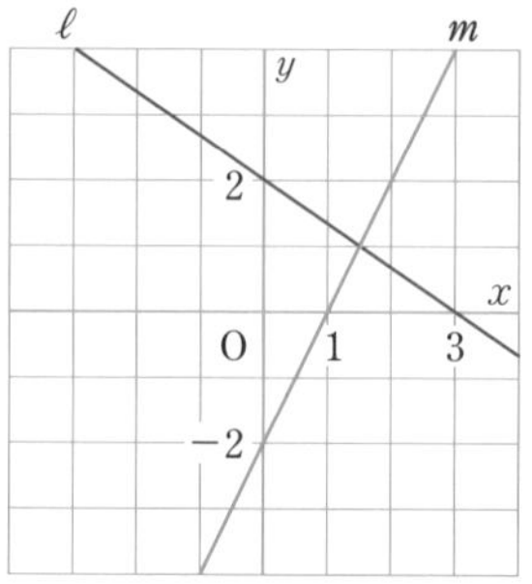

考え方 2直線の交点の座標は，それぞれの直線の方程式を連立方程式として解いた解の x，y の値になる。

解き方 直線 ℓ，m を式に表し，連立方程式として解く。

直線 ℓ の式 $y=-\frac{2}{3}x+2$ ……① ＜傾き $-\frac{2}{3}$，切片 2 の直線

直線 m の式 $y=2x-2$ ……② ＜傾き 2，切片 −2 の直線

①，②を連立方程式として解くと，解は $\begin{cases} x=\frac{3}{2} \\ y= \text{④［　　］} \end{cases}$

交点の座標は，(⑤［　　］) ＜連立方程式の解を答えとしないよう注意する。

ここがポイント
連立方程式の解
⇕
2直線の交点の座標

基本問題

解答 p.18

1 連立方程式の解とグラフ　次の連立方程式の解を，グラフを使って求めなさい。 教 p.81問1

(1) $\begin{cases} y=x+5 & \cdots\cdots ① \\ y=-2x-1 & \cdots\cdots ② \end{cases}$

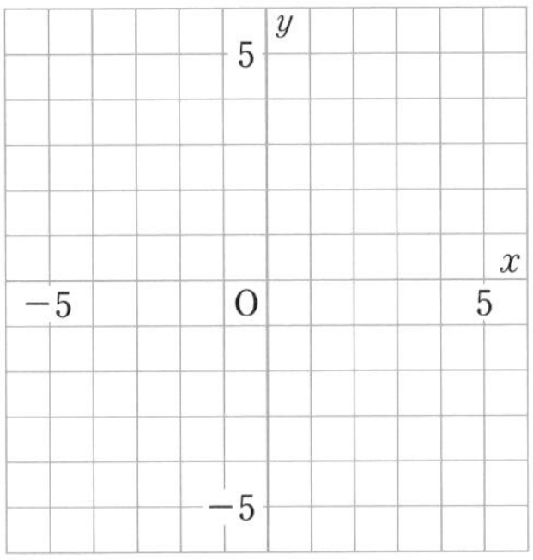

(2) $\begin{cases} 2x+y=5 & \cdots\cdots ① \\ 3x-2y=4 & \cdots\cdots ② \end{cases}$

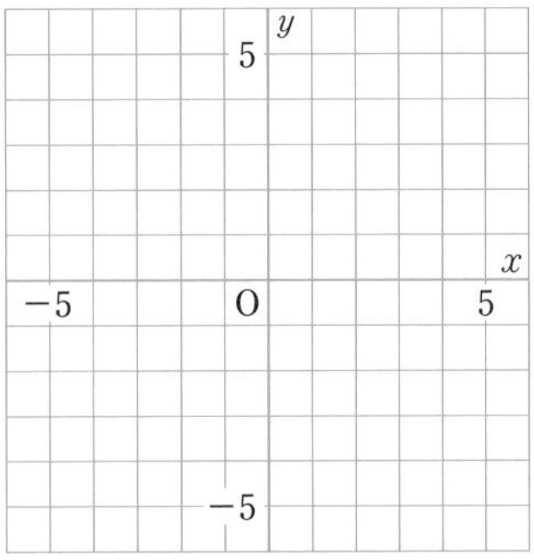

たいせつ

連立方程式の解
↓1　↑2
直線の交点の座標

1　グラフの交点を読むと連立方程式の解がわかる。

2　直線の交点の座標は連立方程式の解になる。

2 2直線の交点の座標　次の図の2直線 ℓ，m の交点の座標を求めなさい。 教 p.82問2

(1)

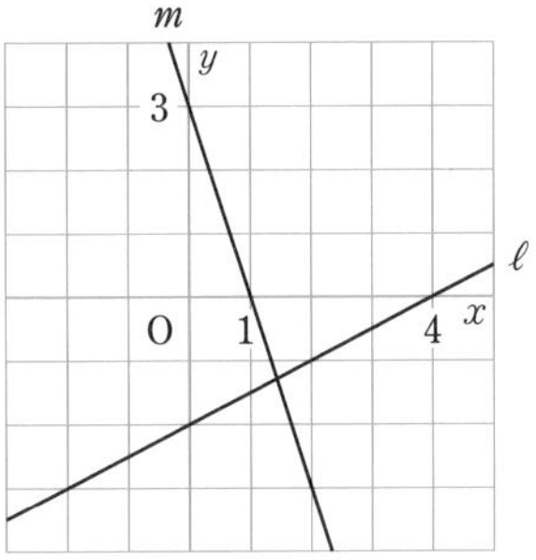

(2)

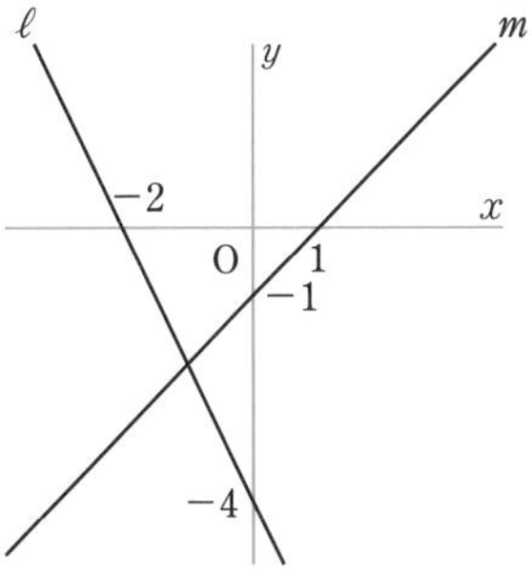

3 連立方程式の解がない場合と1組に決まらない場合　次の㋐～㋕の連立方程式の中から，解が(1)～(3)のようになるものをそれぞれ選び，記号で答えなさい。 教 p.82問3

㋐ $\begin{cases} 5x=3y+2 \\ -2x+y=4 \end{cases}$　㋑ $\begin{cases} 3y-x=1 \\ \frac{1}{3}x-y=1 \end{cases}$　㋒ $\begin{cases} -x+2y=5 \\ \frac{1}{2}x-y=-\frac{5}{2} \end{cases}$

㋓ $\begin{cases} 2x-y=3 \\ -2x+y=-3 \end{cases}$　㋔ $\begin{cases} 3y+x=1 \\ 3x-y=1 \end{cases}$　㋕ $\begin{cases} x-2y=6 \\ x-2y=4 \end{cases}$

(1)　解が1組であるもの

(2)　解がないもの

(3)　解が無数にあり，1組には決まらないもの

覚えておこう

・解はない

$\begin{cases} y=2x+2 & \cdots\cdots ① \\ y=2x-1 & \cdots\cdots ② \end{cases}$

①，②の直線は平行になり交わらないから，この連立方程式の解はない。

・解は無数にある

$\begin{cases} y=2x+2 & \cdots\cdots ① \\ 2x-y=-2 & \cdots\cdots ② \end{cases}$

②を y について解くと，①と等しくなり，直線①と②は一致（いっち）する（重なる）。したがって，この連立方程式の解は無数にある。

左ページの例の答え　① $-2x+3$　② $\frac{1}{3}x-4$　③ -3　④ 1　⑤ $\frac{3}{2}$，1

確認のワーク ステージ1
3節 1次関数の活用
1 1次関数とみなして考えること
2 表，グラフ，式の活用

例1 図形の面積
教 p.86～87 → 基本問題 2

右の図の △ABC は，∠C＝90° の直角三角形です。点 P が B を出発して，秒速 1 cm で △ABC の辺上を C，A の順に A まで動くとき，点 P が B を出発してから x 秒後の △ABP の面積を y cm^2 とします。

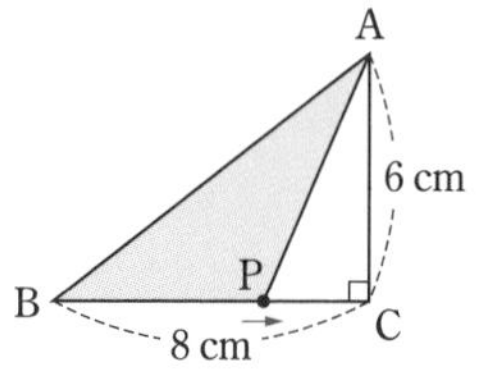

(1) 点 P が辺 BC 上を動くとき，y を x の式で表しなさい。
(2) 点 P が辺 CA 上を動くとき，y を x の式で表しなさい。
(3) y の値(あたい)が最大になるときの x と y の値を求めなさい。
(4) x と y の関係を表すグラフをかきなさい。
(5) 点 P が B を出発してから 10 秒後の面積を求めなさい。

考え方 (三角形の面積)＝(底辺)×(高さ)÷2 より，底辺や高さを x を使って表すことを考える。点 P が動いた長さが x cm となる。

解き方 (1) 底辺を BP とすると，△ABP の面積＝BP×AC÷2
BP＝x cm，AC＝6 cm より，面積 y cm^2 は
$y=$ ①＿＿＿ $(0 \leqq x \leqq$ ②＿＿＿$)$ ← y は x に比例する。
↑ B から C まで動く時間

(1)
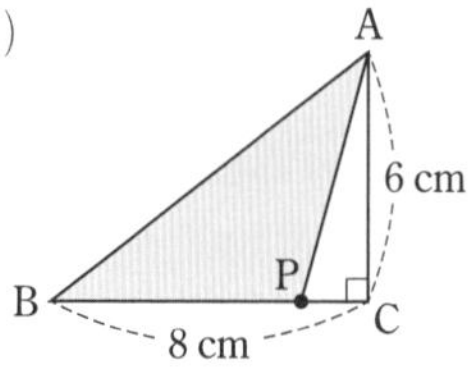

(2) 底辺を AP とすると，△ABP の面積＝AP×BC÷2
AP＝(BC＋AC)－x＝14－x (cm)，BC＝8 cm より，面積 y cm^2 は $(14-x)\times8\div2$ となる。この式を整理すると，
$y=$ ③＿＿＿ $(8 \leqq x \leqq$ ④＿＿＿$)$ ← y は x の 1 次関数となる。
↑ C から A まで動く時間

(2)
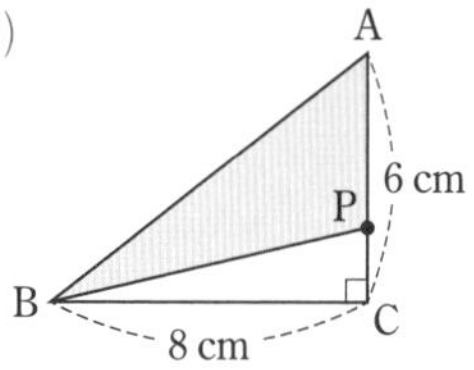

(3) 点 P が C にきたとき，△ABC の面積が最大になる。
点 P が C にきたときの x の値は 8。
$x=8$ を(1)の式に代入すると，$y=3\times8=24$ (cm^2)
↑ (2)の式に代入してもよい。
したがって，y の値が最大になるときの x，y の値は
$x=$ ⑤＿＿＿，$y=$ ⑥＿＿＿

(4) $0 \leqq x \leqq 8$ のときは比例のグラフ，$8 \leqq x \leqq 14$ のときは 1 次関数のグラフになり，右の図のようになる。

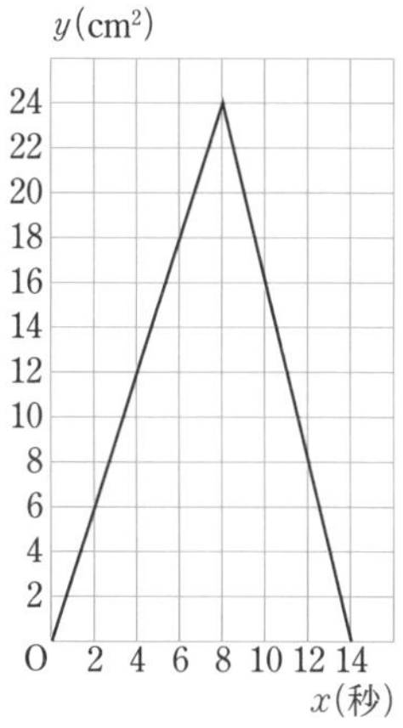

(5) 点 P が B を出発してから 10 秒後の点 P の位置は，辺 CA 上にある。したがって，(2)の式に $x=10$ を代入して y の値を求めると，△ABP の面積は ⑦＿＿＿ cm^2 となる。

基本問題

解答 p.18

1 おもりの重さとばねののび 300 g のおもりをつるすと長さが 22 cm，600 g のおもりをつるすと長さが 25 cm になるばねがあります。ばねにつるすおもりの重さが 1 kg までは，ばねの長さ y cm は，おもりの重さ x g の 1 次関数になります。

教 p.84 問1，問2

(1) おもりの重さ 1 kg までについて，y を x の式で表しなさい。また，x の変域を表しなさい。

(2) 800 g のおもりをつるしたときのばねの長さは何 cm になりますか。

(3) ばねの長さが 24 cm のとき，おもりの重さを求めなさい。

ここがポイント

1 次関数 $y=ax+b$ の ax が x に比例する部分，b が $x=0$ のときの y の値になる。
おもりの重さを x g とすると，のびは重さに比例するから ax と表すことができる。

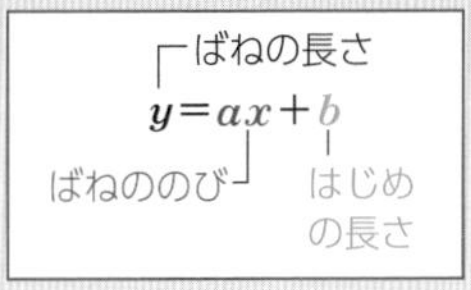

2 図形の面積 右の図の △ABC は，∠C＝90° の直角三角形です。点Pが B を出発して，秒速 1 cm で △ABC の辺上を C，A の順に A まで動きます。このとき，点Pが B を出発してから x 秒後の △ABP の面積を y cm² とします。

教 p.87 問3～問5

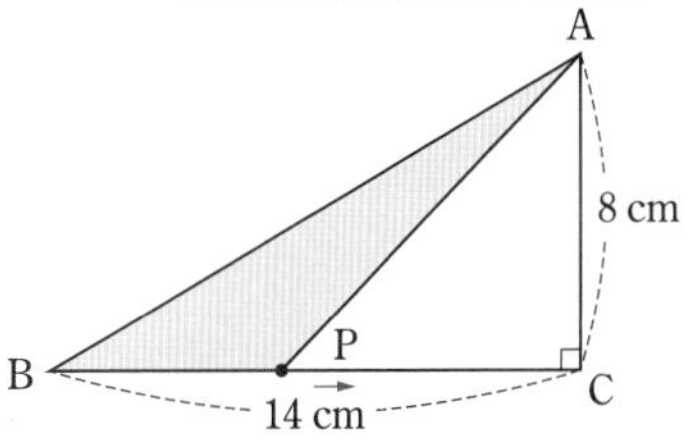

(1) 点Pが辺 BC 上にあるとき，y を x の式で表しなさい。また，x の変域を表しなさい。

(2) 点Pが辺 CA 上にあるとき，y を x の式で表しなさい。また，x の変域を表しなさい。

(3) 点Pが B を出発してから 20 秒後の △ABP の面積は何 cm² ですか。

(4) △ABP の面積が 28 cm² になるのは，点Pが B を出発してから何秒後と何秒後ですか。

ここがポイント

点Pが辺 BC 上にあるとき，△ABP は底辺が BP，高さが AC の三角形になる。点Pが辺 AC 上にあるとき，△ABP は底辺が PA，高さが BC の三角形になる。

(4) 点Pが辺 BC 上にあるとき，辺 CA 上にあるときの 2 つに分けて考えるよ。

左ページの例の答え　① $3x$　② 8　③ $-4x+56$　④ 14　⑤ 8　⑥ 24　⑦ 16

確認のワーク ステージ1

3節　1次関数の活用
3　身近な数量の関係を表すグラフ
4　総費用で比べよう

例1 時間と道のりのグラフ

教 p.88〜89 → 基本問題 1

明(あきら)さんは，自宅から 700 m 離(はな)れた駅まで行くのに，始めは歩いて，途中(とちゅう)から走って行きました。右の図は，明さんが自宅を出てからの時間 x 分と家を出てから進んだ道のり y m の関係を表したものです。

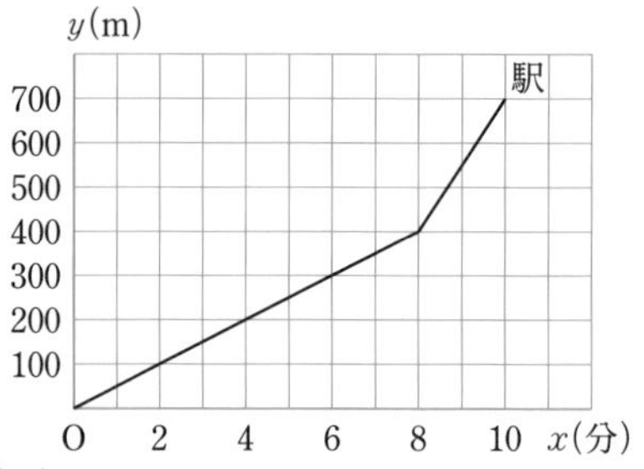

(1)　歩いているとき，y を x の式で表しなさい。
(2)　走っているとき，y を x の式で表しなさい。
(3)　家を出てから 5 分後には，家から何mの所にいましたか。
(4)　家を出てから 9 分後には，家から何mの所にいましたか。

考え方 家を出て歩いているときは比例の式，途中から走ったときは $y=ax+b$ の式になる。

解き方 (1)　グラフの変化のようすから，歩いていたのは家を出てから 8 分後までで，そのときのグラフの傾きは

$\dfrac{400-0}{8-0}=$ [①]　＜歩いていたときの分速

したがって，$y=$ [②]　($0\leqq x\leqq$ [③]) となる。

(2)　グラフの変化のようすから，走っていたのは家を出てから 8 分後から 10 分後までで，そのときのグラフの傾きは

$\dfrac{700-400}{10-8}=$ [④]　＜走っていたときの分速

$y=150x+b$ とおき，$x=8$，$y=400$ を代入すると，
（1次関数の式）（走り出したときの x，y の値）

$400=150\times8+b$

$b=$ [⑤]

したがって，$y=$ [⑥]　($8\leqq x\leqq$ [⑦]) となる。

(3)　(1)の式に $x=5$ を代入して y の値(あたい)を求めると，$y=$ [⑧] となる。
（$y=50x$）

したがって，家を出てから [⑧] m の所となる。

(4)　(2)の式に $x=9$ を代入して y の値を求めると，$y=$ [⑨] となる。
（$y=150x-800$）

したがって，家を出てから [⑨] m の所となる。

たいせつ

2 つの量の関係で，変化の割合が一定であれば，1 次関数の関係が成り立つ。変化の割合と 1 組の x，y の値，または 2 組の x，y の値などがわかれば，1 次関数の式を求めることができる。

速さ，時間，道のりなど比例関係をふくむ問題は，1 次関数で表すことができるよ。

基本問題

解答 p.19

1 時間と道のりのグラフ 家から 600 m 離れた公園まで，行きは走って，帰りは歩いて往復しました。下のグラフは，家を出てからの時間 x 分と，家からの道のり y m の関係を表したものです。

教 p.88 問 1 ～問 4

(1) 行きの家から公園までについて，y を x の式で表しなさい。

(2) 帰りの公園から家までについて，y を x の式で表しなさい。

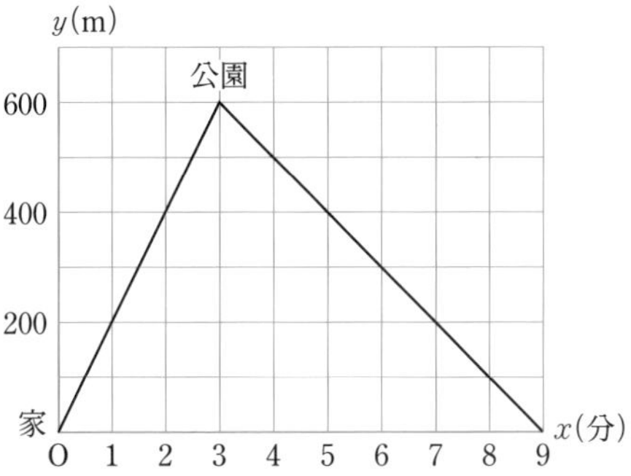

(3) 家を出てから 6 分後には，家から何mの所にいましたか。

知ってると得

速さと 1 次関数のグラフ

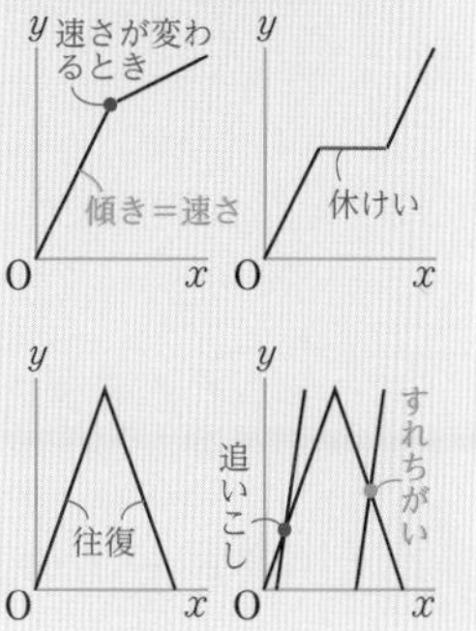

2 電話料金 ある電話会社には，3 つの料金コースがあります。下の式，表，グラフは，A，B，C の 3 つの料金コースを説明した資料です。

教 p.90～91

1 か月の料金 (円) ＝ 1 か月の基本使用料 (円) ＋ 1 分あたりの通話料　(円) × 1 か月の通話時間 (分)

	1 か月の基本使用料	1 分あたりの通話料
A	0 円	40 円
B	2000 円	20 円
C	5000 円	0 円

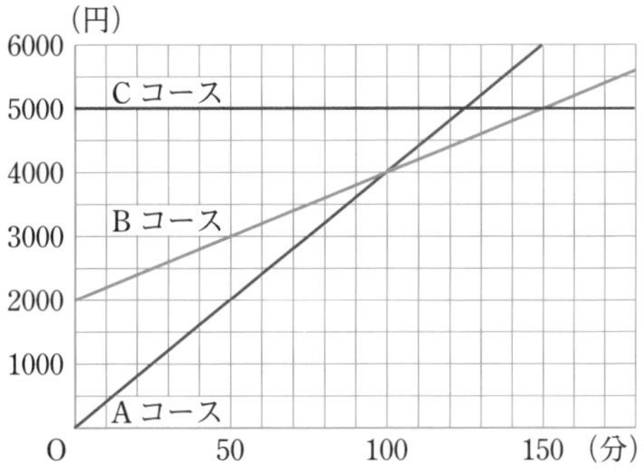

(1) 3 つの料金コースのうち，C コースが最も安くなるのは，1 か月の通話時間が何分をこえたときですか。

(2) 1 か月の通話時間が次の㋐～㋒の場合，どの料金コースが最も安くなりますか。

㋐ 70 分　　㋑ 120 分　　㋒ 160 分

ここがポイント

3 つのコースの料金を表すグラフの交点に着目して最も安くなるコースを考える。

(1) A コースと B コースの場合，100 分をこえると B コースの方が安くなるね。
(2) それぞれの通話時間でグラフを比べると，グラフがいちばん下にあるコースが最も安くなるね。

左ページの例の答え　① 50　② $50x$　③ 8　④ 150　⑤ －800　⑥ $150x-800$　⑦ 10　⑧ 250　⑨ 550

解答 p.19

定着のワーク ステージ2　2節　1次方程式と1次関数　3節　1次関数の活用

1 長さ 10 cm のろうそくに火をつけると，毎分 0.5 cm ずつ短くなります。ろうそくに火をつけてから x 分後のろうそくの長さを y cm とします。

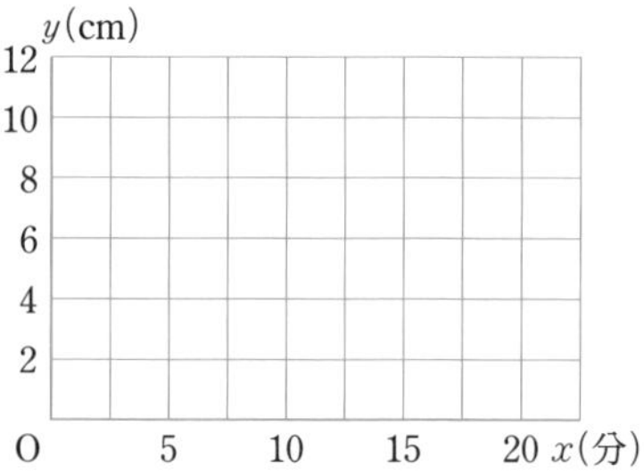

(1) ろうそくに火をつけてから燃えつきるまでについて，y を x の式で表しなさい。また，x の変域を表しなさい。

(2) x，y の関係を，グラフに表しなさい。

(3) ろうそくの長さが 7 cm となるのは，火をつけてから何分後ですか。

よく出る **2** 右の図で，点Aは直線 ℓ と y 軸との交点，点Bは $y=2x-2$ の直線 m と y 軸との交点，点Cは直線 ℓ，m の交点です。ただし，座標軸の1の目もりを 1 cm とします。

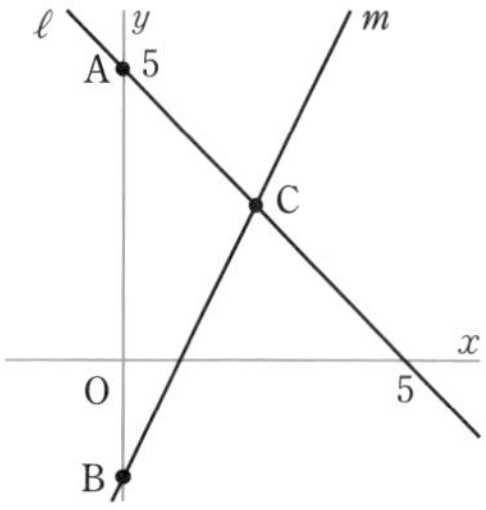

(1) 2直線 ℓ，m の交点Cの座標を求めなさい。

(2) △ABC の AB を底辺とみると，その高さは何 cm になりますか。

(3) △ABC の面積は何 cm^2 になりますか。

レベルUP **3** 下の図の長方形 ABCD で，点PはBを出発して，秒速 1 cm で長方形 ABCD の辺上を C，D，A の順にAまで動きます。このとき，点PがBを出発してから x 秒後の △ABP の面積を y cm^2 とします。

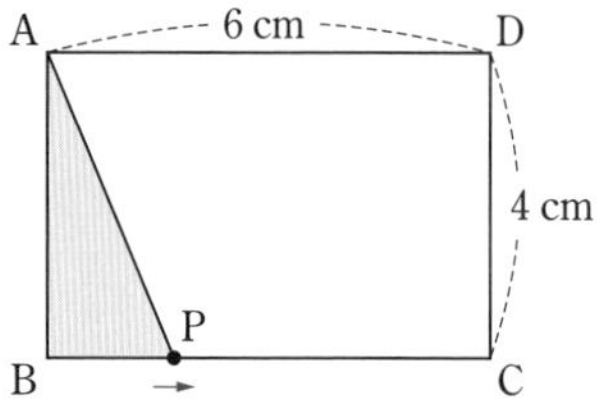

(1) 点Pが辺 BC 上にあるとき，y を x の式で表しなさい。また，x の変域を表しなさい。

(2) 点Pが辺 CD 上にあるとき，y を x の式で表しなさい。また，x の変域を表しなさい。

(3) 点Pが辺 DA 上にあるとき，y を x の式で表しなさい。また，x の変域を表しなさい。

(4) △ABP の面積が 10 cm^2 になるのは，点PがBを出発してから何秒後と何秒後ですか。

ヒントの森

2 (1) 直線 ℓ と m の式を連立方程式として解いた x，y の値(あたい)が交点の座標になる。

(2) △ABC の底辺を AB とみると，その高さは点Cの x 座標になる。

3 (3) このときの AP の長さは，$(6+4+6-x)=(16-x)$ cm と表すことができる。

4 次の 3 つの直線が 1 つの点で交わるとき，$\boldsymbol{a}$ の値を求めなさい。

㋐ $2x+5y=1$　　　㋑ $-3x+2y=8$　　　㋒ $x+2y=a$

5 右の図のように，関数 $y=2x$ と $y=\frac{1}{2}x$ のグラフがあり，これらの直線上に，それぞれ x 座標が 2 となる点 A，B をとります。この線分 AB を 1 辺として，正方形 ABCD を，頂点 C の x 座標が 2 より大きくなるようにつくります。このとき，直線 AC の式を求めなさい。

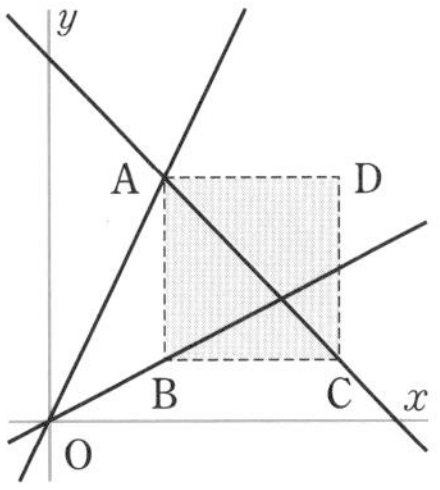

入試問題をやってみよう！

1 和夫さんは，本を返却するために，家から 1800 m 離れた図書館へ行きました。和夫さんは，午後 4 時に家を出発し，毎分 180 m の速さで 5 分間走った後，毎分 90 m の速さで 10 分間歩いて，図書館に到着しました。その後，本を返却して，しばらくたってから，図書館を出発し，家へ毎分 100 m の速さで歩いて帰ったところ，午後 4 時 45 分に到着しました。

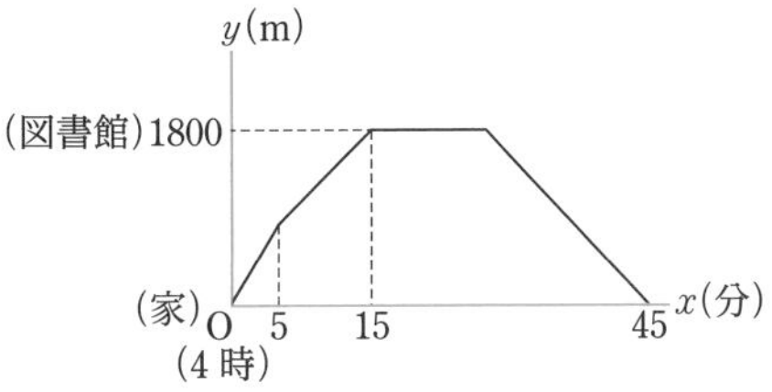

上の図は，午後 4 時 $\boldsymbol{x}$ 分における家からの道のりを $\boldsymbol{y}$ m として，$\boldsymbol{x}$ と $\boldsymbol{y}$ の関係をグラフに表したものです。　〔和歌山〕

(1) 和夫さんは，午後 4 時 3 分に郵便局の前を通りました。家から郵便局の前までの道のりを求めなさい。

(2) 和夫さんが図書館へ行く途中（とちゅう）で，歩き始めてから図書館に着くまでの x と y の関係を式で表しなさい。ただし，x の変域を求める必要はありません。

4 ㋐，㋑の式を連立方程式として解いた x，y の値を㋒に代入して a の値を求める。
5 正方形の対角線 AC の直線の傾きは -1 である。
1 (1) 分速 180 m の速さで走っているときに郵便局の前を通っている。

解答 p.20

実力判定テスト ステージ3 1次関数

40分 /100

1 1次関数 $y=\frac{2}{3}x-2$ について，次の問いに答えなさい。 4点×5(20点)

(1) $x=3$ のときの y の値(あたい)を求めなさい。 (　　)

(2) $y=-6$ のときの x の値を求めなさい。 (　　)

(3) この関数の変化の割合を答えなさい。 (　　)

(4) x の増加量が 12 であるときの y の増加量を求めなさい。 (　　)

(5) この関数のグラフ上にある点を，次の㋐〜㋕からすべて選び，記号で答えなさい。

㋐ (2, 5)　㋑ (−3, −2)　㋒ (9, 4)

㋓ (−6, −4)　㋔ (0, −2)　㋕ (12, 4)

(　　)

2 次の㋐〜㋕の1次関数の中から，グラフが下の(1)〜(5)の条件にあてはまる式をすべて選び，記号で答えなさい。 4点×5(20点)

㋐ $y=3x$　㋑ $y=2x-1$　㋒ $x+y=2$

㋓ $y=-2x+5$　㋔ $y=-3$　㋕ $4x-2y=3$

(1) 点 $(4, -3)$ を通る。 (　　)

(2) $y=2x+3$ のグラフに平行な直線である。 (　　)

(3) グラフが x 軸(じく)に平行な直線である。 (　　)

(4) グラフの切片が 2 である。 (　　)

(5) グラフの傾きが 3 である。 (　　)

よく出る **3** 次の条件をみたす1次関数を求めなさい。 4点×3(12点)

(1) グラフの傾きが -2 で，点 $(3, -2)$ を通る。 (　　)

(2) グラフが点 $(-2, -3)$ を通り，切片が 3 である。 (　　)

(3) $x=-2$ のとき $y=-3$ で，$x=1$ のとき $y=-1$ である。 (　　)

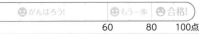

目標 ❶，❷，❸，❹は基本的な問題。確実に解けるようにしよう。

自分の得点まで色をぬろう!
がんばろう! もう一歩 合格!
0 60 80 100点

4 次の(1)，(2)について，それぞれ㋐，㋑のグラフをかきなさい。また，㋐，㋑のグラフの交点の座標を求めなさい。 5点×4(20点)

(1) $\begin{cases} ㋐ & y=2x-3 \\ ㋑ & y=-\dfrac{1}{2}x+2 \end{cases}$

(2) $\begin{cases} ㋐ & 3x-y=-1 \\ ㋑ & 2x+3y=-2 \end{cases}$

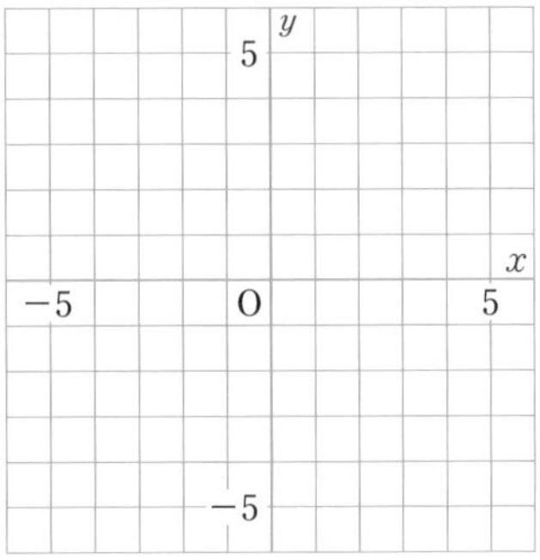

交点の座標(　　　　　)

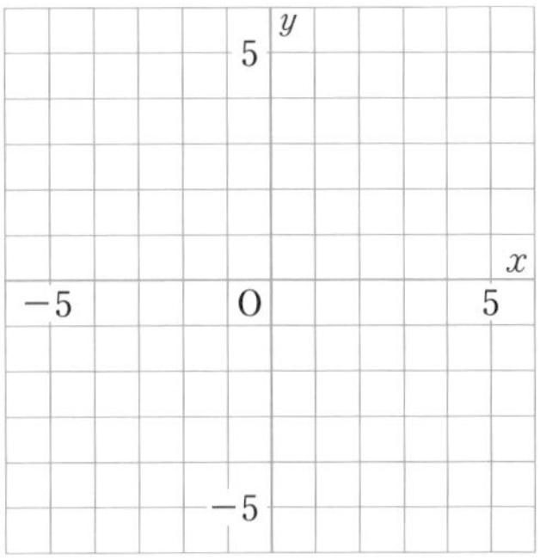

交点の座標(　　　　　)

5 右の図で，直線ℓは $y=-2x+8$，点A，Cはそれぞれ直線m，ℓとx軸との交点，また，点Bは直線ℓ，mの交点です。 4点×7(28点)

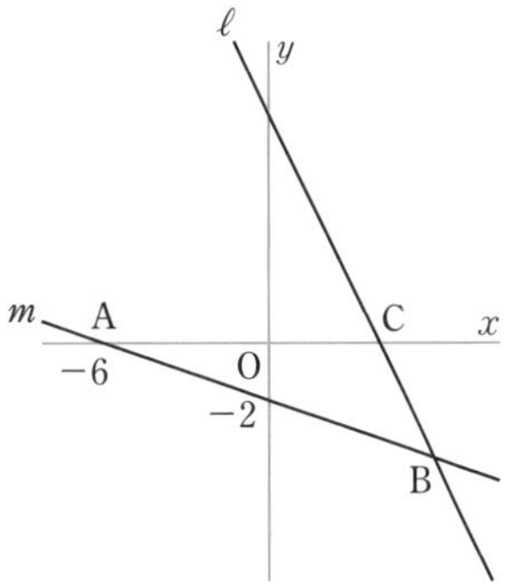

(1) 直線mの式を求めなさい。

(　　　　　)

(2) 点Cの座標を求めなさい。

(　　　　　)

(3) 点Bの座標を求めなさい。

(　　　　　)

(4) △ABCの面積を求めなさい。

(　　　　　)

(5) 点A，Bの中点の座標を求めなさい。

(　　　　　)

(6) 点Aを通り，直線ℓと平行な直線の式を求めなさい。

(　　　　　)

(7) 点Bを通り，x軸と平行な直線の式を求めなさい。

(　　　　　)

アプリ【どこでもワーク計算編・図形編】をやって，さらに力をつけよう！

3章

確認のワーク ステージ1

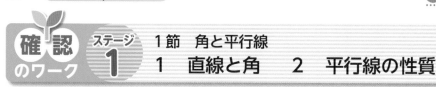

1節 角と平行線
1 直線と角　2 平行線の性質

例1 対頂角

教 p.98 → 基本問題 1

右の図で，$\angle a$，$\angle b$，$\angle c$ の大きさを求めなさい。

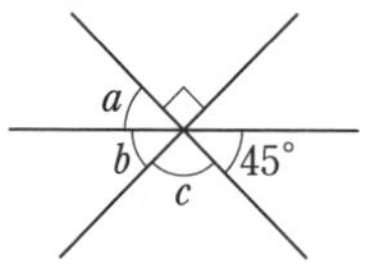

考え方 対頂角は等しいことから角の大きさを求める。

解き方 $\angle a$ は $45°$ の角の対頂角だから，$\angle a=$ ① $°$。（対頂角は等しい。）

$\angle b+\angle a+90°=180°$ だから，（一直線の角になる）

$\angle b=180°-(45°+90°)=$ ② $°$

$\angle c$ は $90°$ の角の対頂角だから，$\angle c=$ ③ $°$

たいせつ
2つの直線が交わってできる4つの角のうち，向かい合った2つの角を対頂角（たいちょうかく）という。
対頂角は等しい。

例2 同位角と錯角

教 p.99 → 基本問題 2

右の図で，$\angle a=65°$，$\angle e=95°$ です。次の角の大きさを求めなさい。

(1) $\angle c$ の同位角　(2) $\angle h$ の錯角

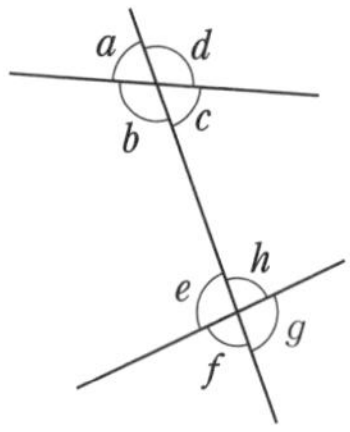

考え方 $\angle c$ の同位角は $\angle g$，$\angle h$ の錯角は $\angle b$ です。

解き方 (1) $\angle c$ の同位角は $\angle g$，$\angle g$ は $\angle e$ の対頂角だから，

$\angle g=\angle e=$ ④ $°$

(2) $\angle h$ の錯角は $\angle b$，$\angle b+\angle a=180°$（一直線の角）で，$\angle a=65°$ だから，

$\angle b=180°-\angle a=180°-65°=$ ⑤ $°$

覚えておこう
下の図のような位置にある角を同位角（どういかく），錯角（さっかく）という。

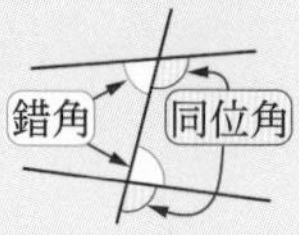

例3 平行線と同位角・錯角

教 p.101 → 基本問題 3 4

下の図で $\ell /\!/ m$ のとき，$\angle x$ の大きさを求めなさい。

(1)

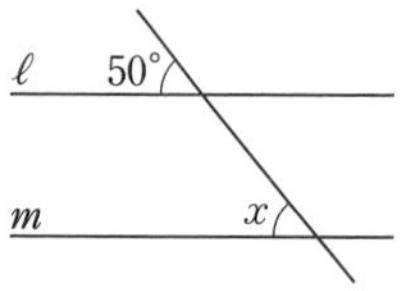

(2)

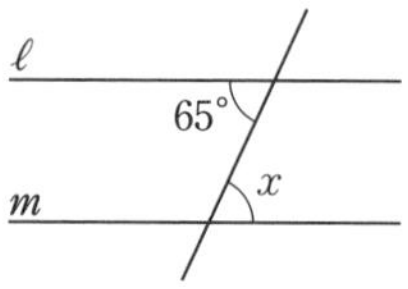

考え方 2直線が平行ならば，同位角，錯角は等しいことから角の大きさを求める。

解き方 (1) $\angle x$ は $50°$ の角の同位角。$\ell /\!/ m$ のとき，同位角は等しいから，$\angle x=$ ⑥ $°$

(2) $\angle x$ は $65°$ の角の錯角。$\ell /\!/ m$ のとき，錯角は等しいから，$\angle x=$ ⑦ $°$

基本問題

解答 p.21

1 対頂角 右の図で，次の角の大きさを求めなさい。 教 p.98 問 1

(1) $\angle x$

(2) $\angle y$

(3) $\angle x + \angle y + \angle z$

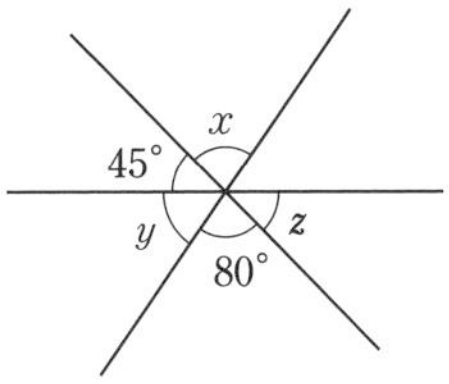

ここがポイント
対頂角は等しい。
どの角とどの角が対頂角になるかを判断して角の大きさを求める。

2 同位角と錯角 右の図で，$\angle b = 110°$，$\angle f = 85°$ です。次の角の大きさを求めなさい。 教 p.99 問 2, 問 3

(1) $\angle d$ の同位角

(2) $\angle c$ の錯角

(3) $\angle a$ の同位角

(4) $\angle h$ の錯角

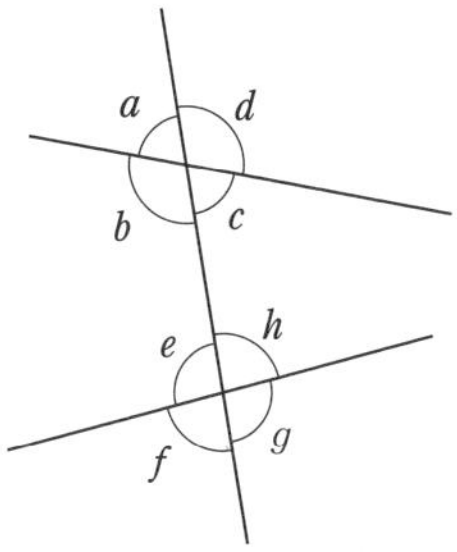

同位角，錯角が等しいのは，2 つの直線が平行なときだけだよ。

3 平行線と同位角・錯角 次の図で，$\angle x$，$\angle y$ の大きさを求めなさい。 教 p.101 問 2

(1) $\ell /\!/ m$

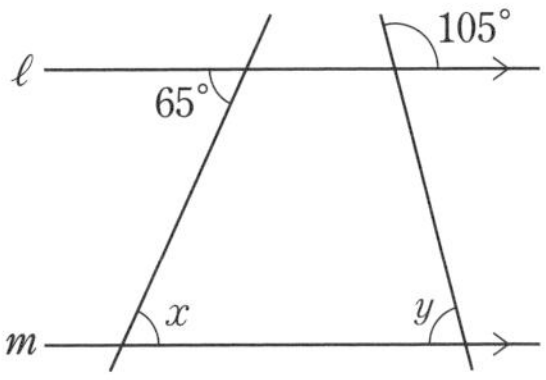

(2) $\ell /\!/ m /\!/ n$

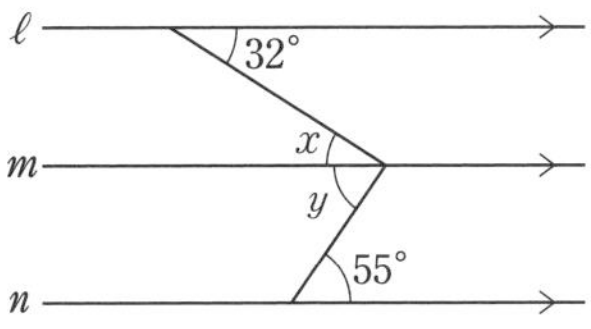

平行線の同位角や錯角は等しいことを使って角の大きさを求めるよ。

4 平行線と同位角・錯角 右の図で，$\ell /\!/ m$ のとき，$\angle b + \angle d$ の大きさは何度になりますか。また，そのわけも説明しなさい。 教 p.101 問 3

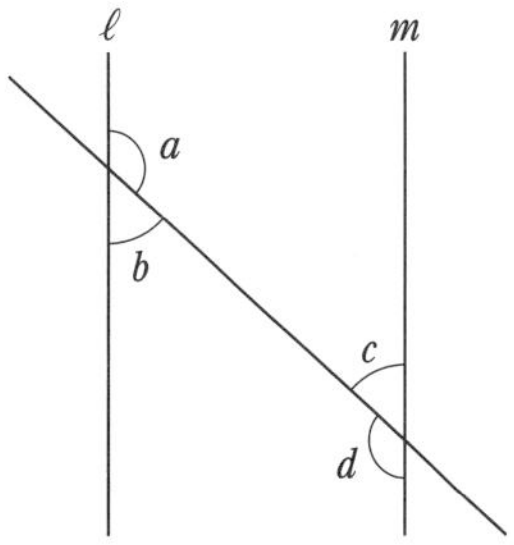

確認のワーク ステージ1

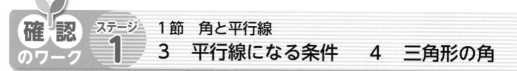

1節 角と平行線
3 平行線になる条件 4 三角形の角

例1 平行線になる条件

教 p.102〜103 → 基本問題1

右の図で，次の問いに答えなさい。

(1) $\angle a$ の大きさが何度ならば，$p /\!/ q$ となりますか。

(2) $\angle b$ の大きさが何度ならば，$\ell /\!/ m$ となりますか。

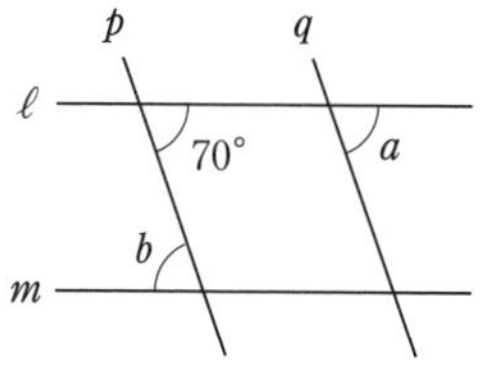

考え方 同位角または錯角が等しいとき，2つの直線は平行になる。

解き方 (1) 同位角が等しいとき，$p /\!/ q$ となる。

$\angle a$ は $70°$ の角の同位角になるので，$\angle a=$ ① °

(2) 錯角が等しいとき，$\ell /\!/ m$ となる。

$\angle b$ は $70°$ の角の ② になるので，$\angle b=$ ③ °

たいせつ
2直線が平行
⇕
同位角や錯角が等しい

例2 三角形の内角と外角

教 p.104〜105 → 基本問題2

次の図で，$\angle x$ の大きさを求めなさい。

(1)

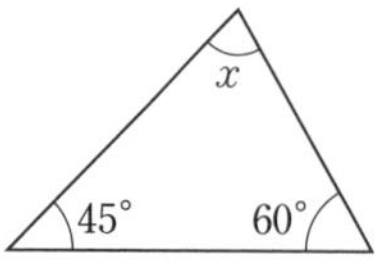

(2)

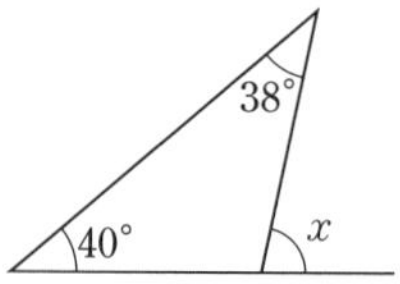

考え方 三角形の内角と外角の性質から角の大きさを求める。

解き方 (1) 三角形の内角の和は $180°$ だから，

$\angle x+45°+60°=180°$ したがって，$\angle x=$ ④ °

(2) 三角形の外角は，それととなり合わない2つの内角の和に等しいから，$\angle x=38°+40°=$ ⑤ °

たいせつ

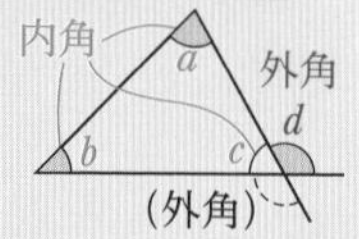

$\angle a+\angle b+\angle c=180°$

$\angle d=\angle a+\angle b$

例3 鋭角・直角・鈍角

教 p.105 → 基本問題3

2つの角が次のような大きさの三角形は，鋭角三角形，直角三角形，鈍角三角形の3種類のうち，どの三角形になりますか。

(1) $60°$，$50°$ (2) $35°$，$55°$ (3) $25°$，$40°$

考え方 $0°$ より大きく $90°$ より小さい角を鋭角(えいかく)，$90°$ より大きく $180°$ より小さい角を鈍角(どんかく)という。3つの内角の大きさを求めて，そのうちの最も大きな角の大きさで分類する。

解き方 (1) $60°$，$50°$，$70°$ 3つの内角がすべて鋭角だから，鋭角三角形である。

(2) $35°$，$55°$，$90°$ 1つの内角が直角だから， ⑥ である。

(3) $25°$，$40°$， ⑦ ° 1つの内角が鈍角だから，鈍角三角形である。

基本問題

解答 p.21

1 平行線になる条件　右の図について，次の問いに答えなさい。

教 p.103 問 2, 問 3

(1) 平行な直線の組を，記号 // を使って答えなさい。

(2) $\angle x$ の大きさを求めなさい。

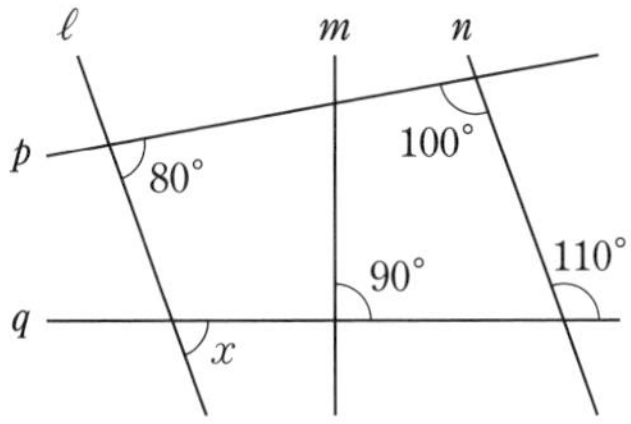

ここがポイント
同位角や錯角が等しいとき，2 つの直線は平行である。

2 三角形の内角と外角　次の図で，$\angle x$ の大きさを求めなさい。

教 p.105 問 2 p.106 問 4, 問 5

(1)

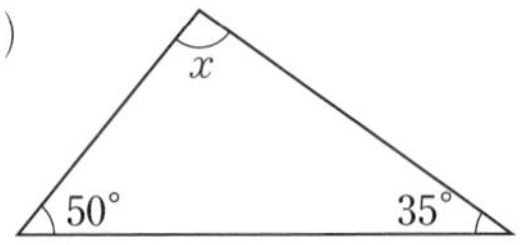

(2)

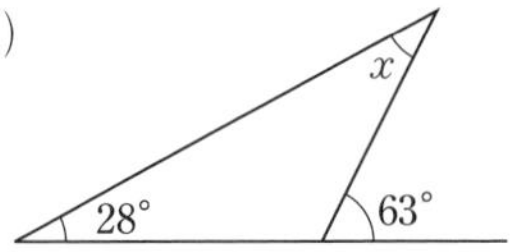

(3) 三角定規

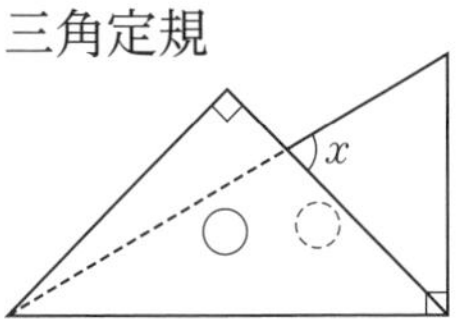

(4)

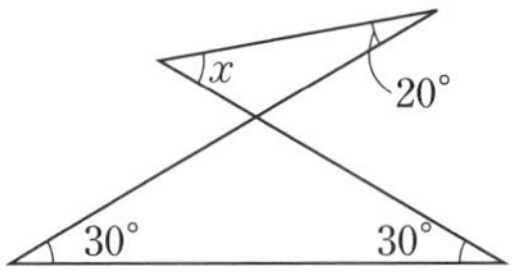

(5)

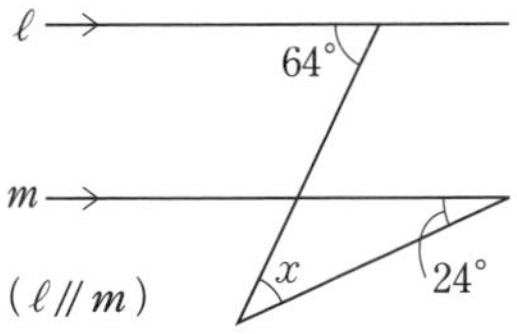

(6)

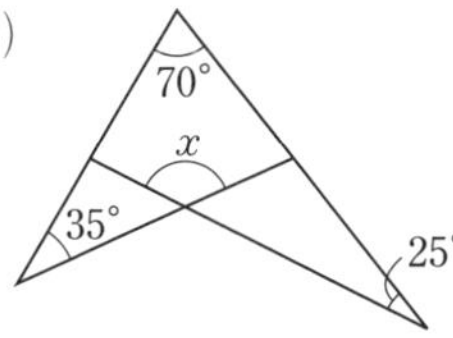

ここがポイント
(3) 三角定規のそれぞれの角の大きさと，三角形の外角に着目する。
(5) ℓ // m だから，平行線の同位角，錯角は等しいことを利用する。
(6) 三角形の外角は，それととなり合わない 2 つの内角の和に等しいことに着目する。

3 鋭角・直角・鈍角　2 つの内角の大きさが，次の㋐～㋒のような三角形は，鋭角三角形，直角三角形，鈍角三角形のうち，どの三角形ですか。

教 p.105 問 3

㋐ 2 つの内角の大きさが，38° と 42° である。

㋑ 2 つの内角の大きさが，ともに 45° である。

㋒ 2 つの内角の大きさが，ともに 60° である。

覚えておこう
鋭角三角形➡内角がすべて鋭角である三角形
直角三角形➡ 1 つの内角が直角である三角形
鈍角三角形➡ 1 つの内角が鈍角である三角形

三角形は内角の大きさによって 3 種類に分けられるね。

左ページの例の答え　① 70　② 錯角　③ 70　④ 75　⑤ 78　⑥ 直角三角形　⑦ 115

確認のワーク ステージ1

1節 角と平行線
5 多角形の内角の和を求めよう
6 多角形の外角の和

例1 多角形の内角の和

教 p.107〜109 → 基本問題 1 2

六角形の内角の和を，次のように考えて求めなさい。

(1) 六角形をいくつかの三角形に分けて内角の和を求める。

(2) 多角形の内角の和を求める式を考えて内角の和を求める。

考え方 六角形の1つの頂点から対角線をひいて，三角形に分けて考える。

解き方 (1) 六角形では，1つの頂点から [①] 本の対角線がひける。

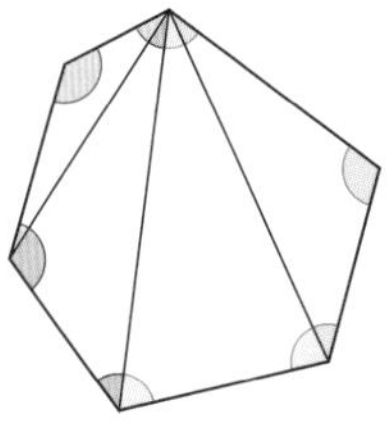

この対角線によって，六角形は [②] 個の三角形に分けられる。

三角形の内角の和は [③] °だから，六角形の内角の和は，

$180° \times 4 =$ [④] °

(2) n 角形は，1つの頂点からひいた対角線によって，

$(n-$ [⑤] $)$ 個の三角形に分けることができる。

n 角形の内角の和は，$180° \times (n-2)$ で求められるので，六角形の内角の和は，$180° \times ($ [⑥] $-2) =$ [⑦] ° となる。

例2 多角形の外角の和

教 p.110〜111 → 基本問題 3 4

次の問いに答えなさい。

(1) 右の図で，$\angle x$ の大きさを求めなさい。

(2) 正九角形の1つの外角の大きさを求めなさい。
また，1つの内角の大きさを求めなさい。

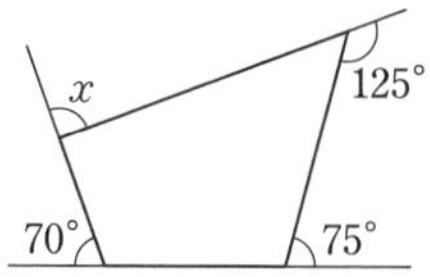

考え方 どんな多角形でも，外角の和は 360° になることから考える。

解き方 (1) 多角形の外角の和は，辺の数に関係なく一定で，

[⑧] °だから，四角形の外角の和は [⑧] °

$\angle x = 360° - (70° + 75° + 125°) = 360° - 270° =$ [⑨] °

(2) 多角形の外角の和は 360° だから，正九角形の1つの外角は，

$360° \div 9 =$ [⑩] ° ◁ 正九角形の1つの外角の大きさ

1つの頂点で，内角と外角の和は 180° だから，

$180° - 40° =$ [⑪] ° ◁ 正九角形の1つの内角の大きさ

別解 正九角形の1つの内角は，内角の和から考えると，

$180° \times (9-2) \div 9 = 180° \times 7 \div 9 =$ [⑪] °

正多角形は，どの角の大きさも，みんな等しいよ。

基本問題

解答 p.21

1 多角形の内角の和　十角形について，次の問いに答えなさい。

教 p.107 Q

(1) 十角形では，1つの頂点から何本の対角線がひけますか。

(2) 十角形は，1つの頂点からひいた対角線によって，何個の三角形に分けられますか。

(3) 以上のことから，十角形の内角の和を求めなさい。

(4) 正十角形の1つの内角の大きさを求めなさい。

覚えておこう

多角形の内角の和は，1つの頂点から対角線をひいてできる三角形の内角の和をもとにして求めることができる。

(n 角形の内角の和)$=180°\times(n-2)$

2 多角形の内角の和　次の問いに答えなさい。

教 p.109 問1

(1) 十二角形の内角の和を求めなさい。

(2) 内角の和が 1620° になる多角形は何角形ですか。

(3) 正八角形の1つの内角の大きさを求めなさい。

3 多角形の外角の和　右の図の六角形について，次の問いに答えなさい。

教 p.110 Q

(1) $\angle a+\angle a'$ の大きさは何度ですか。

(2) $\angle a+\angle a'+\angle b+\angle b'+\angle c+\angle c'+\angle d+\angle d'+\angle e+\angle e'+\angle f+\angle f'$ の大きさを求めなさい。

(3) $\angle a+\angle b+\angle c+\angle d+\angle e+\angle f$ の大きさを求めなさい。

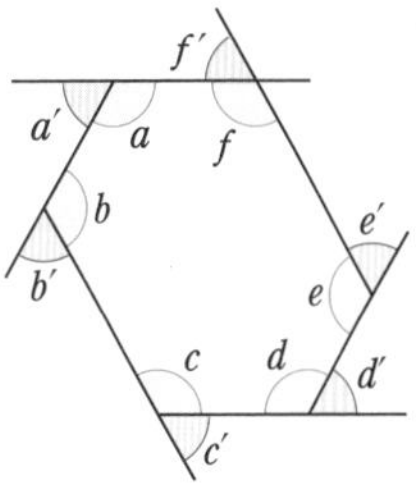

(4) (2), (3)から，$\angle a'+\angle b'+\angle c'+\angle d'+\angle e'+\angle f'$ の大きさを求めなさい。

4 正多角形の角　次の問いに答えなさい。

教 p.111 問3

(1) 正十二角形の1つの外角の大きさを求めなさい。

(2) 1つの外角が 45° である正多角形は正何角形ですか。

たいせつ

正 n 角形の1つの内角の大きさは，(内角の和)÷n で求めることができる。
多角形の外角の和は，どの多角形も 360° になる。

左ページの 例 の答え　①3　②4　③180　④720　⑤2　⑥6　⑦720　⑧360　⑨90　⑩40　⑪140

解答 p.22

定着のワーク ステージ2 1節 角と平行線

よく出る **1** 次の図で，$\angle x$ の大きさを求めなさい。

(1) $\ell /\!/ m$

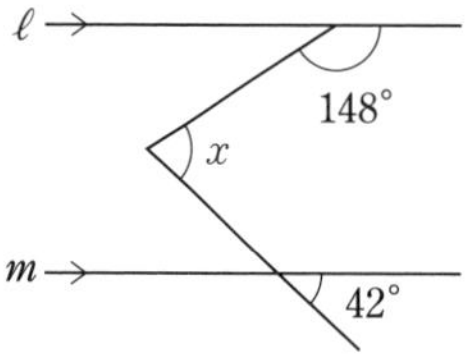

(2) $\ell /\!/ m$

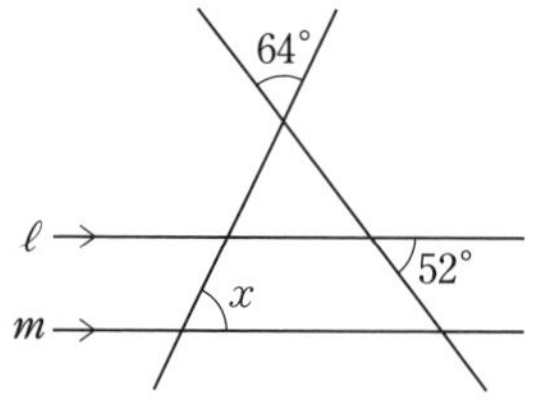

(3)

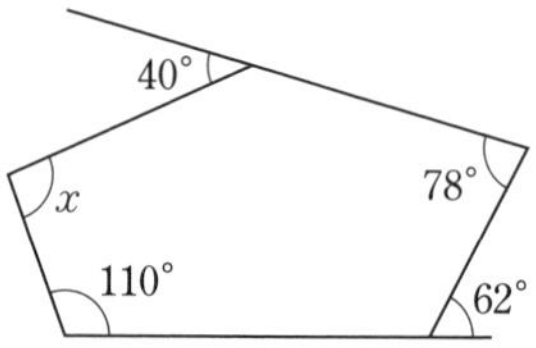

よく出る **2** 右の図で △ABC の ∠B，∠C の二等分線の交点を I とします。∠BIC＝126° のとき，∠A の大きさを求めなさい。

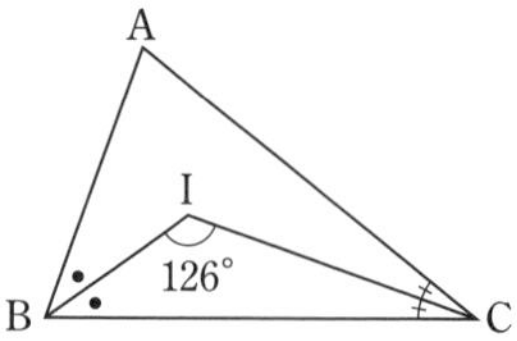

レベルUP **3** 右の図で，△ABC の ∠C の外角の二等分線と，∠B の二等分線の交点をPとします。∠A＝54° のとき，∠BPC の大きさを求めなさい。

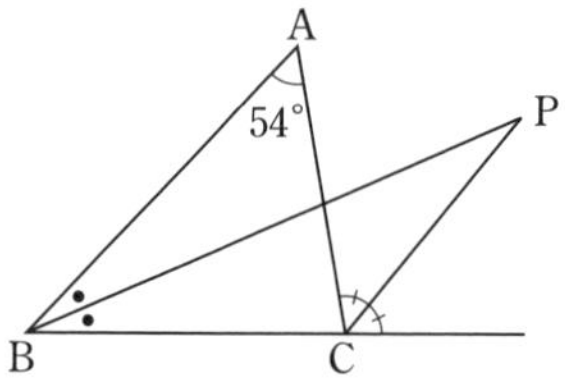

4 次の三角形は，鋭角三角形，直角三角形，鈍角三角形のうち，どの三角形か答えなさい。

(1) ∠A＋∠B＜∠C である △ABC

(2) ∠B と ∠C の大きさが等しく，∠A の 2 倍の大きさである △ABC

(3) 3 つの角の大きさが等しい三角形

ヒントの森

2 ∠IBC＝x，∠ICB＝y とすると，$x+y+126°=180°$ より，$x+y=54°$
$2(x+y)=108°$，したがって，∠A＝180°−108° となる。

4 (1) ∠A＋∠B＜∠C ならば，∠C の外角は ∠C よりも小さい。

5 次の問いに答えなさい。

(1) 内角の大きさが，外角の大きさの 3 倍である正多角形は正何角形ですか。

(2) 五角形 ABCDE は，∠A が最も小さく，∠B，∠C，∠D，∠E と順に 10° ずつ大きくなっています。このとき，∠A の大きさを求めなさい。

6 右の図で，印をつけた角 A，B，C，D，E，G，H の角の和を求めなさい。

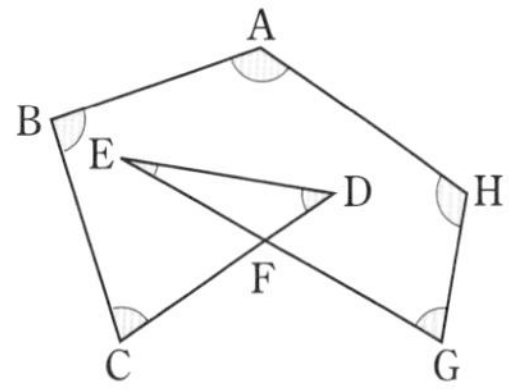

7 右の図の五角形で，∠A の大きさは ∠C の外角に等しく，∠B は，∠A の 3 倍より 90° 小さく，∠BCD と ∠D は同じ大きさです。また，∠E は ∠BCD よりも 10° 大きいです。このとき，∠A の大きさを求めなさい。

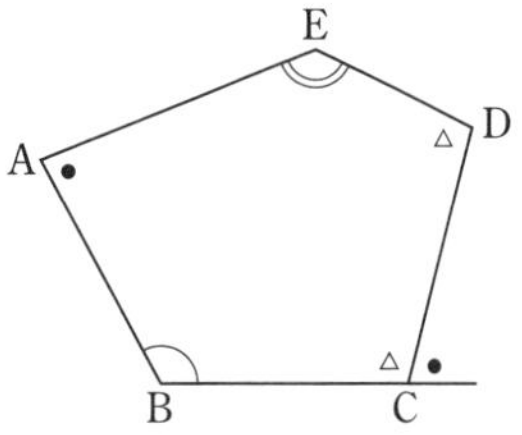

入試問題をやってみよう！

1 右の図で，$\ell \parallel m$ のとき，$\angle x$ の大きさを求めなさい。〔富山〕

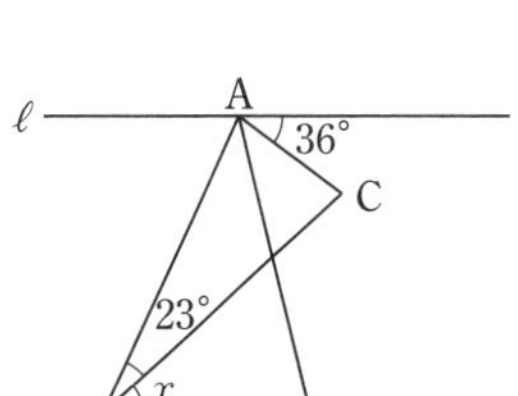

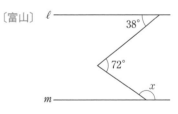

2 次の図で，$\ell \parallel m$ であり，点 D は ∠BAC の二等分線と直線 m との交点です。このとき，$\angle x$ の大きさを求めなさい。〔京都〕

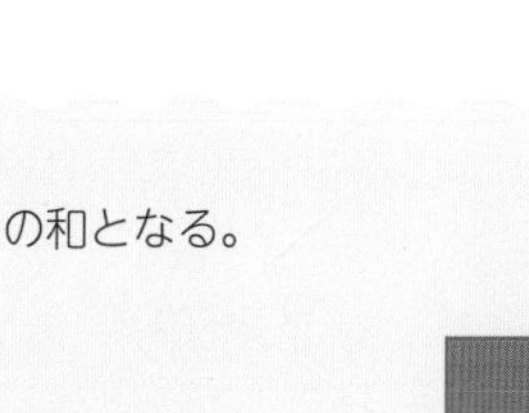

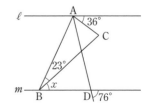

5 (1) 内角と外角の和は 180° で，多角形の外角の和は 360° である。

(2) $\angle A = x$ とすると，$x + (x + 10°) + (x + 20°) + (x + 30°) + (x + 40°)$ が内角の和となる。

7 $\angle A = x$，$\angle BCD = y$ として，連立方程式をつくる。

確認のワーク ステージ1
2節 三角形の合同と証明
1 合同な図形　2 三角形の合同条件

例1 合同な図形の性質

教 p.113～114 →基本問題1

右の図で，四角形 ABCD≡四角形 EHGF です。次の(1)～(5)を答えなさい。

(1) 頂点Aに対応する頂点　(2) 辺 AB の長さ

(3) 辺 FG の長さ　(4) ∠B の大きさ

(5) ∠F の大きさ

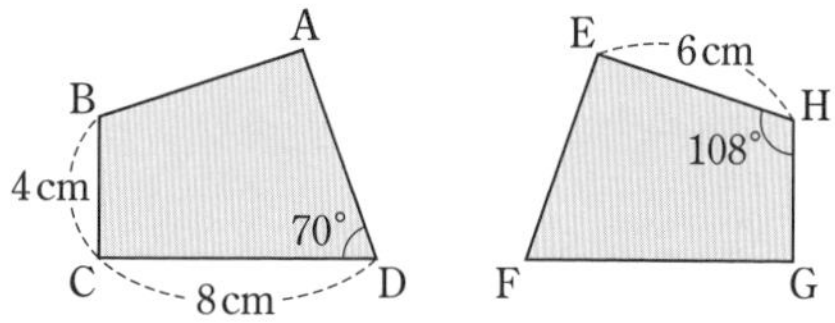

考え方 四角形 ABCD≡四角形 EHGF のとき，頂点は，A と E，B と H，C と G，D と F のように，同じ順に対応する。

解き方 (1) 対応の順から，頂点Aと対応する頂点は頂点［①　］

(2) 辺 AB と対応するのは辺 EH だから，AB＝EH＝［②　］cm
対応する線分の長さは等しい

(3) 辺FG と対応するのは辺［③　］だから，FG＝［③　］＝8 cm

(4) ∠B と対応するのは ∠H だから，∠B＝∠H＝［④　］°
対応する角の大きさは等しい

(5) ∠F と対応するのは［⑤　］だから，∠F＝［⑤　］＝70°

> **たいせつ**
> △ABC と △DEF が合同であることを，
> **△ABC≡△DEF**
> と表す。
> **注** 記号≡を使うときは，対応する頂点は同じ順にかく。

例2 三角形の合同条件

教 p.115～117 →基本問題2 3

次の図で，合同な三角形の組を，記号≡を使って表し，その合同条件を答えなさい。

(1)

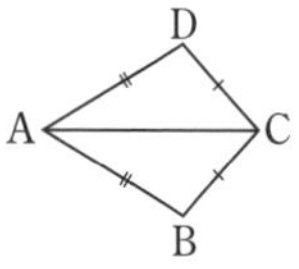

(2)

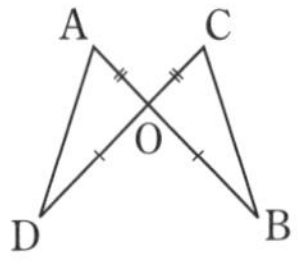

(3)

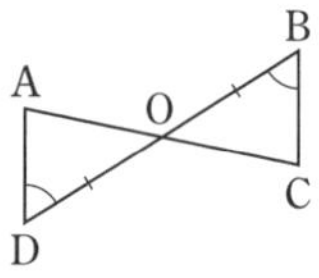

考え方 (1)は辺 AC が共通であることを考える。
(2)，(3)は対頂角は等しいから，∠AOD＝∠COB

解き方 (1) △ACD≡△［⑥　］（3 組の辺がそれぞれ等しい。）
AD＝AB，CD＝CB，AC は共通

(2) △AOD≡△［⑦　］（［⑧　］がそれぞれ等しい。）
OA＝OC，OD＝OB，∠AOD＝∠COB

(3) △ADO≡△［⑨　］（［⑩　］がそれぞれ等しい。）
OD＝OB，∠ADO＝∠CBO，∠AOD＝∠COB

> **覚えておこう**
> 三角形の合同条件
> 1 3 組の辺がそれぞれ等しい。
> 2 2 組の辺とその間の角がそれぞれ等しい。
> 3 1 組の辺とその両端（りょうたん）の角がそれぞれ等しい。

基本問題

解答 p.23

1 合同な図形の性質 下の図で，四角形 ABCD≡四角形 EFGH です。 教 p.114 問 3, 問 4

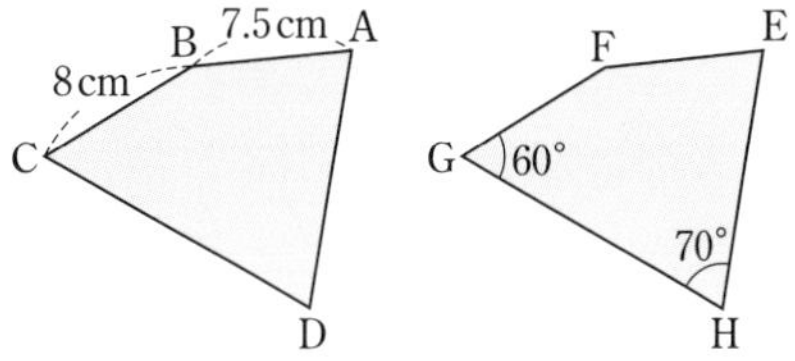

(1) 頂点 B，辺 CD，∠DAB に対応する頂点，辺，角をそれぞれ答えなさい。

(2) 辺 EF の長さを答えなさい。

(3) ∠CDA の大きさを答えなさい。

2 三角形の合同条件 次の図で，合同な三角形の組をすべて選び出し，記号≡を使って表しなさい。また，その合同条件を答えなさい。 教 p.117 問 3

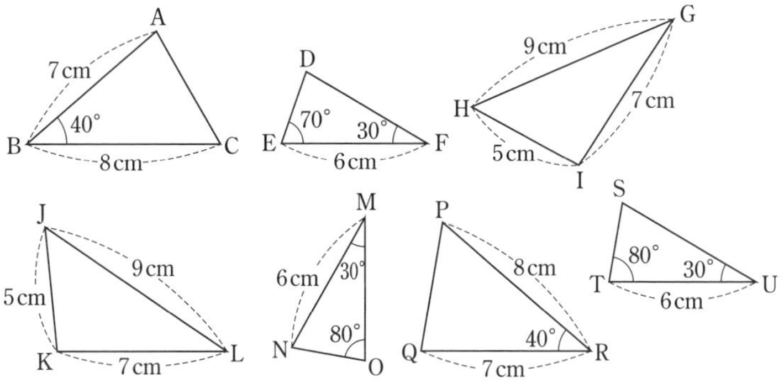

ミス注意
三角形の合同条件にあてはめて，合同な図形を見つける。
三角形の角の大きさを計算すると，合同条件にあてはまる場合もあるので注意する。記号≡を使うときは，対応する頂点は，同じ順にかく。

3 合同条件を見つける 次の図で，合同な三角形の組を，記号≡を使って表しなさい。また，その合同条件を答えなさい。 教 p.117 問 4

(1) AB＝CB，∠ABD＝∠CBD

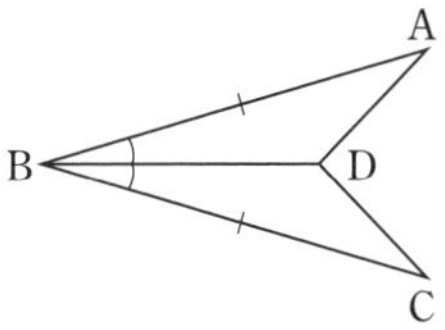

(2) AO＝DO，∠A＝∠D

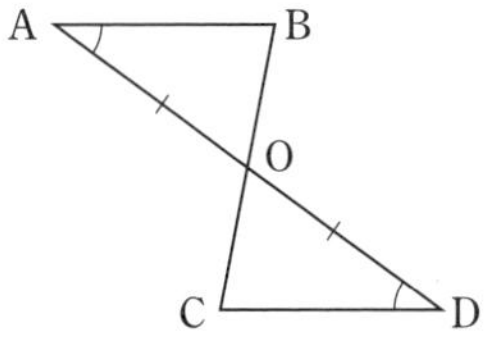

たいせつ
2 つの三角形は，3 つの合同条件のいずれかにあてはまれば，合同であるといえる。共通な辺や対頂角は等しいことにも注意する。

左ページの例の答え ①E ②6 ③DC ④108 ⑤∠D ⑥ACB ⑦COB ⑧2 組の辺とその間の角 ⑨CBO ⑩1 組の辺とその両端の角

確認のワーク ステージ1
2節 三角形の合同と証明
3 仮定，結論と証明　4 証明のしくみとかき方

例1 仮定と結論
教 p.118 → 基本問題 1

次のことがらについて，仮定と結論を答えなさい。
「△ABC において，∠C＝60° ならば ∠A＋∠B＝120° である。」

考え方 「〜において，○○○ならば■■■」と表したとき，○○○の部分を仮定（かてい），■■■の部分を結論（けつろん）という。

解き方 「ならば」の前が仮定，後が結論になるから
仮定…∠C＝60°，結論…①

覚えておこう
「○○○ならば■■■」
○○○→仮定　■■■→結論

例2 証明のしくみ
教 p.122 → 基本問題 2 3

右の図で，AB＝CD，DA＝BC ならば AB∥DC です。
仮定と結論を答えなさい。また，根拠（こんきょ）を示して，仮定から結論を導き，証明しなさい。

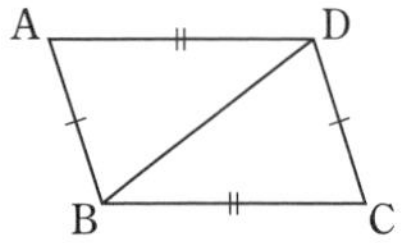

考え方 証明のしくみを図で表してみると，次のようになる。

仮定　AB＝CD　DA＝BC

証明
- BD＝DB ←〈根拠〉共通な辺は等しい
- ← 三角形の合同条件
- △ABD≡△CDB
- ← 合同な図形の性質
- ∠ABD＝∠CDB
- ← 平行線になる条件

結論　AB∥DC

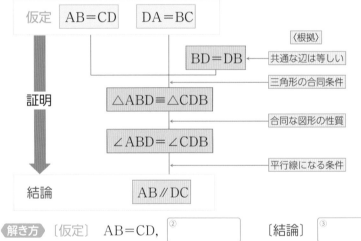

たいせつ
- 合同な図形では，対応する線分や角は等しい。

- 三角形の合同条件

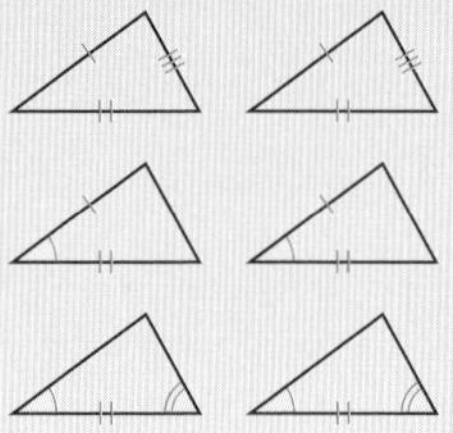

解き方 〔仮定〕 AB＝CD，②　〔結論〕③

証明 △ABD と △CDB において
仮定から　AB＝CD
　　　　　DA＝BC
共通な辺だから　BD＝DB ← 共通な辺は等しい
④　から　△ABD≡△CDB ← 三角形の合同条件
合同な図形の対応する角の大きさは等しいから　∠ABD＝∠CDB ← 合同な図形の性質
錯角が等しいから　AB∥DC ← 平行線になる条件

注 結論は，証明が終わって，はじめて正しいと認められる。

基本問題

解答 p.23

1 仮定と結論　次のことがらについて，仮定と結論を答えなさい。 教 p.119 問 1

(1)　△ABC≡△DEF ならば CA＝FD である。

(2)　△ABC と △DEF において，AB＝DE，∠A＝∠D，∠B＝∠E ならば △ABC≡△DEF である。

> **たいせつ**
> あることがらを「○○○ならば□□□」と表したとき，○○○の部分を仮定，□□□の部分を結論という。

2 証明のしくみ　下の図のように，平行な 2 直線 ℓ，m 上の点を結んだ線分 AB，CD の交点を E とします。AC＝BD ならば AE＝BE です。 教 p.122 問 1～問 3

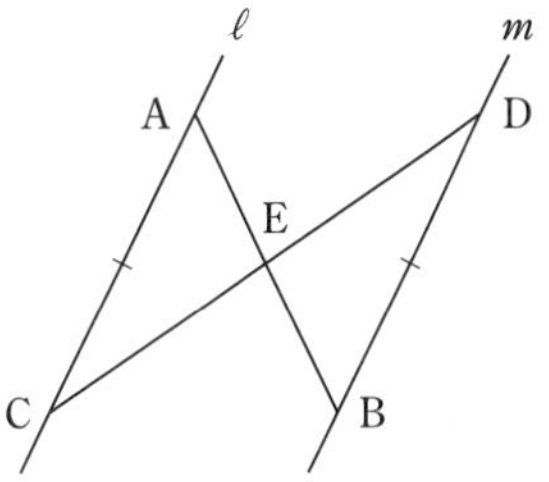

(1)　仮定と結論を答えなさい。

(2)　AE＝BE を証明するために使う，合同な三角形の組を答えなさい。

(3)　次の□をうめて，証明を完成させなさい。

証明　△AEC と ㋐□ において

仮定から　AC＝㋑□ ……①

平行線の錯角は等しいから

∠CAE＝㋒□ ……②

㋓□＝∠BDE ……③

①，②，③より，㋔□ から

△AEC≡㋕□

合同な図形の対応する辺の長さは等しいから

AE＝BE

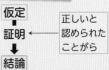

> **たいせつ**
> 仮定
> ↓
> 証明 ← 正しいと認められたことがら
> ↓
> 結論
>
> 仮定から出発して，結論を導き出す。このとき，1 つ 1 つのことがらは，すべて何らかの根拠によって裏づけが必要である。根拠となることがらは，すでに正しいことが明らかとされている必要がある。

3 三角形の合同の利用　下の図で AO＝BO，CO＝DO ならば AC∥DB です。 教 p.123 問 3

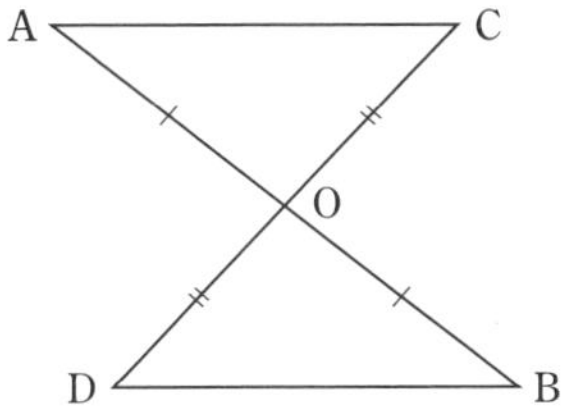

(1)　仮定と結論を答えなさい。

(2)　仮定から結論を導くために使う，三角形の合同条件を答えなさい。

> **覚えておこう**
> 合同条件にあてはまれば，2 つの三角形は合同である。平行であることをいうためには，同位角か錯角が等しいことを証明する。

左ページの例の答え　① ∠A＋∠B＝120°　② DA＝BC　③ AB∥DC　④ 3 組の辺がそれぞれ等しい

確認のワーク ステージ1 2節 三角形の合同と証明
5 証明の方針 6 三角形の合同条件を使う証明

例1 三角形の合同条件を使う証明

教 p.124〜127 → 基本問題 1 2 3

右の図で，AB＝AC，線分 AD は ∠BAC の二等分線であるとき，D は辺 BC の中点であることを証明します。

(1) 仮定と結論を答えなさい。

(2) (1)の仮定から結論が正しいことを示すためには，何がわかればよいですか。

(3) このことを証明しなさい。

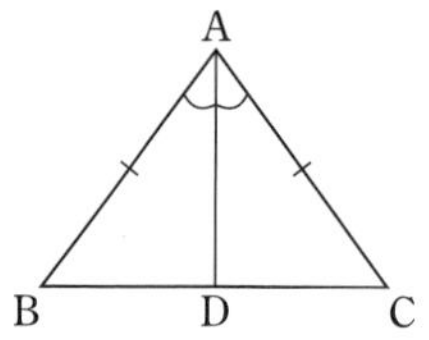

考え方 D が辺 BC の中点になるということは，BD＝CD を示せばよい。BD，CD を，それぞれ 1 辺にもつ 2 つの三角形が合同になることを証明し，合同な図形の性質から BD＝CD を導く。

〔仮定〕

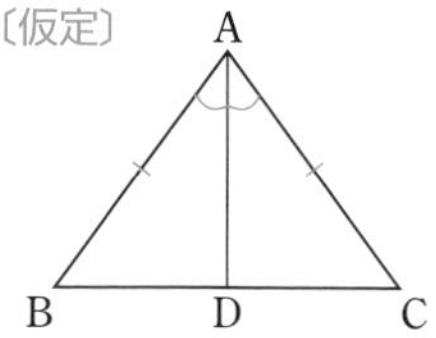

〔結論〕

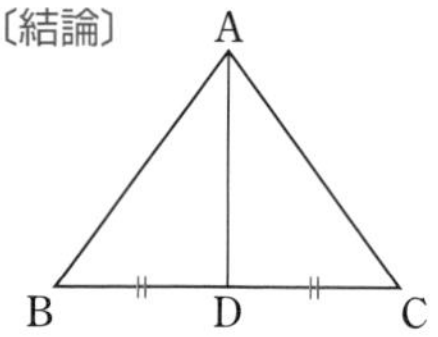

解き方 (1) AD は ∠BAC の二等分線なので，∠BAD＝∠CAD

〔仮定〕 AB＝①□，∠BAD＝②□

〔結論〕 BD＝③□

(2) BD＝CD を示すために，BD，CD をそれぞれ 1 辺にもつ 2 つの三角形 △ABD と ④□ の合同を示せばよい。

(3) 証明 △ABD と ④□ において，
はじめに，合同を示す三角形をかく。

仮定から　AB＝①□　……①

∠BAD＝②□　……②

共通な辺だから　AD＝AD　……③

①，②，③より

⑤□ がそれぞれ
三角形の合同条件

等しいから

△ABD≡④□

合同な図形では，対応する ⑥□ は等しい
合同な図形の性質

から　BD＝③□

したがって，D は辺 BC の中点になる。

覚えておこう

次のことがらが，証明の根拠（こんきょ）としてよく使われる。

① 対頂角は等しい。

② 平行線の同位角，錯角は等しい。

③ 三角形の内角の和は 180°

④ 三角形の外角は，それととなり合わない 2 つの内角の和に等しい。

⑤ 合同な図形では，対応する線分や角は等しい。

⑥ 三角形の合同条件

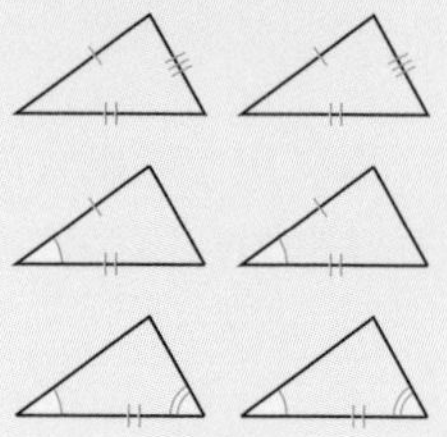

基本問題

解答 p.24

1 証明の方針　線分 AB の中点 M を通る直線 ℓ があります。直線 ℓ 上に，CM＝DM となる 2 点 C，D をとると，AC＝BD となることを証明します。 教 p.125 問 2

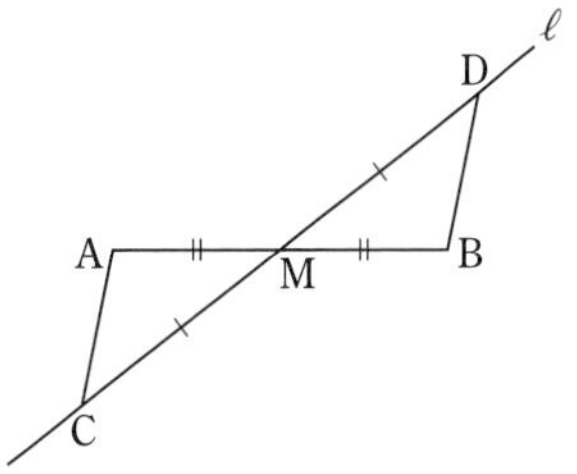

(1)　仮定と結論を答えなさい。

(2)　仮定から結論を導くには，どの三角形とどの三角形の合同をいえばよいですか。

(3)　次の□をうめて，証明を完成させなさい。

証明　△AMC と ㋐□ において

仮定から　　AM＝㋑□　……①

CM＝㋒□　……②

対頂角は等しいから　∠AMC＝㋓□　……③

①，②，③より，㋔□ から

△AMC≡㋕□

合同な図形の対応する辺の長さは等しいから

AC＝㋖□

2 三角形の合同条件を使う証明　右の図で，AE＝AD，∠AEB＝∠ADC ならば，EB＝DC になることを証明します。 教 p.127 問 2，問 3

(1)　仮定と結論を答えなさい。

(2)　証明しなさい。

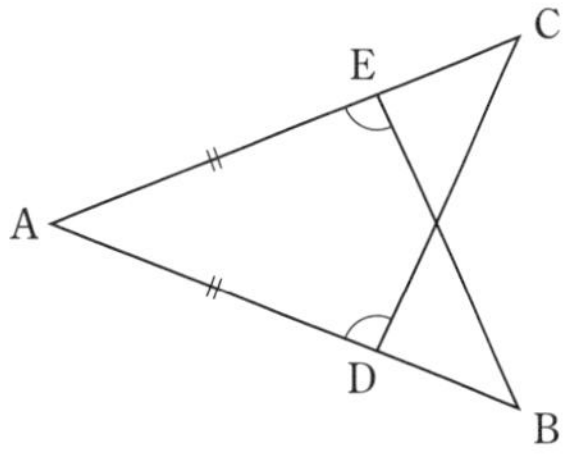

3 三角形の合同条件を使う証明　右の図の四角形 ABCD で，対角線 BD をひくとき，AB＝CB，∠ABD＝∠CBD ならば，AD＝CD となります。
このことを証明しなさい。 教 p.127 問 2，問 3

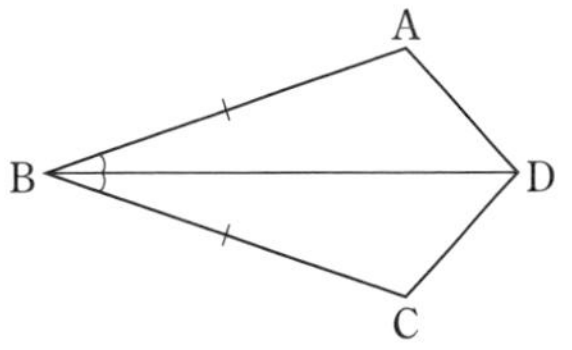

左ページの例の答え　① AC　② ∠CAD　③ CD　④ △ACD　⑤ 2 組の辺とその間の角　⑥ 辺の長さ

解答 p.24

定着のワーク ステージ2 2節 三角形の合同と証明

1 右の図において，

AB＝DE，CA＝FD

のほかに条件を１つつけ加えると，△ABC≡△DEF がいえます。つけ加える条件としてあてはまるものをすべてあげ，それぞれの場合について，その合同条件を答えなさい。

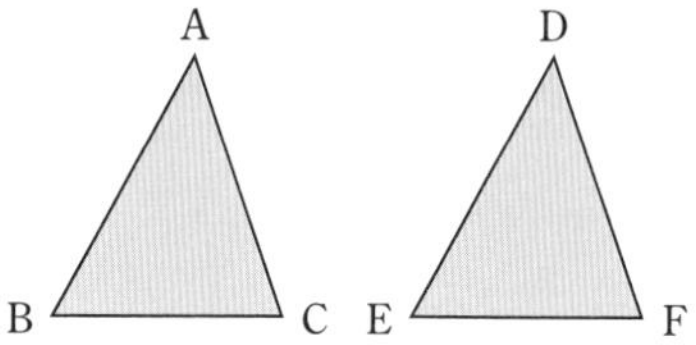

レベルUP **2** 右の図について，次の問いに答えなさい。

(1) ∠A の大きさを求めなさい。

(2) ∠B の大きさを求めなさい。

(3) △ABE と合同な三角形はどれですか。
また，そのときの合同条件を答えなさい。

(4) 線分 BF の長さを求めなさい。

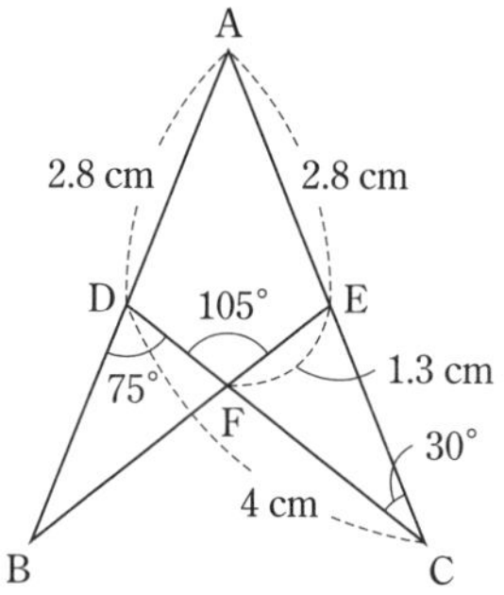

よく出る **3** 右の図で，AD∥BF，BC＝CF，DE＝EC であるとき，AD＝BC になることを証明します。

(1) 仮定と結論を答えなさい。

(2) △AED≡△FEC であることを証明しなさい。

(3) AD＝BC であることを証明しなさい。

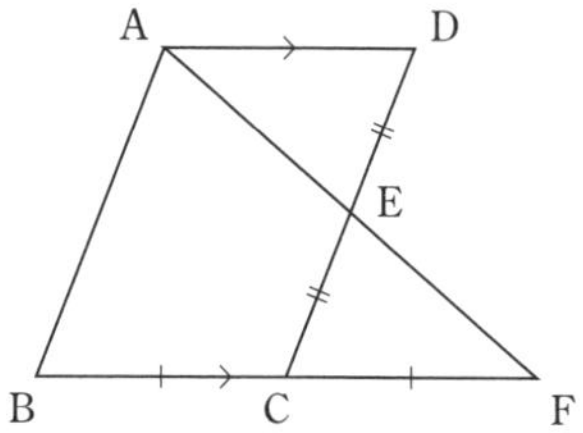

ヒントの森

2 (4) △ABE と合同な三角形で，辺 BE と対応する辺の長さから BF の長さを求める。

3 仮定のうち BC＝CF は(2)の証明では必要のないことがらであるが，(3)を証明するときに使う。等式の性質「$X=Y$ で $Y=Z$ ならば $X=Z$」を使って証明する。

4 右の図で，**OA＝OD**，**OC＝OB** であるとき，**AP＝DP** になることを証明します。

(1) △AOC≡△DOB であることを証明しなさい。

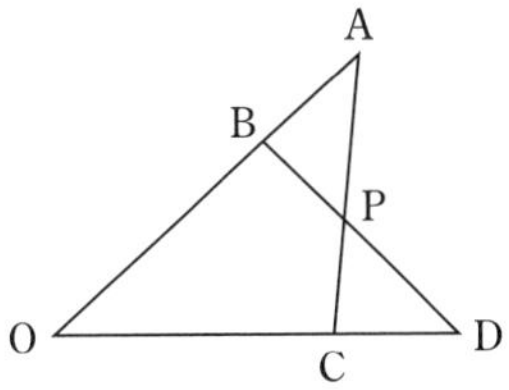

(2) (1)より，△APB≡△DPC であることをいい，AP＝DP であることを証明しなさい。

入試問題をやってみよう！

1 図で，四角形 ABCD は正方形であり，E は対角線 AC 上の点で，AE>EC です。また，F，G は四角形 DEFG が正方形となる点です。ただし，辺 EF と DC は交わるものとします。このとき，∠DCG の大きさを次のように求めました。［Ⅰ］，［Ⅱ］にあてはまる数を書きなさい。また，（ a ）にあてはまることばを書きなさい。なお，2 か所のⅠには，同じ数があてはまります。

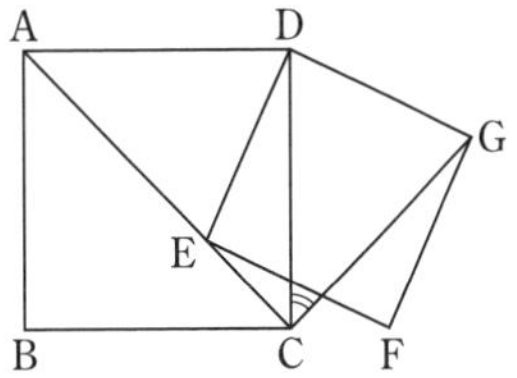

〔愛知〕

△AED と △CGD で，
四角形 ABCD は正方形だから　AD＝CD　……①
四角形 DEFG は正方形だから　ED＝GD　……②
また，
　∠ADE＝［Ⅰ］°－∠EDC，∠CDG＝［Ⅰ］°－∠EDC
より
　∠ADE＝∠CDG　……③
①，②，③から，（ a ）がそれぞれ等しいので
　△AED≡△CGD
合同な図形では，対応する角は，それぞれ等しいので
　∠DAE＝∠DCG
したがって，∠DCG＝［Ⅱ］°

4 (2) OA＝OD，OC＝OB より，AB＝DC となる。1 組の辺とその両端の角がそれぞれ等しいことを使って，△APB≡△DPC を証明する。

1 ∠ADE，∠CDG は，どちらも直角から ∠EDC をひいた大きさである。

解答 p.26

実力判定テスト ステージ3 図形の性質と合同

40分　　/100

よく出る 1 次の図で，∠x の大きさを求めなさい。　3点×8（24点）

(1)

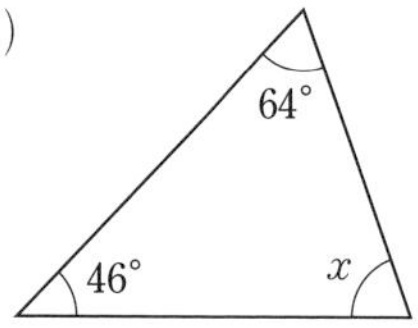

(2)

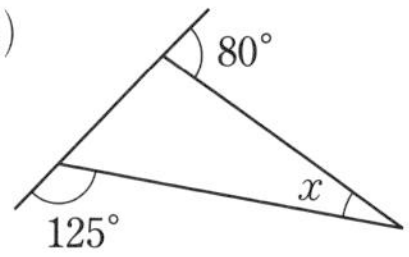

(3)

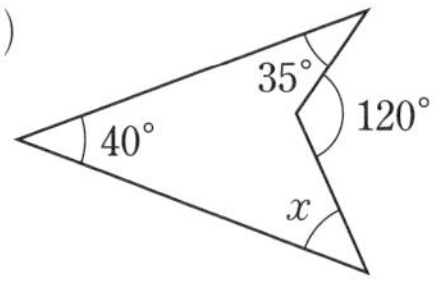

(4)

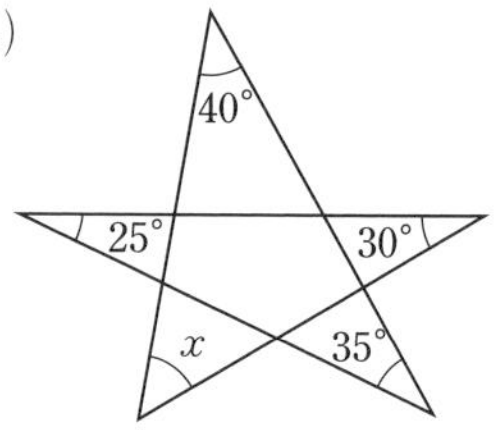

(5) $\ell /\!/ m$

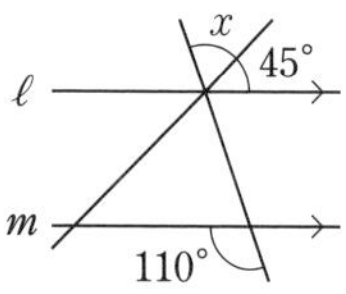

(6) 三角定規2枚

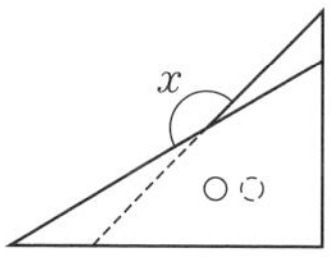

(7) $\ell /\!/ m$

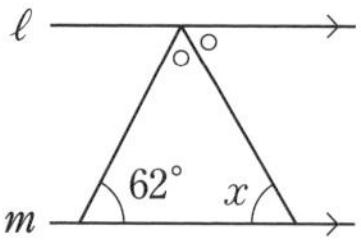

(8) $\ell /\!/ m$

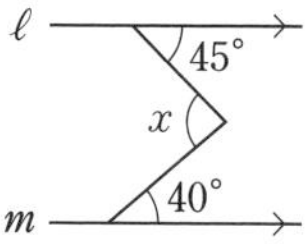

2 2つの内角の大きさが次の(1)～(4)の場合，△ABC は，それぞれ鋭角三角形，直角三角形，鈍角三角形のどれになりますか。　3点×4（12点）

(1) ∠A＝55°，∠B＝35°

(2) ∠A＝45°，∠B＝35°

(3) ∠A＝30°，∠B＝95°

(4) ∠A＝50°，∠B＝45°

よく出る 3 次の問いに答えなさい。　3点×5（15点）

(1) 九角形の内角の和を求めなさい。

(2) 内角の和が1980°である多角形は何角形ですか。

(3) 正二十角形の1つの外角の大きさを求めなさい。

(4) 1つの外角が40°である正多角形は正何角形ですか。

(5) 1つの内角の大きさが，その外角の大きさの2倍である正多角形の辺の数を答えなさい。

目標　❶，❷，❸は基本的な問題。確実に解けるようにしよう。合同の証明になれておこう。

自分の得点まで色をぬろう!
がんばろう!　もう一歩　合格!
0　60　80　100点

4 右の図で，BC＝EF，∠C＝∠F，∠A＝∠D ならば，△ABC≡△DEF となります。

5点×3(15点)

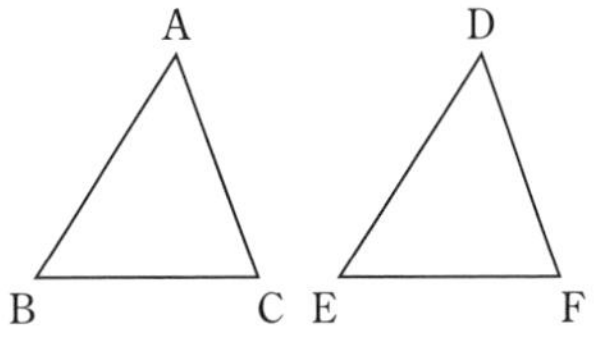

(1)　仮定と結論を答えなさい。

仮定（　　　　　　　　　　　　）

結論（　　　　　　　　　　　　）

(2)　このことを証明しなさい。

5 △ABC と △DEF で，BC＝EF，∠C＝∠F のとき，条件を1つつけ加えると，△ABC≡△DEF がいえます。つけ加える条件としてあてはまるものを2つあげ，そのときの合同条件を答えなさい。

3点×2(6点)

条件（　　　　　　）　合同条件（　　　　　　　　　　）

条件（　　　　　　）　合同条件（　　　　　　　　　　）

6 右の図で，正五角形 ABCDE の対角線 AC と BD の交点をPとします。

4点×7(28点)

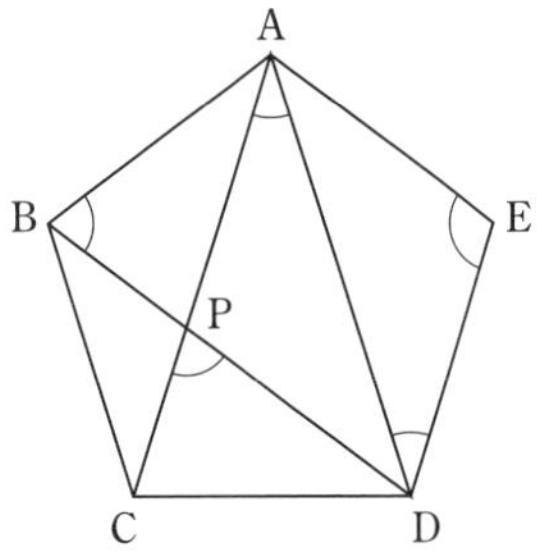

(1)　正五角形 ABCDE の内角の和を求めなさい。（　　　　）

(2)　∠AED の大きさを求めなさい。（　　　　）

(3)　∠ADE の大きさを求めなさい。（　　　　）

(4)　∠CAD の大きさを求めなさい。（　　　　）

(5)　∠CPD の大きさを求めなさい。（　　　　）

(6)　∠ABD の大きさを求めなさい。（　　　　）

(7)　AP＝AE であることを証明しなさい。

4章

アプリ【どこでもワーク計算編・図形編】をやって，さらに力をつけよう！

確認のワーク ステージ1

1節 三角形
1 二等辺三角形の性質① 2 二等辺三角形の性質②
3 2つの角が等しい三角形

例1 二等辺三角形の性質

教 p.135 → 基本問題 1 2

二等辺三角形の2つの底角は等しいということを，右の図から説明しなさい。ただし，右の図で，AB＝AC で，点Dは底辺 BC の中点です。

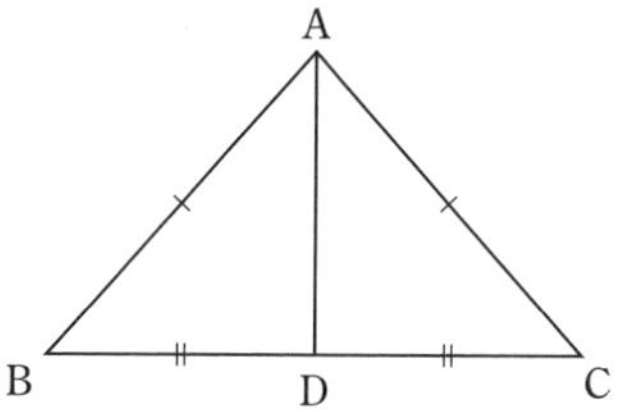

考え方 用語の意味をはっきり述べたものを定義（ていぎ）という。
二等辺三角形の定義から，2つの底角は等しいことを導く。

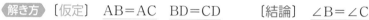

解き方 〔仮定〕 AB＝AC（二等辺三角形の定義） BD＝CD（点Dは底辺 BC の中点） 〔結論〕 ∠B＝∠C（2つの底角は等しい）

証明 △ABD と △ACD において
仮定から AB＝AC ……①
BD＝CD ……②
また AD は共通 ……③
（等しい角や辺を3つ見つける。）
①，②，③より，① [ ] がそれぞれ等しいから
△ABD≡△ACD
合同な図形の対応する角の大きさは等しいから
∠B＝② [ ] …… 2つの底角は等しい。

覚えておこう

2辺が等しい三角形を二等辺三角形という。

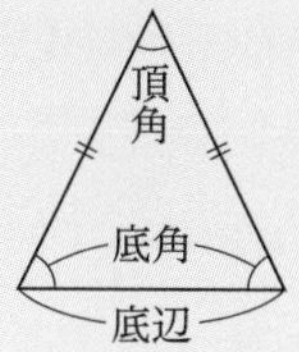

例2 二等辺三角形になる条件

教 p.138 → 基本問題 4

右の図の △ABC で，AB＝AC，BD＝CE であるとき，△PBC は二等辺三角形であることを証明しなさい。

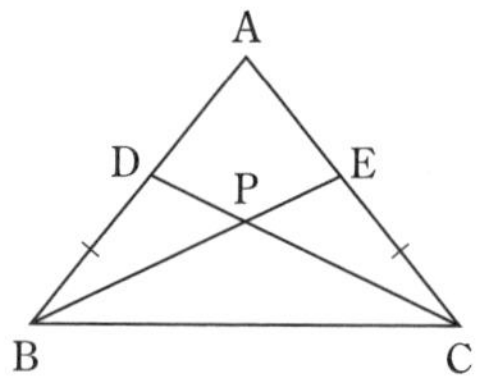

考え方 2つの角が等しい三角形は，二等辺三角形である。

解き方 〔仮定〕 AB＝AC BD＝CE（△ABC は二等辺三角形）
〔結論〕 △PBC は二等辺三角形（∠PCB＝∠PBC から導く。）

証明 △DBC と △ECB において
二等辺三角形 ABC の底角だから
∠DBC＝③ [ ] ……①
仮定から BD＝CE ……②
また ④ [ ] は共通 ……③
①，②，③より，⑤ [ ] がそれぞれ等しいから △DBC≡△ECB
合同な図形の対応する角の大きさは等しいから ∠PCB＝⑥ [ ]
よって，△PBC は ⑦ [ ] が等しいから二等辺三角形である。

ここがポイント

二等辺三角形の2つの底角は等しい。
↕
2つの角が等しい三角形は二等辺三角形である。

基本問題

解答 p.27

1 二等辺三角形の角　次の図の △ABC は，AB＝AC の二等辺三角形です。∠x，∠y の大きさを求めなさい。

教 p.135 問 2

(1)

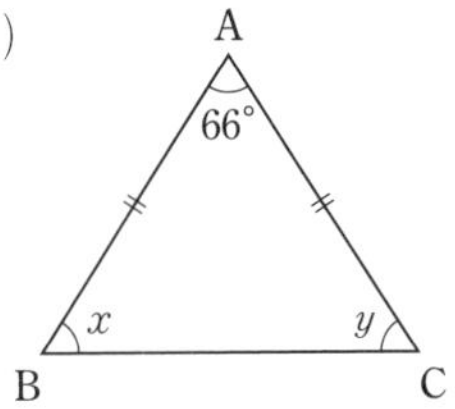

(2)

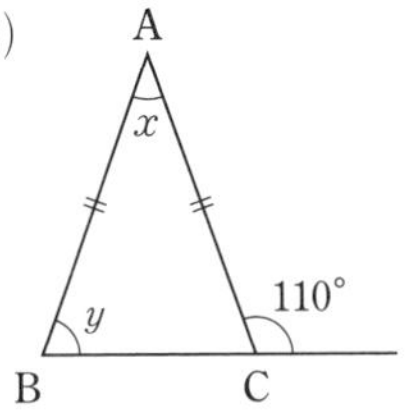

(3)

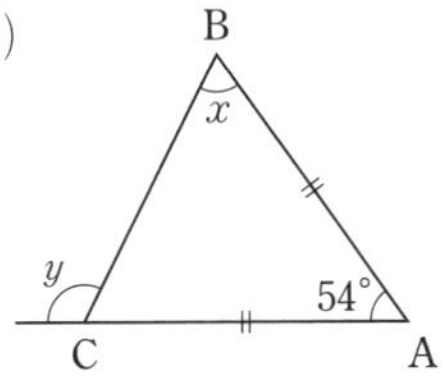

たいせつ

証明されたことがらのうち，よく使われるものを定理（ていり）という。

〔定理〕　二等辺三角形の 2 つの底角は等しい。

2 二等辺三角形の性質　下の図のような AB＝CB である二等辺三角形 ABC について，次の問いに答えなさい。

教 p.136 問 1

(1)　頂角 ∠B の二等分線と辺 AC との交点を D とすると，△ABD≡△CBD となります。このことを証明するときに用いる三角形の合同条件をいいなさい。

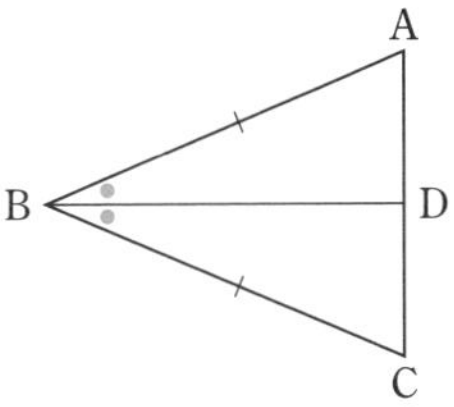

覚えておこう

〔定理〕　二等辺三角形の頂角の二等分線は，底辺を垂直に 2 等分する。

(2)　∠ADB の大きさを求めなさい。

(3)　辺 AC と BD の関係をいいなさい。

5章

3 正三角形　下の図の正三角形 ABC において，AE＝BF＝CD です。このとき，△DEF が正三角形であることを証明しなさい。

教 p.137 問 3

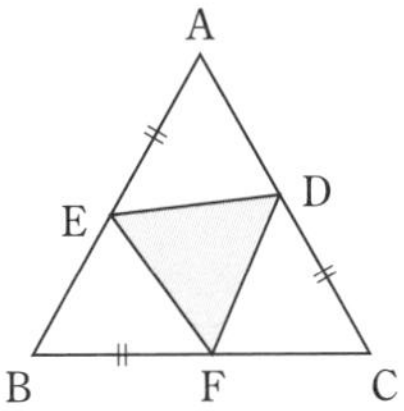

たいせつ

DE＝EF＝FD を示せば，△DEF が正三角形になることを証明できる。そのために，△AED，△BFE，△CDF の合同から DE＝EF＝FD を証明する。

4 二等辺三角形になる条件　右の図の AB＝AC である二等辺三角形で，辺 AB，AC の中点をそれぞれ D，E とし，線分 CD，BE の交点を F とします。このとき，△FBC は二等辺三角形であることを証明しなさい。

教 p.139 問 2

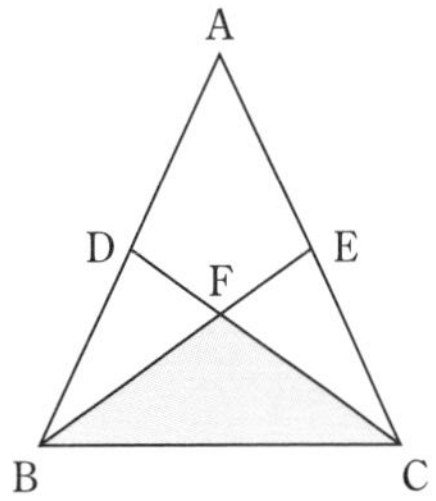

確認のワーク ステージ1 1節 三角形 4 逆 5 直角三角形の合同

例1 ことがらの逆

教 p.140〜141 → 基本問題1

次のことがらの逆を答えなさい。また，それが正しいかどうかを調べなさい。

(1) △ABC≡△DEF ならば，AC＝DF である。

(2) △ABC で，∠A＝60° ならば，∠B＋∠C＝120° である。

考え方 仮定と結論が入れかわっているとき，一方を他方の逆（ぎゃく）という。逆が正しくないときは，成り立たない例（反例（はんれい））を1つ示せばよい。

覚えておこう
○○○ならば■■■ ┐
■■■ならば○○○ ┘ 逆

解き方 (1) 仮定は △ABC≡△DEF，結論は AC＝DF である。

したがって，このことがらの逆は，①[　　　]ならば，②[　　　]である。

これを図にしてみると，右の図のような反例があり，

このことがらの逆は③[　　　]とわかる。

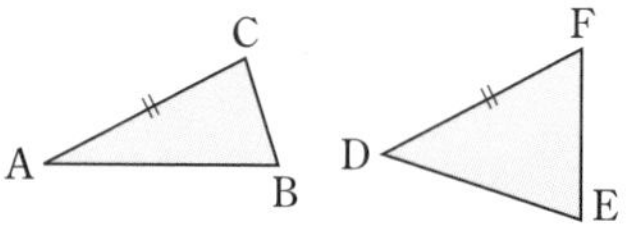

(2) 仮定は ∠A＝60°，結論は ∠B＋∠C＝120° である。

したがって，このことがらの逆は，④[　　　]ならば，⑤[　　　]である。

△ABC で，∠A＋∠B＋∠C＝180° だから，∠B＋∠C＝120° のとき，
（三角形の内角の和は 180°）

∠A＝60° となる。よって，このことがらの逆は⑥[　　　]といえる。

例2 直角三角形の合同条件

教 p.142〜144 → 基本問題23

右の図のように，AB＝AC の二等辺三角形 ABC の頂点 B，C から 2 辺 AC，AB にひいた垂線の交点を D，E とすると，AD＝AE であることを証明しなさい。

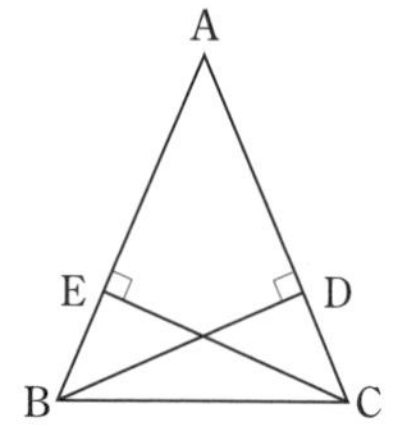

考え方 直角三角形の合同を使って，AD＝AE を示す。

解き方 〔仮定〕∠ADB＝∠AEC＝90°，AB＝AC 〔結論〕AD＝AE

証明 △ADB と △AEC において

仮定から　∠ADB＝∠AEC＝⑦[　　　]°　……①

AB＝AC　……②

⑧[　　　]は共通　……③

①，②，③より，直角三角形の斜辺と1つの鋭角がそれぞれ等しいから　△ADB≡△AEC

（直角三角形で，直角に対する辺を斜辺（しゃへん）という。）

したがって　AD＝AE

たいせつ

直角三角形の合同条件

・斜辺と1つの鋭角がそれぞれ等しい。

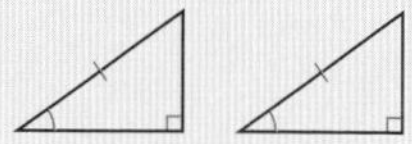

・斜辺と他の1辺がそれぞれ等しい。

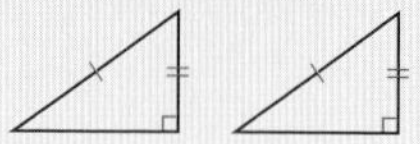

基本問題

解答 p.28

1 ことがらの逆　次のことがらの逆を答えなさい。また，それが正しいかどうかを調べ，正しくない場合は，反例を1つ示しなさい。 教 p.141 問2

(1)　△ABC≡△DEF ならば，∠A＝∠D である。

(2)　2つの三角形が合同であるならば，面積は等しい。

(3)　2つの角が等しい三角形は，二等辺三角形である。

(4)　$a>0$，$b>0$ ならば，$ab>0$ である。

ミス注意

正しいことの逆はいつでも正しいとは限らない。反例が1つでもあると，正しいとはいえないので気をつけよう。また，正しいことをいうためには，あらためて，そのことを証明する必要がある。

2 直角三角形の合同条件　二等辺三角形 ABC の底辺 BC の中点Mから2辺 AB，AC に垂線をひき，AB，AC との交点をそれぞれ D，E とすると，DM＝EM であることを証明しなさい。 教 p.144 問3

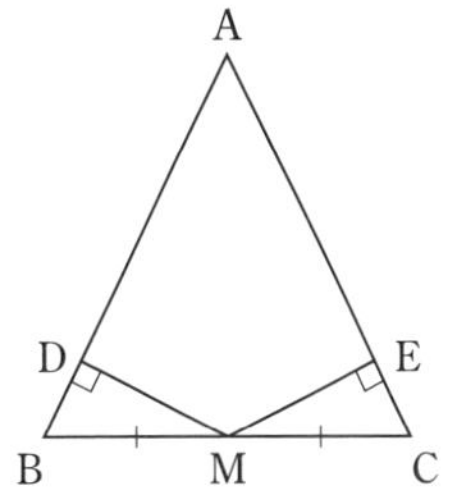

3 直角三角形の合同条件　**△ABC の頂点 B，C から 2 辺 AC，AB に垂線をひき，AC，AB との交点をそれぞれ D，E とします。** 教 p.144 問3，4

(1)　CD＝BE ならば，△ABC は二等辺三角形であることを証明しなさい。

(2)　EC と DB の交点をFとします。CE＝BD ならば，△FBC は二等辺三角形であることを証明しなさい。

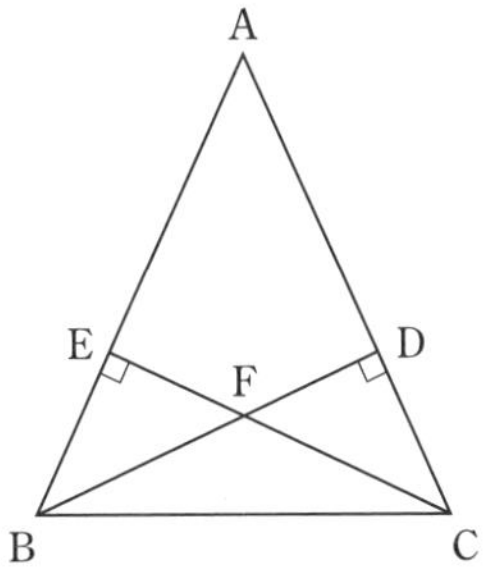

ここがポイント

頂点 B，C から辺 AC，AB に垂線をひいていることから，直角三角形ができることに着目する。できる直角三角形の合同から角の大きさに着目して，二等辺三角形になることを証明する。△EBC≡△DCB を証明し，△ABC，△FBC の2つの角が等しくなることから，それぞれの三角形は二等辺三角形になることを証明する。

左ページの例の答え　① AC＝DF　② △ABC≡△DEF　③ 正しくない　④ ∠B＋∠C＝120°　⑤ ∠A＝60°　⑥ 正しい　⑦ 90　⑧ ∠A

解答 p.29

定着のワーク ステージ2　1節　三角形

よく出る **1** 次の図で，$\angle x$，$\angle y$ の大きさを求めなさい。

(1)　AB＝AC

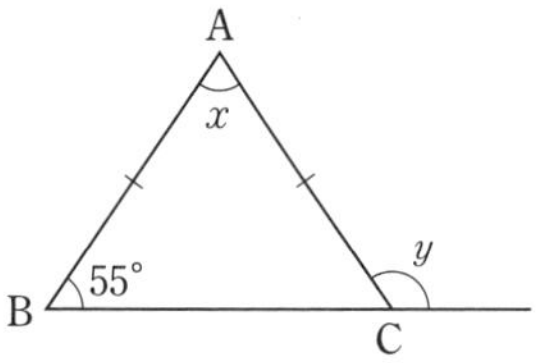

(2)　AO＝BO＝CO

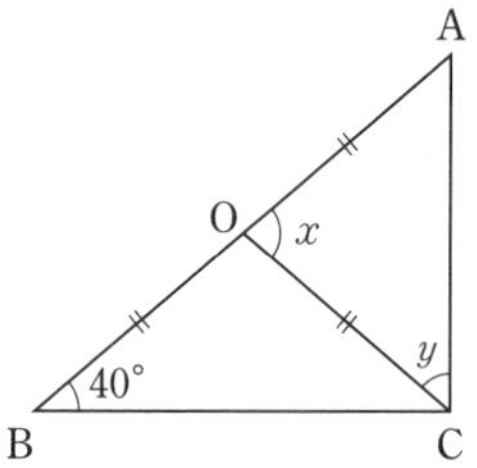

2 右の図の，AB＝AC である二等辺三角形において，BM＝CM であるとき，∠BAM＝∠CAM であることを証明しなさい。

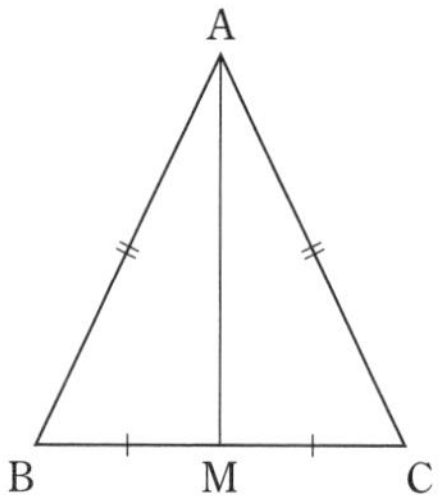

3 右の図の二等辺三角形 ABC において，BD＝CE であるとき，△ADE は二等辺三角形であることを証明しなさい。

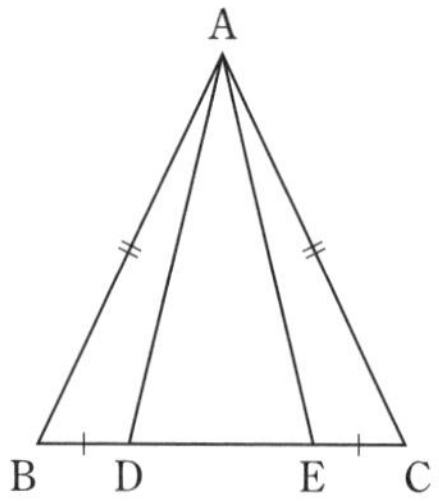

4 次のことがらの逆を答えなさい。また，それが正しいかどうかを調べ，正しくない場合は，反例を 1 つ示しなさい。

(1)　$x=3$ ならば，$x+2=5$ である。

(2)　△ABC が正三角形ならば，AB＝BC である。

5 ∠B＝90° の直角三角形 ABC の斜辺 AC 上に，BC＝DC となる点D をとります。また，D を通り AC に垂直な直線と，AB との交点をEとします。このとき，EC は ∠ACB の二等分線であることを証明しなさい。

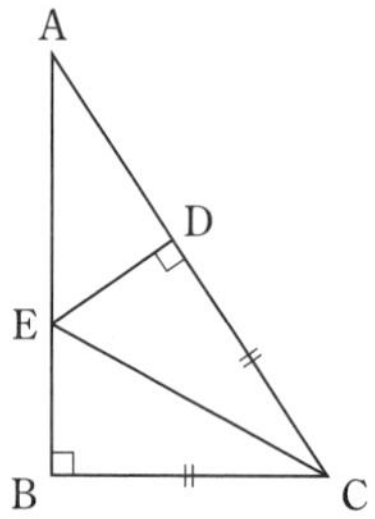

ヒントの森

2 △ABM≡△ACM がいえれば，∠BAM＝∠CAM となる。

3 △ABD≡△ACE がいえれば，AD＝AE となる。

5 直角三角形の合同条件を使って，△EBC≡△EDC をいう。

6 右の図の △ABC で，∠B と ∠C の二等分線の交点を I とし，I から 3 辺にひいた垂線と AB，BC，CA との交点をそれぞれ D，E，F とします。

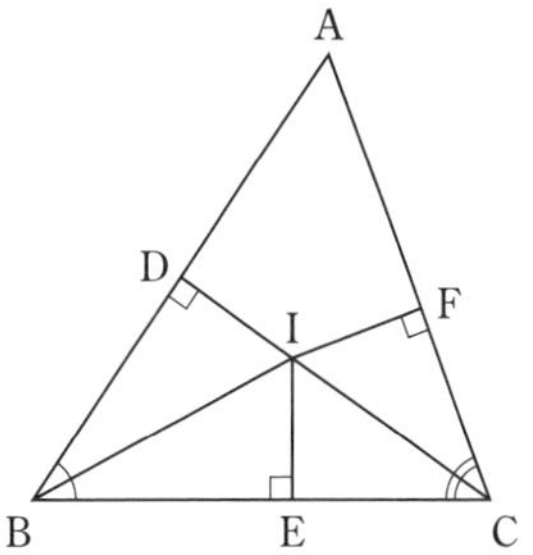

(1) ID＝IE＝IF であることを証明しなさい。

(2) AI が ∠A の二等分線であることを証明しなさい。

7 右の図で，△ABC は ∠ACB＝90° の直角三角形です。△ADE は，△ABC を頂点 A を中心に回転させたものです。直線 CE 上に，点 F を BC＝BF となるようにとり，直線 BD と直線 EF との交点を G とするとき，EG＝FG となることを証明しなさい。

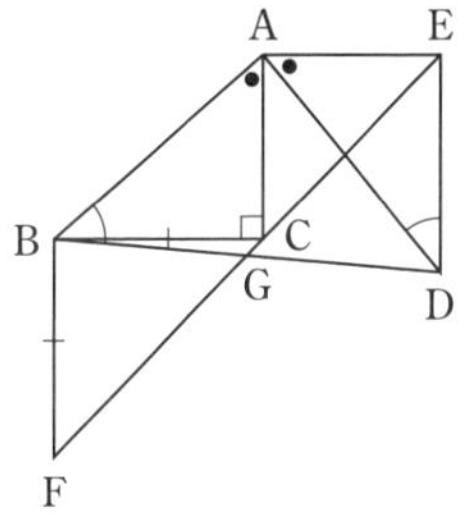

入試問題をやってみよう！

1 右の図のように，AB＝AD，AD∥BC，∠ABC が鋭角である台形 ABCD があります。対角線 BD 上に点 E を，∠BAE＝90° となるようにとります。

〔北海道〕

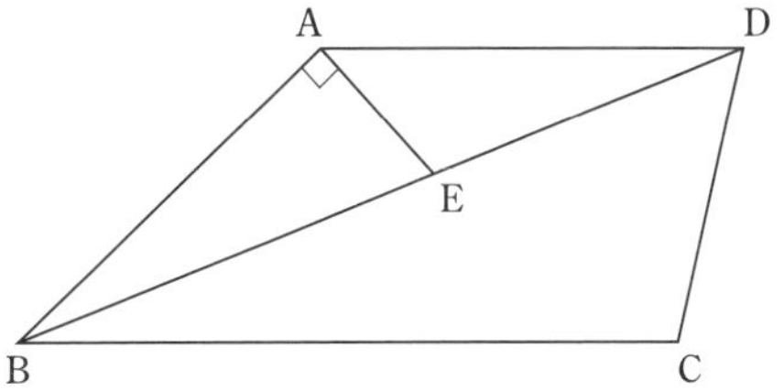

(1) ∠ADB＝20°，∠BCD＝100° のとき，∠BDC の大きさを求めなさい。

(2) 頂点 A から辺 BC に垂線をひき，対角線 BD，辺 BC との交点をそれぞれ F，G とします。このとき，△ABF≡△ADE を証明しなさい。

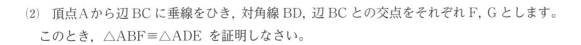

6 (2) △ADI と △AFI の合同を証明する。

7 ∠BCF＋∠ACE＝90°，∠ACE＝∠AEC，∠AEC＋∠GED＝90°，よって，∠BCF＝∠GED

1 (2) 三角形の合同条件「1 組の辺とその両端の角がそれぞれ等しい」を使って証明する。

確認のワーク ステージ1
2節 平行四辺形
1 平行四辺形の性質
2 平行四辺形になる条件

例1 平行四辺形の性質

教 p.147 → 基本問題 1

右の図の ▱ABCD の対角線 BD 上に，∠BAE＝∠DCF となるように点 E，F をとります。このとき，EA＝FC であることを証明しなさい。

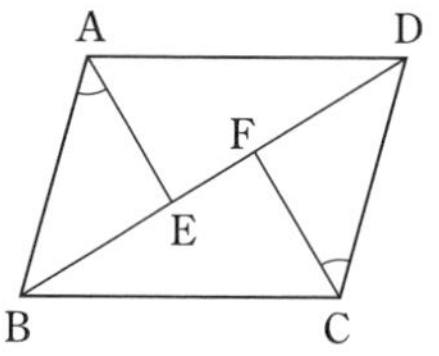

考え方 2 組の対辺(たいへん)がそれぞれ平行である四角形を平行四辺形という。△ABE と △CDF の合同から EA＝FC を示す。

証明 △ABE と △CDF において，

平行四辺形の対辺は等しいから ＜平行四辺形の性質

AB＝[①　　] ……①

仮定から ∠BAE＝∠DCF ……②

平行線の錯角は等しいから，AB∥DC より ＜平行線の性質

∠ABE＝[②　　] ……③

①，②，③より，[③　　　　] がそれぞれ等しいから △ABE≡△CDF （三角形の合同条件）

合同な図形の対応する辺の長さは等しいから EA＝FC

たいせつ

平行四辺形の性質

1. 平行四辺形の 2 組の対辺は，それぞれ等しい。（↑四角形の向かい合う辺）
2. 平行四辺形の 2 組の対角(たいかく)は，それぞれ等しい。（↑四角形の向かい合う角）
3. 平行四辺形の対角線は，それぞれの中点で交わる。

例2 平行四辺形になる条件

教 p.150 → 基本問題 2

右の図の四角形 ABCD で，AB＝CD，AD＝CB のとき，四角形 ABCD は平行四辺形であることを証明しなさい。

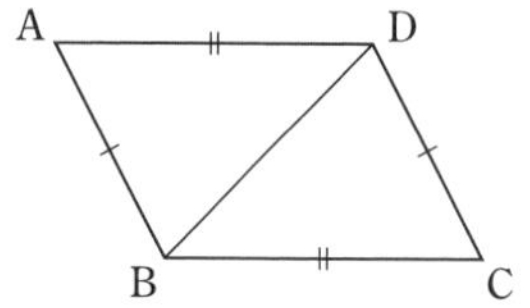

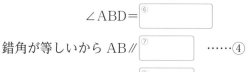

考え方 AB∥DC，AD∥BC になることを証明する。

証明 △ABD と △CDB において，

仮定から AB＝CD ……① AD＝CB ……②

また [④　　] は共通 ……③

①，②，③より，[⑤　　　　] がそれぞれ等しいから

△ABD≡△CDB

合同な図形の対応する角の大きさは等しいから

∠ABD＝[⑥　　]

錯角が等しいから AB∥[⑦　　] ……④

同じようにして AD∥[⑧　　] ……⑤

④，⑤より，2 組の対辺がそれぞれ [⑨　　] だから，四角形 ABCD は平行四辺形である。

ここがポイント

三角形が合同
↓
錯角が等しい
↓
対辺が平行

「同じようにして」は，その前のことと同じような手順で証明できるということだよ。

基本問題

解答 p.31

1 平行四辺形の性質　次の問いに答えなさい。

教 p.147 問2～問5

(1)　次の図の ▱ABCD で，x，y の値（あたい）を求めなさい。

㋐

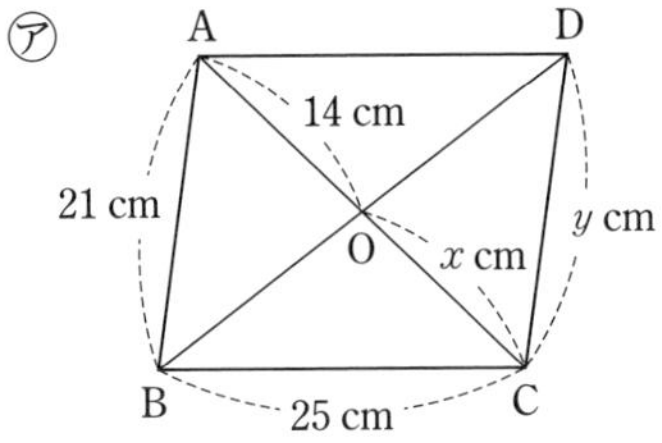

㋑

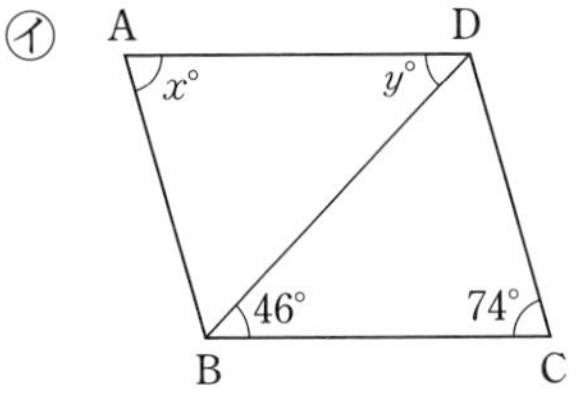

(2)　▱ABCD の対角線 BD 上に，BE＝DF となる点 E，F をとると，AE＝CF であることを証明しなさい。

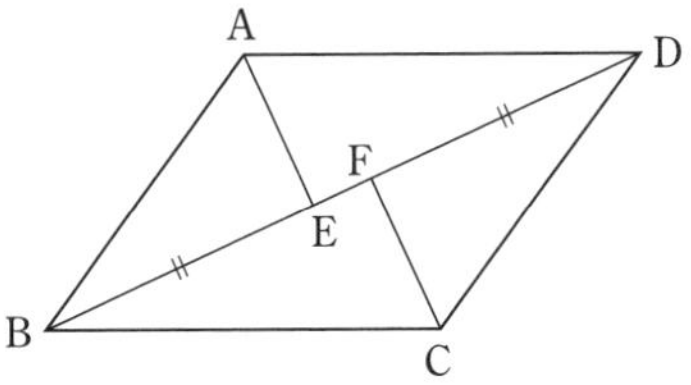

覚えておこう

平行四辺形の定義と性質

（▱ABCD とする）

[定義] AB∥DC，AD∥BC

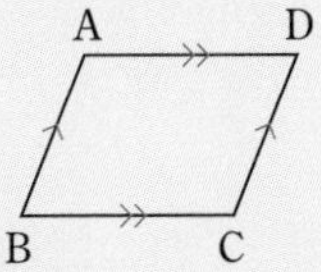

[性質]

1 AB＝DC，AD＝BC

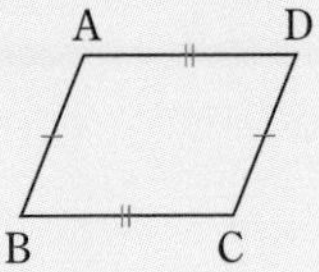

2 ∠A＝∠C，∠B＝∠D

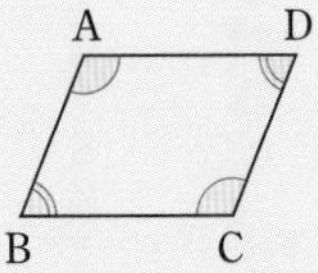

3 AO＝CO，BO＝DO

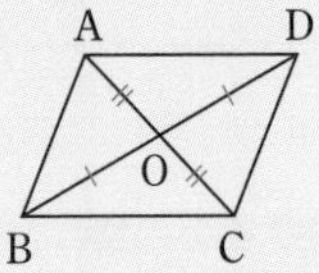

2 平行四辺形になる条件　次の図の四角形 **ABCD** において，**AB＝DC**，**AB∥DC** のとき，四角形 **ABCD** は平行四辺形であることを，次の順に証明しなさい。

教 p.149 問2

(1)　△ABC≡△CDA であることを証明しなさい。

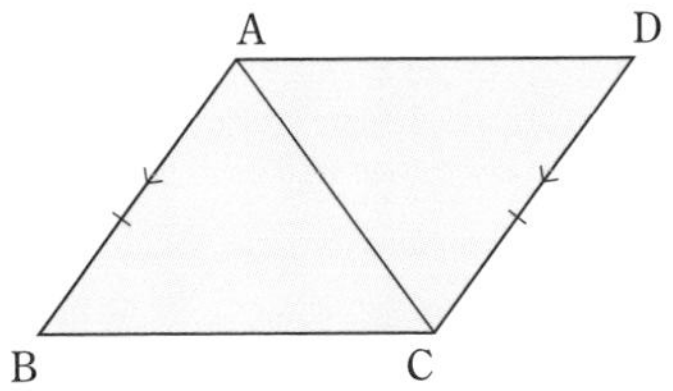

(2)　△ABC≡△CDA であることを使って，四角形 ABCD が平行四辺形であることを証明しなさい。

ここがポイント

四角形の 2 組の対辺が，それぞれ平行であれば平行四辺形といえる。そのために，AB∥DC，AD∥BC を証明する。

(1)　2 組の辺とその間の角が等しいことから △ABC≡△CDA を証明する。

(2)　△ABC≡△CDA を使って，AD と BC の錯角から AD∥BC を導き，2 組の対辺が平行になることを証明する。

左ページの 例 の答え　① CD　② ∠CDF　③ 1 組の辺とその両端の角　④ BD　⑤ 3 組の辺　⑥ ∠CDB　⑦ DC　⑧ BC　⑨ 平行

確認のワーク ステージ1

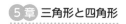

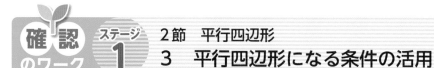

2節 平行四辺形
3 平行四辺形になる条件の活用

例1 平行四辺形になる条件の活用

教 p.151〜152 → 基本問題 1

▱ABCD の辺 AD，CB の延長上に，DE＝BF となる点 E，F を右の図のようにとります。このとき，四角形 AFCE は平行四辺形であることを証明しなさい。

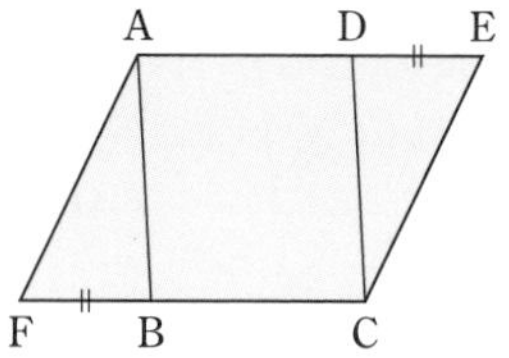

考え方 1 組の対辺が平行で，その長さが等しいことから証明する。

証明 四角形 ABCD は平行四辺形だから

AD∥BC ……①
AD＝BC ……② （平行四辺形の性質）

仮定から DE＝BF ……③

①から AE∥[①] ……④

また，AE＝AD＋DE，FC＝BF＋BC だから，②，③より

AE＝[②] ……⑤

④，⑤より，[③] が平行で，その長さが等しいから，

四角形 AFCE は平行四辺形である。（平行四辺形になる条件）

例2 平行四辺形になる条件の活用

教 p.151〜152 → 基本問題 1 2

▱ABCD の対角線 AC 上に，AE＝CF となる点 E，F を右の図のようにとります。このとき，四角形 EBFD は平行四辺形であることを証明しなさい。

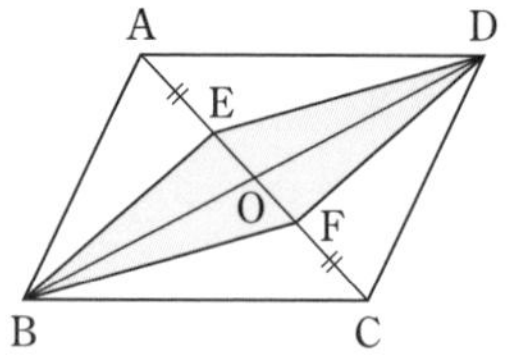

考え方 対角線が，それぞれの中点で交わることから証明する。

証明 四角形 ABCD は平行四辺形だから

BO＝DO ……①
AO＝[④] ……② （平行四辺形の性質）

仮定から AE＝CF……③

また EO＝AO－AE，FO＝CO－CF だから，②，③より

EO＝[⑤]……④

①，④より，対角線が，[⑥] から，（平行四辺形になる条件）

四角形 EBFD は平行四辺形である。

基本問題

解答 p.32

1 平行四辺形になる条件の活用　▱ABCD をもとに，次の(1)〜(4)のようにしてつくった四角形は平行四辺形であることを証明しなさい。

教 p.152 問2〜問4

(1) 右の図で，四角形 EBCF が平行四辺形であるときの四角形 AEFD

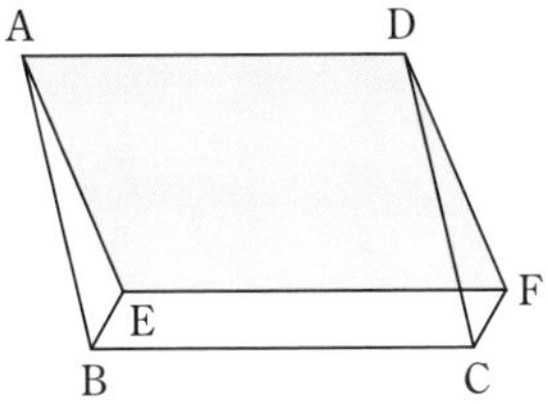

(2) 右の図で，AE＝CG，BF＝DH であるときの四角形 EFGH

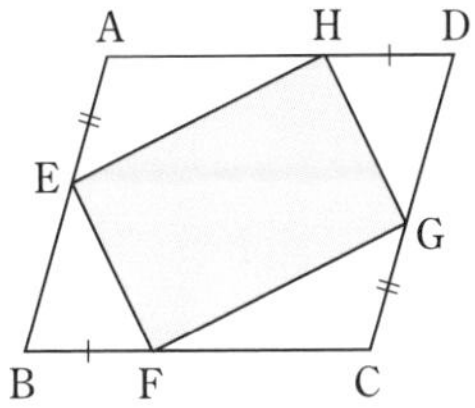

(3) 右の図で，BE＝DF であるときの四角形 AECF

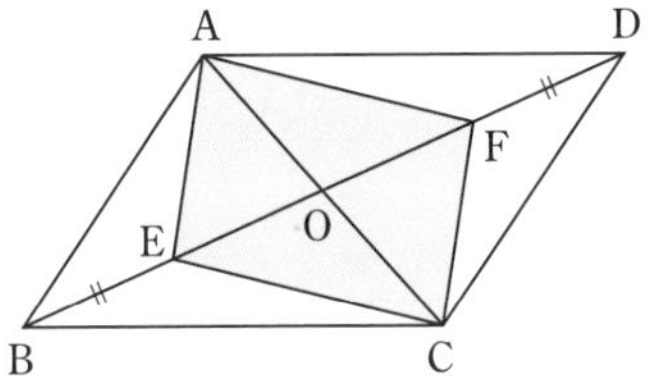

(4) 右の図で，∠ABF＝∠CDH，∠BAF＝∠DCH であるときの四角形 EFGH

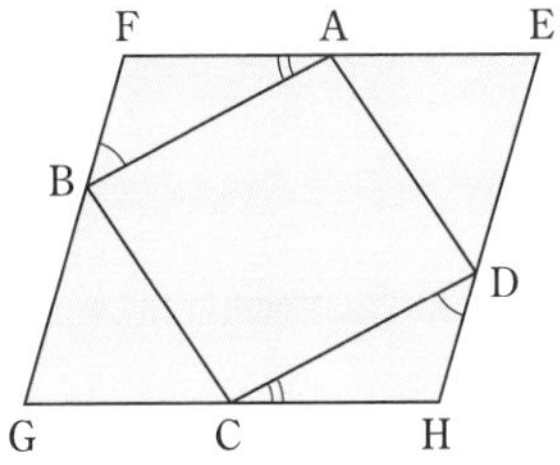

ここがポイント

平行四辺形になる5つの条件のうち，どの条件にあてはまるかに着目する。

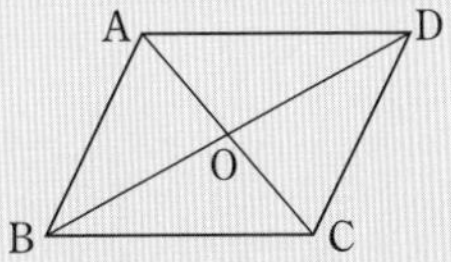

1 2組の**対辺**がそれぞれ平行である。(定義)
➡AB∥DC，AD∥BC

2 2組の**対辺**がそれぞれ等しい。
➡AB＝DC，AD＝BC

3 2組の**対角**がそれぞれ等しい。
➡∠A＝∠C，∠B＝∠D

4 対角線がそれぞれの中点で交わる。
➡OA＝OC，OB＝OD

5 1組の**対辺**が平行で，その長さが等しい。
➡AD∥BC，AD＝BC
(AB∥DC，AB＝DC)

2 平行四辺形になる条件の活用　▱ABCDにおいて，辺 AB，BC，CD，DA の中点をそれぞれ E，F，G，H とします。このとき，線分 AF，BG，CH，DE でできる図の四角形 KLMN は平行四辺形であることを証明しなさい。

教 p.152 問2〜問4

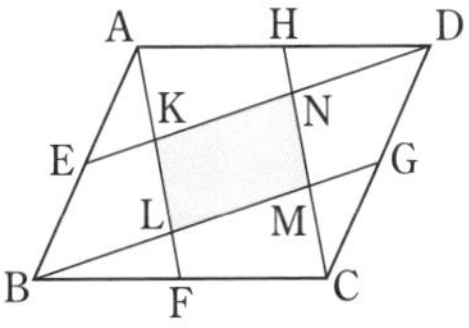

5章

左ページの例の答え　①FC　②FC　③1組の対辺　④CO　⑤FO　⑥それぞれの中点で交わる

確認のワーク ステージ1　2節 平行四辺形
4　特別な平行四辺形

例1 特別な平行四辺形の定義
教 p.153 → 基本問題 1

▱ABCD において，∠B＝90° のとき，四角形 ABCD は長方形であることを証明しなさい。

考え方 長方形であることを証明するには，4 つの角がすべて等しいことを示す。

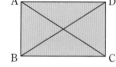

証明 平行四辺形の対角は等しいから

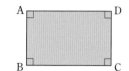

∠A＝∠C　……①　　∠B＝∠D……②　＜2 組の対角がそれぞれ等しい

②と仮定より　∠B＝∠D＝① [　　　] °……③

四角形の内角の和は 360° だから

∠A＋∠C＝360°−(∠B＋∠D)＝360°−(90°×2)＝② [　　　] °　……④

①，④より　∠A＝∠C＝90°　……⑤　＜∠A＝∠C＝180°÷2

③，⑤より，4 つの角がすべて等しいから四角形 ABCD は長方形である。

（∠A＝∠B＝∠C＝∠D＝90°）

例2 特別な平行四辺形の対角線
教 p.155 → 基本問題 2 3 4

▱**ABCD に次の条件を加えると，何という四角形になりますか。**

(1)　AC＝BD　　　(2)　AC⊥BD

考え方 4 つの角，4 つの辺が等しいかどうかを考える。

解き方 (1)　△ABC と △DCB において

平行四辺形の対辺は等しいから　AB＝③ [　　　]　……①

また，BC は共通　……②　仮定より　AC＝DB　……③

①，②，③より　△ABC≡④ [　　　]　＜3 組の辺がそれぞれ等しい

よって　∠ABC＝∠DCB　＜合同な図形の対応する角の大きさは等しい

平行四辺形の対角は等しいから，4 つの角がすべて等しくなるので ⑤ [　　　] である。

(2)　対角線 AC と BD の交点を O とする。

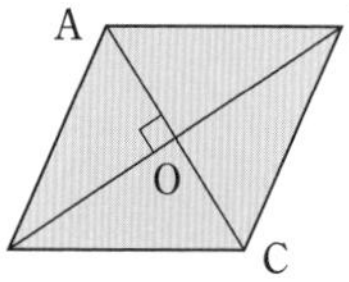

△ABO と △ADO において

平行四辺形の対角線は，それぞれの中点で交わるから

BO＝⑥ [　　　]　……①　AO は共通　……②

AC⊥BD だから　∠AOB＝∠AOD＝90°　……③

①，②，③より　△ABO≡⑦ [　　　]　＜2 組の辺とその間の角がそれぞれ等しい

よって　AB＝⑧ [　　　]　＜合同な図形の対応する辺の長さは等しい

平行四辺形の対辺は等しいから，4 つの辺がすべて等しくなるので ⑨ [　　　] である。

基本問題

解答 p.33

1 特別な平行四辺形の定義　次の問いに答えなさい。 教 p.153 問1

(1)　▱ABCD において，AB＝BC のとき，四角形 ABCD はひし形であることを証明しなさい。

(2)　ひし形 ABCD において，∠A＝∠B のとき，四角形 ABCD は正方形であることを証明しなさい。

覚えておこう

長方形，ひし形，正方形の定義

長方形… 4つの角がすべて等しい四角形

ひし形… 4つの辺がすべて等しい四角形

正方形… 4つの角がすべて等しく，4つの辺がすべて等しい四角形

2 特別な平行四辺形の性質　正方形 ABCD において，対角線の交点をOとします。 教 p.154 問2～問4

(1)　AC＝DB であることを証明しなさい。

(2)　AO＝BO であることを証明しなさい。

(3)　AC⊥BD であることを証明しなさい。

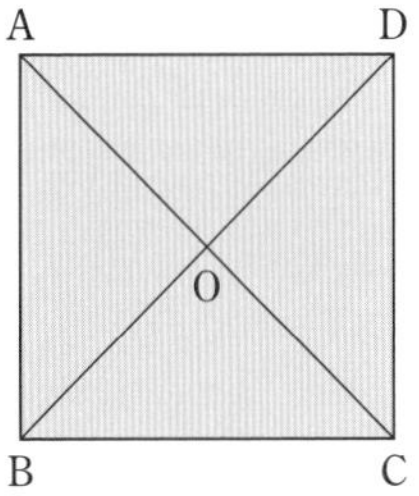

覚えておこう

対角線の性質

長方形の対角線

長さが等しい。

ひし形の対角線

垂直に交わる。

正方形の対角線

長さが等しく，垂直に交わる。

3 特別な平行四辺形の性質　▱ABCD に次の条件を加えると，どんな四角形になりますか。 教 p.155 問5

(1)　∠A＝∠B

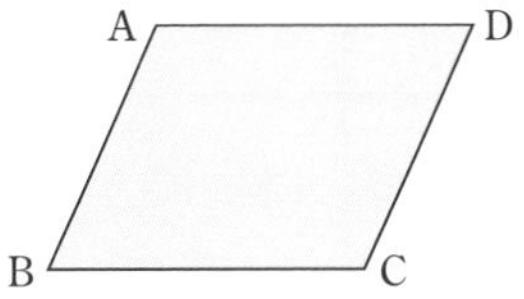

(2)　AB＝BC，∠C＝90°

覚えておこう

長方形，ひし形，正方形は，いずれも平行四辺形の特別な場合である。また，正方形は，長方形の特別な場合であり，ひし形の特別な場合でもある。

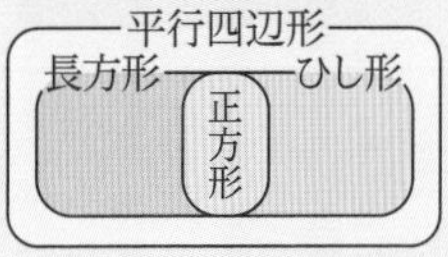

4 長方形になる条件　▱ABCD の辺 AD の中点をMとするとき，MB＝MC ならば，この ▱ABCD は長方形であることを証明しなさい。 教 p.155 やってみよう

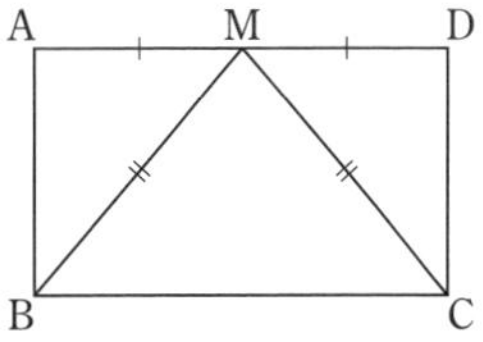

左ページの例の答え　①90　②180　③DC　④△DCB　⑤長方形　⑥DO　⑦△ADO　⑧AD　⑨ひし形

確認のワーク ステージ1 2節 平行四辺形
5 平行線と面積

例1 面積が等しい三角形
教 p.157 → 基本問題 1 2

△ABC において，辺 BC の中点を M とし，AM の中点を N とします。このとき，△ABN＝△NMC であることを証明しなさい。

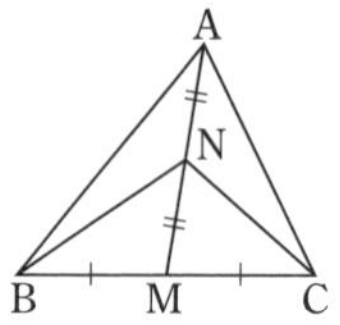

考え方 底辺と高さが等しければ，三角形の面積は等しいことから考える。

証明 △ABN と △NBM において

仮定より　AN＝①

また，AN，NM を底辺としたときの高さは共通

底辺と高さがそれぞれ等しいから

△ABN＝②　……①

△NBM と △NMC において

仮定より　BM＝③

また，BM，MC を底辺としたときの④　は共通

底辺と高さがそれぞれ等しいから

△NBM＝⑤　……②

①，②より　△ABN＝△NMC

たいせつ

底辺と高さがそれぞれ等しい三角形の面積は等しい。

例

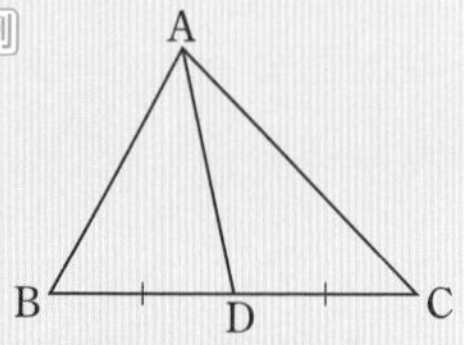

△ABD＝△ADC

例2 面積を変えずに図形を変形すること
教 p.157 → 基本問題 3

四角形 ABCD の頂点 D を通り，対角線 AC と平行な直線 ℓ と，辺 BC の延長との交点を E とします。このとき，四角形 ABCD＝△ABE であることを証明しなさい。

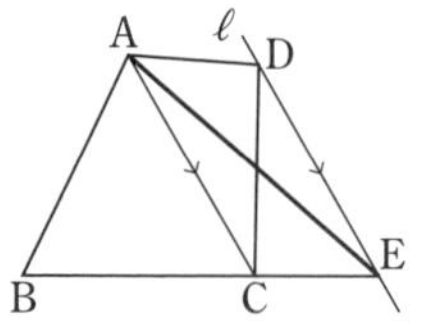

考え方 四角形 ABCD＝△ABC＋△ACD なので，△ACD＝△ACE を証明する。

証明 △ACD と △ACE において

仮定から　AC∥DE

AC を底辺とすると高さは等しいので

△ACD＝⑥　……①

また，四角形 ABCD＝△ABC＋⑦　……②

△ABE＝△ABC＋⑧　……③

①，②，③より　四角形 ABCD＝△ABE

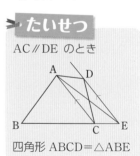

たいせつ

AC∥DE のとき

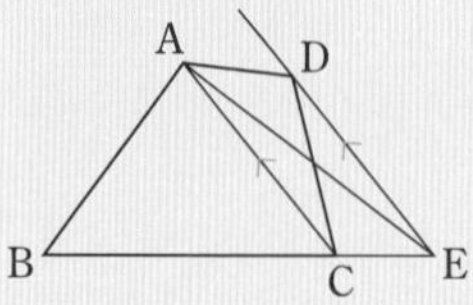

四角形 ABCD＝△ABE

基本問題

解答 p.34

1 面積が等しい三角形 AD∥BC の台形 ABCD で，対角線の交点をOとします。このとき，次の三角形と面積の等しい三角形はどれですか。 教 p.156 問1

(1) △ABC

(2) △AOB

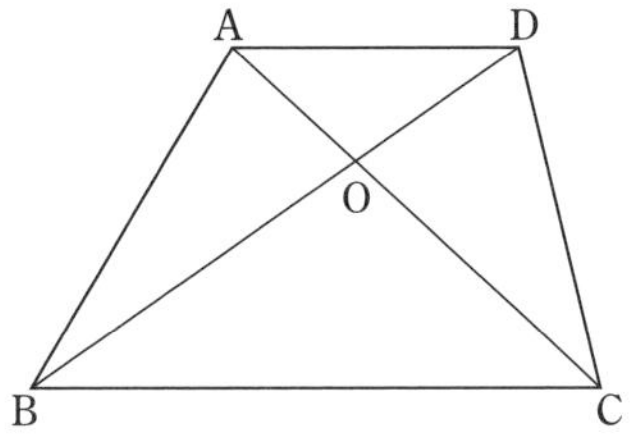

ここがポイント
面積が等しいことを示すには，三角形を，面積を変えずに変形することのほかに，他の部分との和や差に着目する。

2 面積が等しい三角形 右の図の △ABC において，辺 BC の中点をMとし，AM 上に点Pをとります。このとき，△ABP＝△ACP であることを証明しなさい。 教 p.157 問2

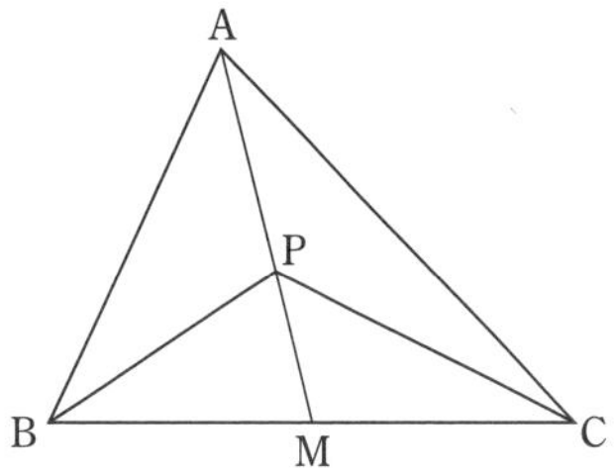

3 面積を変えずに図形を変形すること 次の問いに答えなさい。 教 p.157 問4

(1) 下の図の五角形 ABCDE と，面積の等しい三角形 AFG をつくります。点 F，G は辺 CD の延長上にあるものとして，点 F，G をそれぞれ作図によって求めなさい。

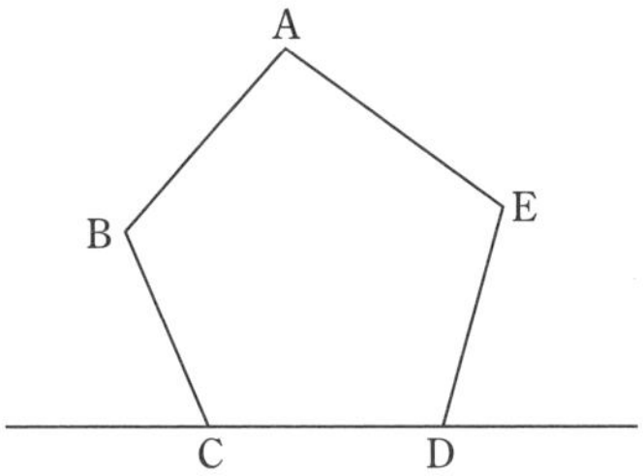

(2) 下の図のように，四角形 ABCD の土地が折れ線 PQR を境界として，２つに分けられています。２つの土地の面積を変えないで，Pを通る線分 PS に境界線を改めます。どのような境界線をひけばよいですか。下の図にかきなさい。

△PRQ を考え，△PRQ と面積の等しい三角形の頂点が BC 上にくるように頂点Qを通る平行線をひくよ。

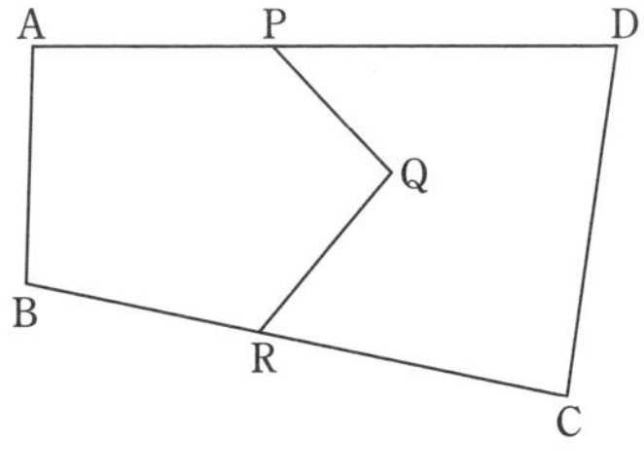

5章

左ページの例の答え ① NM ② △NBM ③ MC ④ 高さ ⑤ △NMC ⑥ △ACE ⑦ △ACD ⑧ △ACE

解答 p.35

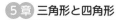

定着のワーク ステージ2　2節　平行四辺形

1 右の図の ▱ABCD で，BP は ∠ABC の二等分線です。

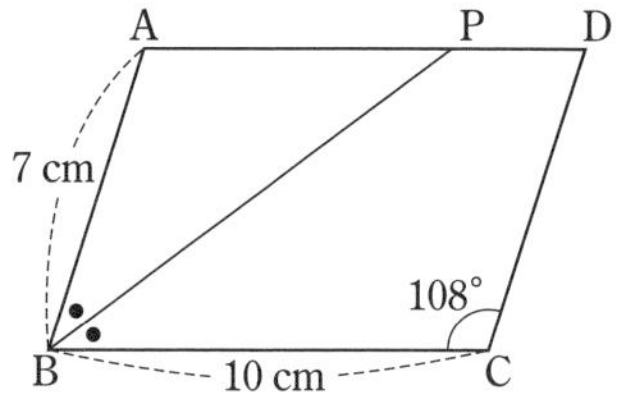

(1) ∠D の大きさを求めなさい。

(2) ∠APB の大きさを求めなさい。

(3) 線分 PD の長さを求めなさい。

2 右の図で，AD∥BF，BC＝CF，DE＝EC です。このとき，四角形 ABCD が平行四辺形であることを証明しなさい。

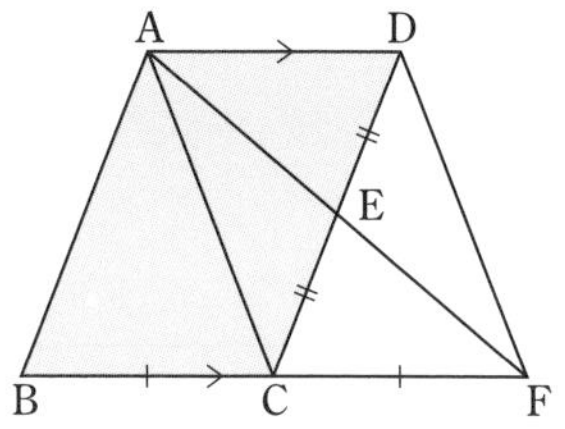

3 次の㋐～㋔の条件を満たす四角形 ABCD のうち，必ず平行四辺形になるものをすべて選び，記号で答えなさい。ただし，対角線 AC と BD の交点を O とします。

㋐ AB＝7 cm，BC＝12 cm，CD＝7 cm，DA＝12 cm

㋑ AD∥BC，AB＝5 cm，DC＝5 cm

㋒ △AOD≡△COB

㋓ ∠A＝80°，∠B＝100°，∠C＝80°

㋔ AO＝3 cm，BO＝5 cm，CO＝3 cm，DB＝10 cm

4 右の図の長方形 ABCD で，各辺の中点をそれぞれ P，Q，R，S とします。このとき，四角形 PQRS はひし形であることを証明しなさい。

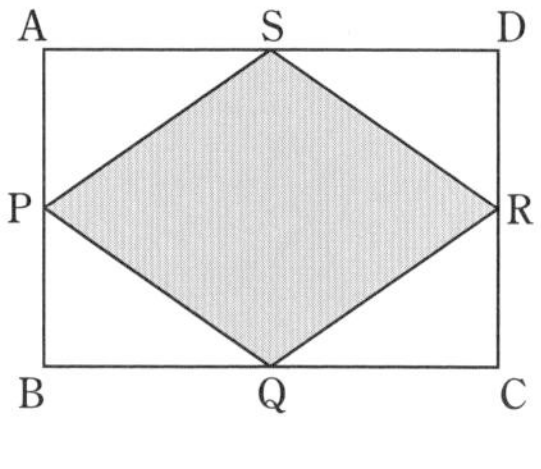

よく出る **5** 右の図の ▱ABCD で，BD∥EF のとき，△ABE と面積が等しい三角形をすべて見つけなさい。

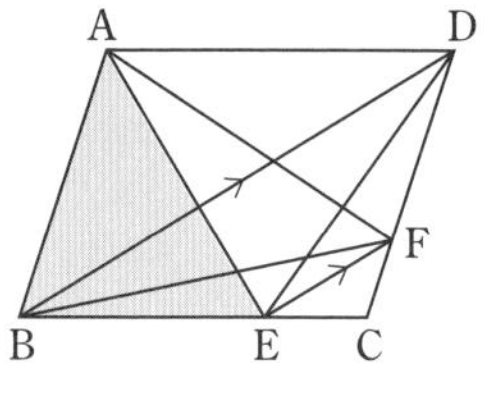

ヒントの森

2 △AED≡△FEC を証明し，AD＝FC から AD＝BC を示す。

4 △APS≡△BPQ≡△CRQ≡△DRS がいえればよい。

5 平行ならば高さが等しいことから考える。

6 右の図のように，▱ABCD の頂点 B，D から対角線 AC に垂線をひき，その交点を E，F とします。このとき，四角形 EBFD は平行四辺形であることを証明しなさい。

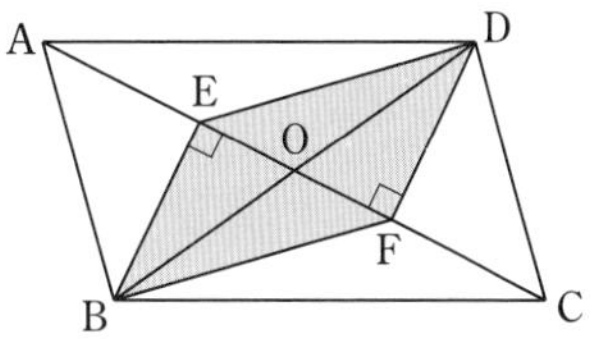

7 右の図の ▱ABCD で，4 つの内角の二等分線を，それぞれ，AP，BQ，CQ，DP とし，AP と BQ の交点を R，CQ と DP の交点を S とします。このとき，四角形 QRPS は長方形であることを証明しなさい。

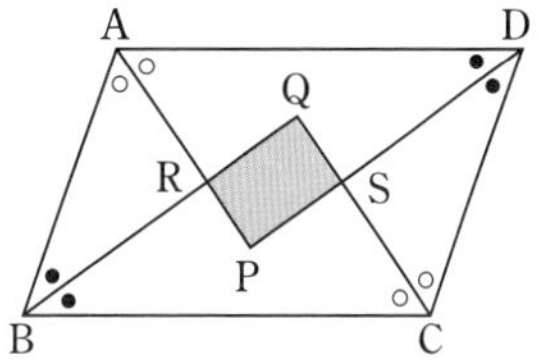

8 **右の図で，▱ABCD の辺 DC 上に点 E をとり，BE の延長と AD の延長との交点を F とします。**

(1) △ADE＝△BDE を証明しなさい。

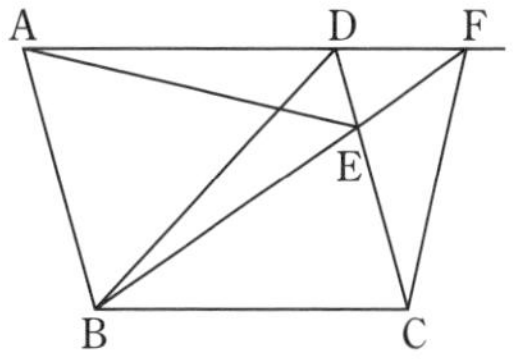

(2) △BDE＝△EFC を証明しなさい。

入試問題をやってみよう！

1 右の図のような平行四辺形 ABCD があります。このとき，∠x の大きさを求めなさい。〔佐賀〕

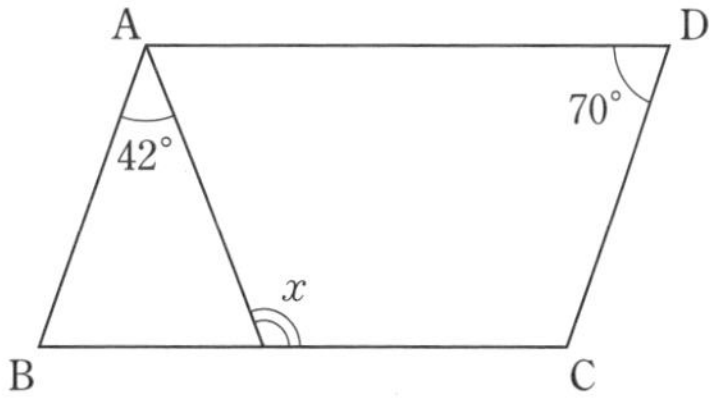

7 ∠DAB＋∠ABC＝180° だから，∠**RAB**＋∠**RBA**＝**90**° である。

8 (2) △BDE＝△DBC－△EBC，△EFC＝△FBC－△EBC

1 平行四辺形の 2 組の対角は，それぞれ等しい。

解答 p.37

実力判定テスト ステージ3 三角形と四角形

40分 /100

よく出る **1** 次の図で，$\angle x$ の大きさを求めなさい。 5点×4(20点)

(1) AB＝AC

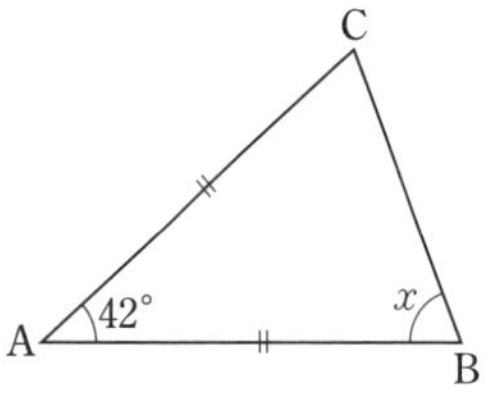

(　　　　　　)

(2) AC＝BC

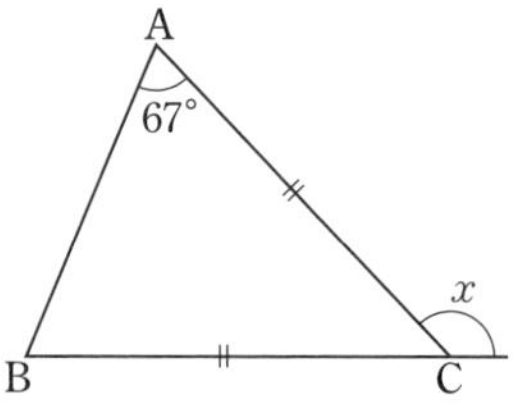

(　　　　　　)

(3) AB＝AC＝CD

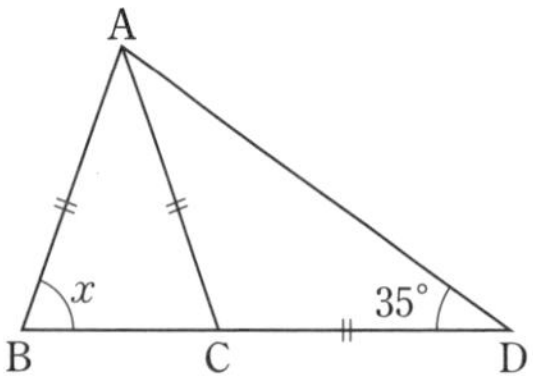

(　　　　　　)

(4) AD＝BD＝CD

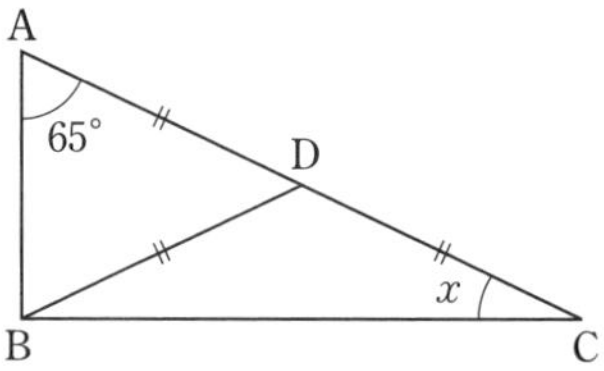

(　　　　　　)

2 右の図の ▱ABCD で，点Eは辺 AD 上の点で，AB＝AE です。$\angle$C の大きさを a° とするとき，$\angle$CBE の大きさを a を用いて表しなさい。 (10点)

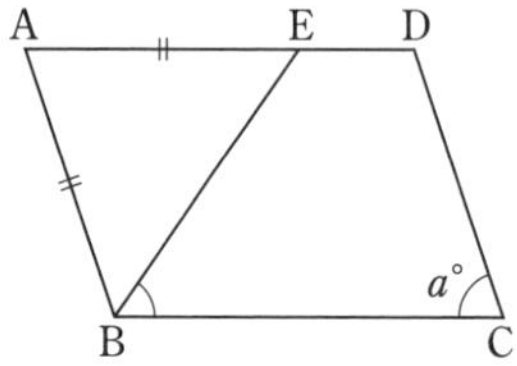

(　　　　　　)

3 右の図のように，線分 BD 上に点Cをとり，BC，CD をそれぞれ1辺とする正三角形 ABC，ECD を，線分 BD について同じ側につくります。 5点×2(10点)

(1) $\angle$BCE と大きさの等しい角を答えなさい。

(　　　　　　)

(2) BE＝AD であることを証明しなさい。

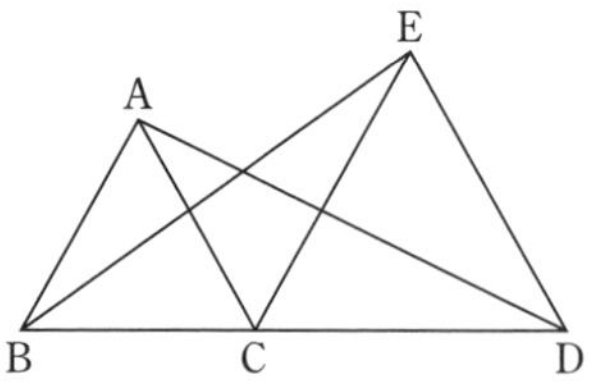

目標 ❶は基本的な計算問題。確実に解けるようにしよう。❸，❹は基本的な合同の証明。できるようにしよう。

自分の得点まで色をぬろう！
がんばろう！ もう一歩 合格！
0 60 80 100点

❹ 右の図のように，▱ABCD の頂点 A，C から，対角線 BD にそれぞれ垂線 AE，CF をひきます。 10点×2（20点）

(1) △AED≡△CFB を証明しなさい。

［　　　　］

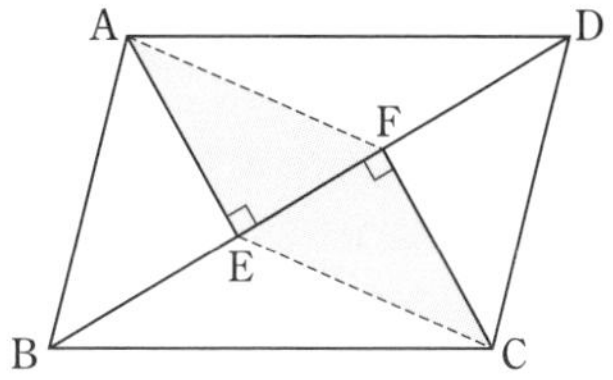

(2) 四角形 AECF が平行四辺形であることを証明しなさい。

［　　　　］

❺ ▱ABCD において，辺 AD，BC の中点をそれぞれ E，F とし，AF と BE，CE と DF の交点をそれぞれ G，H とします。このとき，四角形 EGFH は平行四辺形であることを証明しなさい。 （10点）

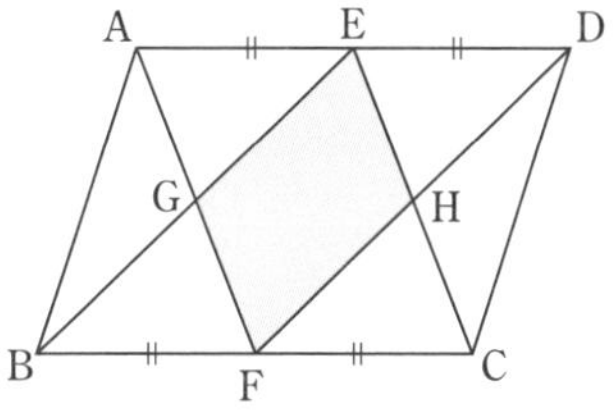

［　　　　］

❻ 次のような条件を満たす四角形 ABCD は，どのような四角形になるか答えなさい。ただし，対角線 AC，BD の交点を O とします。 5点×4（20点）

(1) ∠A＝∠C，∠B＝∠D，BC＝CD　（　　　　）

(2) ∠A＝∠B，AB＝BC＝CD＝DA　（　　　　）

(3) ∠C＝∠D，AB＝DC，AB∥DC　（　　　　）

(4) ∠A＝∠B＝∠C＝∠D，AB＝BC　（　　　　）

❼ △ABC があります。辺 BC 上の点 P を通り，△ABC の面積を 2 等分する直線 PQ をひきなさい。ただし，BC の中点を M とします。 （10点）

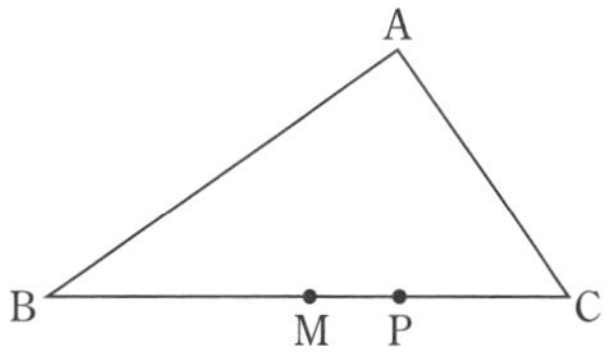

アプリ【どこでもワーク計算編・図形編】をやって，さらに力をつけよう！

5章

確認のワーク ステージ1

1節　データの分布の比較
1　四分位数と箱ひげ図　2　四分位数の求め方と箱ひげ図のかき方
3　四分位範囲と箱ひげ図　4　多数のデータの分布の比較

例1 四分位範囲

教 p.164, 167, 170 → 基本問題 1

次のデータは，ある学級の生徒 10 人のテストの得点を，低い順に並べたものです。

54	65	70	74	77	85	88	91	95	100（単位は点）

(1)　このデータの四分位数を求めなさい。　(2)　このデータの四分位範囲を求めなさい。

考え方 (1)　データの中央値が第 2 四分位数である。
1 〜 5 番目のデータの中央値が第 1 四分位数，
6 〜10 番目のデータの中央値が第 3 四分位数である。
(2)　第 3 四分位数から第 1 四分位数をひいた値を四分位範囲（しぶんいはんい）という。

四分位数
データを小さい順に並べて 4 等分したとき，3 つの区切りの値を四分位数（しぶんいすう）といい，小さい順に，第 1 四分位数，第 2 四分位数，第 3 四分位数という。

解き方 (1)　第 2 四分位数はデータの中央値だから，①　　点 ← $\frac{77+85}{2}$

第 1 四分位数は，②　　点　　第 3 四分位数は，③　　点

1 〜 5 番目のデータの中央値 ↑　　↑ 6 〜10番目のデータの中央値

(2)　④　　−⑤　　=⑥　　（点）

例2 箱ひげ図

教 p.165, 168 → 基本問題 2

右の図は，ある中学校の 2 年生 100 人の数学，英語，国語のテストの得点のデータを箱ひげ図で表したものです。

(1)　四分位範囲が最も小さいのは，どの教科ですか。
(2)　74 点以下の生徒が 50 人以上いるのは，どの教科ですか。

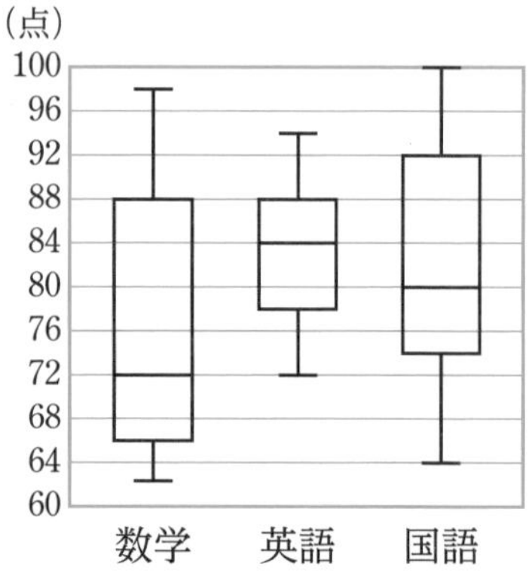

考え方 (1)　箱ひげ図の箱の長さが最も短い教科を見つける。
(2)　中央値で比べる。

解き方 (1)　箱ひげ図の箱の長さを比べると，英語がいちばん短いので，四分位範囲が最も小さい教科は⑦　　である。

(2)　各教科のデータの中央値は，数学が⑧　　点，英語が⑨　　点，国語が⑩　　点である。得点が中央値以下の生徒は半数の 50 人以上いるから，⑪　　があてはまる。

箱ひげ図
データの最小値，第 1 四分位数，中央値（第 2 四分位数），第 3 四分位数，最大値を箱と線分（ひげ）で表した図。

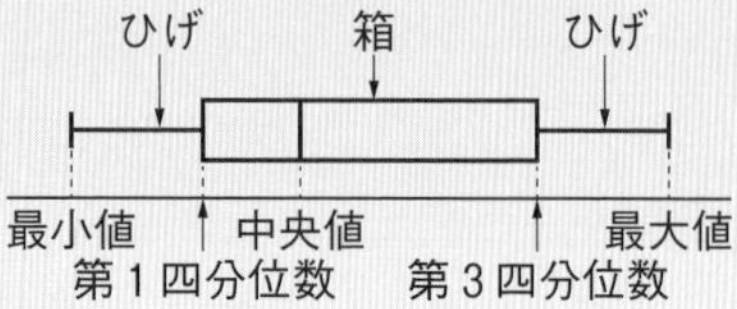

基本問題

解答 p.38

1 **四分位範囲** 次のデータは，ある中学校のA組とB組の一部の生徒について，1年間に図書室で借りた本の冊数を調べて，少ない方から順に整理したものです。 教 p.164, 167, 170

A組	9	12	19	30	36	42	50	56	60	65	
B組	10	22	29	31	35	40	48	52	70		(単位は冊)

(1) A組の四分位数を求めなさい。

(2) B組の四分位数を求めなさい。

(3) A組の四分位範囲を求めなさい。

(4) B組の四分位範囲を求めなさい。

(5) A組の範囲（レンジ）を求めなさい。

2 **箱ひげ図** 次のデータは，2つの市で，最低気温が25°C以上あった日の日数を1年ごとに集計して，低い方から順に整理したものです。 教 p.168

A市	16	24	30	30	34	42	48	
B市	28	34	40	44	48	48	52	(単位は日)

(1) A市の四分位数を求めなさい。

(2) B市の四分位数を求めなさい。

(3) 右の図に，A市とB市のデータの箱ひげ図をかきなさい。

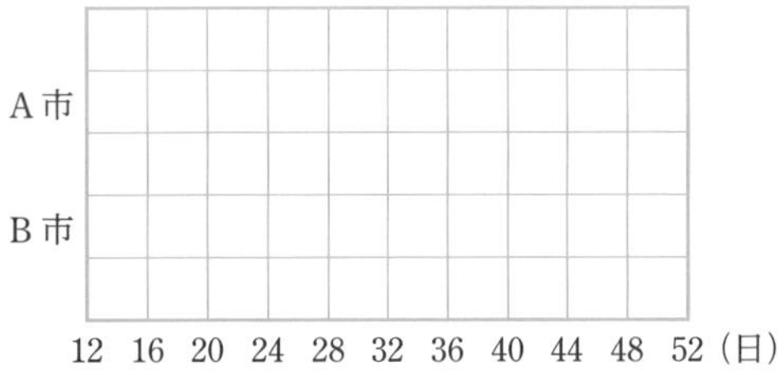

確認のワーク ステージ1 2節 場合の数と確率
1 確率の求め方 2 確率の性質 3 場合の数と確率①

例1 確率の性質

教 p.178 → 基本問題 1

袋(ふくろ)の中に赤玉が 6 個，青玉が 4 個はいっています。この袋から玉を 1 個取り出すとき，次の確率を求めなさい。

(1) 赤玉を取り出す確率
(2) 赤玉，青玉のいずれかを取り出す確率
(3) 赤玉，青玉以外の玉を取り出す確率

考え方 あることがらが決して起こらない確率は 0 で，必ず起こる確率は 1 である。

解き方 (1) 袋の中にある玉の数は，全部で [①] 個。

そのうち赤玉は 6 個だから，1 個取り出したとき赤玉である場合は [②] 通り。

よって，赤玉を取り出す確率は，$\dfrac{6}{[③]}$ = [④]

(2) 袋の中は，赤玉と青玉だけなので，1 個取り出したとき，必ず赤玉か青玉のいずれかになる。＜必ず起こる確率は 1

よって，赤玉，青玉のいずれかを取り出す確率は [⑤]

(3) 袋の中は，赤玉と青玉だけなので，赤玉，青玉以外の玉を取り出すことは決してない。＜決して起こらない確率は 0

よって，赤玉，青玉以外の玉を取り出す確率は [⑥]

たいせつ
確率を p とすると，必ず起こることがらの確率は $p=1$，決して起こらないことがらの確率は $p=0$ である。
また，$0 \leqq p \leqq 1$ である。

例2 さいころの目の出方

教 p.181 → 基本問題 4

2 つのさいころ A，B を同時に投げるとき，2 つの目の数の積が 30 になる確率を求めなさい。

考え方 2 つのさいころを投げたときの確率を考える場合などは，表にするとわかりやすい。起こりうるすべての場合は，下の表の 36 通りで，どれが起こることも同様に確からしい。

解き方 さいころ A，B の目の出方と，そのときの 2 つの目の積について，表にまとめると右のように [⑦] 通りある。このうち，目の積が 30 になるのは，(⚄，⚅) と (⚅，⚄) の 2 通りだから，求める確率は [⑧] である。
↑約分する

A＼B	⚀	⚁	⚂	⚃	⚄	⚅
⚀	1	2	3	4	5	6
⚁	2	4	6	8	10	12
⚂	3	6	9	12	15	18
⚃	4	8	12	16	20	24
⚄	5	10	15	20	25	30
⚅	6	12	18	24	30	36

たいせつ
どの場合が起こることも同じ程度に期待できるとき，どの場合が起こることも同様に確からしいという。

基本問題

解答 p.39

1 確率の性質 袋の中に，赤玉が1個，白玉が2個，青玉が7個はいっています。この袋から玉を1個取り出すとき，次の確率を求めなさい。 教 p.178 問1

(1) 取り出した玉が白玉である確率

(2) 白玉が出ない確率

(3) 取り出した玉が黄玉である確率

覚えておこう

(A の起こる確率)+(A の起こらない確率)=1

したがって，A の起こる確率が p のとき，A の起こらない確率は $1-p$ である。

2 2枚の硬貨 2枚の硬貨（こうか）A，B を投げるとき，次の確率を求めるために，右の樹形図（じゅけいず）を完成させて確率を求めなさい。 教 p.180 問1

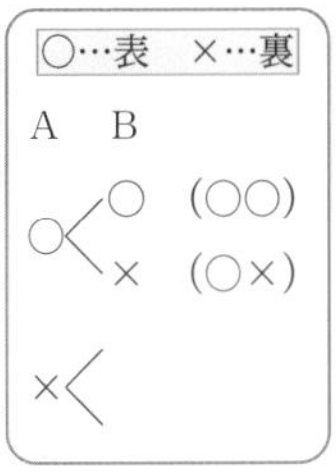

(1) 2枚とも表が出る確率

(2) 少なくとも1枚は表が出る確率

3 3枚の硬貨 3枚の硬貨 A，B，C を投げるとき，次の確率を求めるために，右の樹形図を完成させて確率を求めなさい。 教 p.181 問2

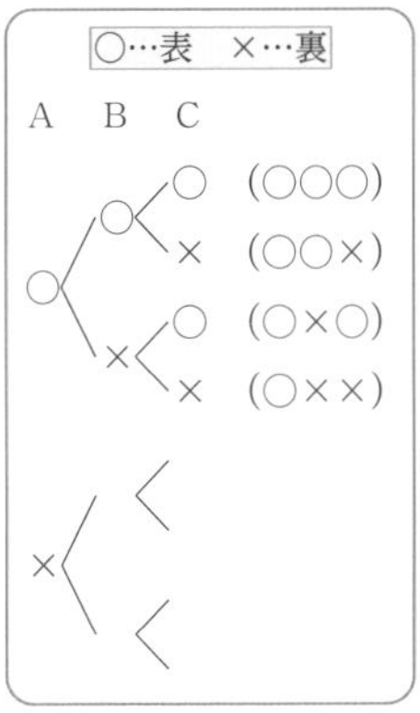

(1) 1枚が表で，2枚が裏になる確率

(2) 少なくとも1枚は表が出る確率

4 2つのさいころの目の出方 2つのさいころ A，B を同時に投げるとき，次の確率を求めなさい。 教 p.181 問3

(1) 2つの目の数の和が12になる確率

(2) 2つの目の数の和が10になる確率

(3) 2つの目の数の積が6になる確率

ミス注意

2つのさいころの目の数の和が10になるのは，(4，6)，(5，5)，(6，4) のときで，(4，6) と (6，4) の組み合わせは同じでないことに注意する。

6章

左ページの例の答え ①10 ②6 ③10 ④$\frac{3}{5}$ ⑤1 ⑥0 ⑦36 ⑧$\frac{1}{18}$

確認のワーク ステージ1
2節 場合の数と確率
4 場合の数と確率②
5 くじのあたりやすさを調べて説明しよう

例1 カードを選ぶ場合の確率

教 p.182 → 基本問題 1 2

[1]，[2]，[3]，[4]，[5]の5枚のカードを裏返してよく混ぜ，そこから2枚を選びます。このとき，2枚とも奇数(きすう)である確率を求めなさい。

考え方 樹形図などを使って，5枚のカードから2枚を選ぶときの選び方や，2枚とも奇数になる場合の数を調べて確率を求める。

解き方 樹形図を使って調べると，下の図のようになる。

ここがポイント 樹形図は，同じ組み合わせのものを消して整理する。

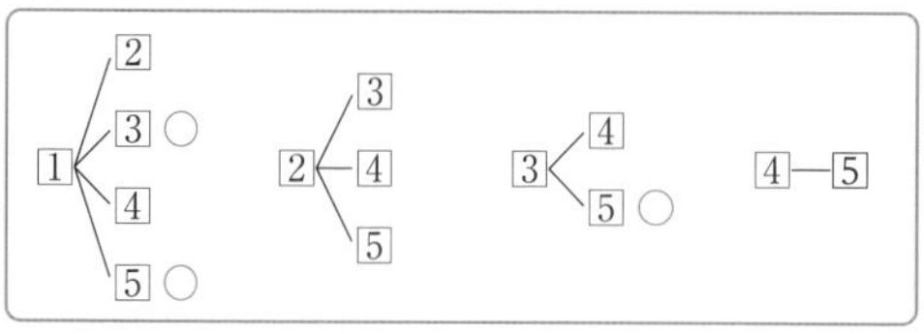

2枚のカードの選び方は，上の樹形図から，全部で ① 通り。

このうち，2枚とも奇数になるのは ② 通り。
（上の図で○のついたところ）

したがって，求める確率は ③ になる。

2枚を選ぶのだから([1]，[2])と([2]，[1])は同じと考えるよ。

例2 もとにもどす場合の確率

教 p.183 → 基本問題 2

[1]，[2]，[3]，[4]，[5]の5枚のカードから1枚を選び，そのカードをもどして，あらためて1枚を選ぶとき，2枚とも奇数である確率を求めなさい。

考え方 樹形図を使って，カードの選び方や，2枚とも奇数になる場合の数を調べる。このとき，取ったカードをもどすので，([1]，[1])などの組み合わせもあることに注意する。

解き方 樹形図を使って調べると，次のようになる。

ミス注意 取ったカードをもとにもどすか，もどさないかで確率が異なることに注意する。

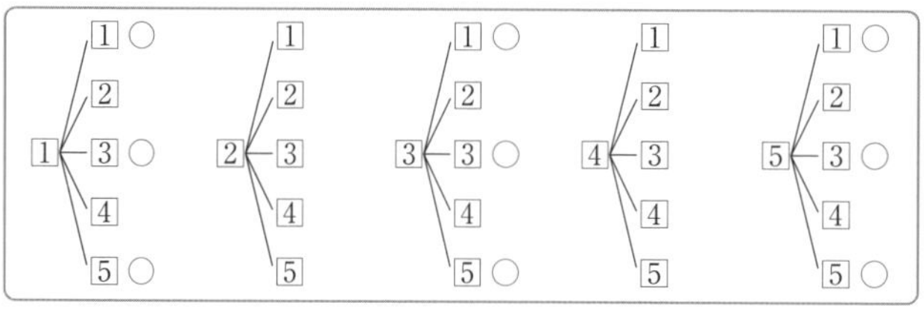

2枚のカードの選び方は，上の樹形図から，全部で ④ 通り。

このうち，2枚とも奇数になるのは ⑤ 通り。
（上の図で○のついたところ）

したがって，求める確率は ⑥ になる。

基本問題

解答 p.39

1 カードを選ぶ場合の確率 [1], [2], [3], [4], [5]の 5 枚のカードを裏返してよく混ぜ，そこから 2 枚を選びます。このとき選んだ 2 枚のカードについて，次の確率を求めなさい。

教 p.182 問 1

(1)　2 枚とも偶数(ぐうすう)である確率

(2)　1 枚が奇数，1 枚が偶数である確率

(3)　少なくとも 1 枚は奇数である確率

たいせつ
2 枚のカードを選ぶから，〔[1], [2]〕と〔[2], [1]〕は同じになるので，1 通りと数えることに注意する。
樹形図をかいて，それぞれの場合の数を数えて確率を求める。

2 玉を取り出す確率 袋(ふくろ)の中に赤玉が 2 個，白玉が 2 個，青玉が 1 個はいっています。

教 p.183 問 3, 問 4

(1)　袋の中から同時に 2 個の玉を取り出すとき，次の確率を求めなさい。

㋐　2 個とも白玉である確率

㋑　白玉と青玉が 1 個ずつである確率

㋒　取り出した 2 個の色がちがう確率

(2)　袋の中から，1 個の玉を取り出し，その玉を袋にもどしてよく混ぜ，あらためて 1 個の玉を取り出すとき，2 回とも白玉である確率を求めなさい。

(2)は，取り出した玉を袋にもどすので，2 回とも同じ玉を取る場合があることに注意しよう。
樹形図は，(1)とは異なる形になるよ。

3 起こりやすさを調べる 4 本のうち，1 本のあたりくじがはいっているくじがあります。このくじを，まず 1 人目が 1 本引き，続いて 2 人目が 1 本引くとき，この 2 人のあたる確率にちがいはありますか。

教 p.184〜185

ここがポイント
2 人目がくじを引くときの起こりうる場合を樹形図に表して，確率を求め，1 人目の確率とくらべる。

左ページの 例 の答え　① 10　② 3　③ $\frac{3}{10}$　④ 25　⑤ 9　⑥ $\frac{9}{25}$

解答 p.39

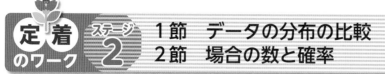

定着のワーク ステージ2
1節 データの分布の比較
2節 場合の数と確率

1 次のデータは，ある中学校の2年A組とB組の何人かの生徒について，ハンドボール投げの記録を調べて，小さい順に並べたものです。

A組	10，12，16，19，20，22，25，27，29，30
B組	9，10，14，17，22，24，26，28，30 （単位は m）

(1) A組の四分位数を求めなさい。

(2) B組の四分位数を求めなさい。

(3) 右の図に，A組とB組のデータの箱ひげ図をかきなさい。

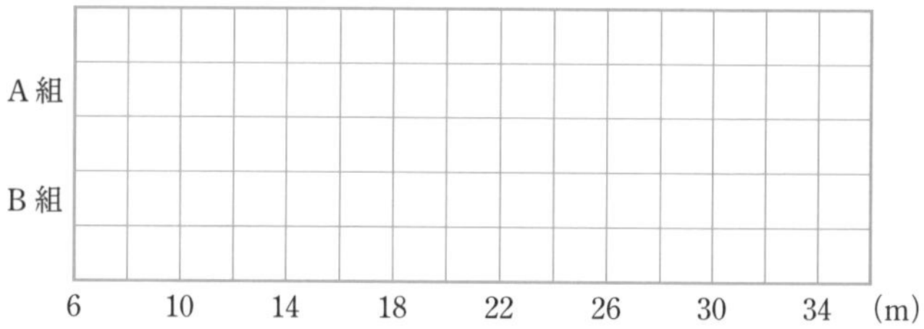

よく出る **2** 2つのさいころ A，B を同時に投げます。

(1) 出る目の数の和が2けたの数となる確率を求めなさい。

(2) 出る目の数の積が12の倍数になる確率を求めなさい。

レベルUP **3** 袋(ふくろ)の中に，同じ大きさの赤玉と白玉が，合わせて12個はいっています。どの玉の出方も同様に確からしいものとして，1個取り出したとき赤玉である確率が $\frac{2}{3}$ であるとすれば，袋の中の赤玉の数は何個であるか答えなさい。

よく出る **4** 1組のトランプのカード52枚を裏返してよく混ぜ，そこから1枚を選ぶとき，次の確率を求めなさい。

(1) ♠のカードを選ぶ確率

(2) ♥または絵札のカードを選ぶ確率

ヒントの森

3 すべての場合の数が12通り，その $\frac{2}{3}$ が赤玉が出る場合の数である。

4 (2) ♥のカードが13枚，♥以外の絵札（J，Q，K）が9枚ある。

5 A, B, C の 3 人の男子と D, E, F の 3 人の女子がいます。この 6 人の中からくじ引きで 2 人の委員を選びます。

(1) 男子 2 人が委員に選ばれる確率を求めなさい。

(2) 男子 1 人，女子 1 人が委員に選ばれる確率を求めなさい。

6 正八面体の 8 つの面のうち，4 面には☆，3 面には■，1 面には●のマークがついたさいころがあります。右の図は，そのさいころの展開図です。このさいころを 2 個同時に投げるとき，最も出やすいマークの組み合わせはどれとどれですか。また，その理由を説明しなさい。

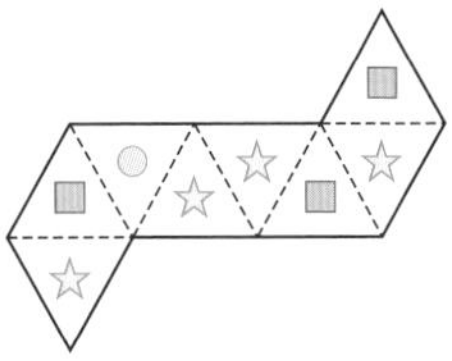

(　　　　　　)

理由 [　　　　　　]

入試問題をやってみよう！

1 500 円，100 円，50 円，10 円の硬貨が 1 枚ずつあります。この 4 枚を同時に投げるとき，次の各問いに答えなさい。〔三重〕

(1) 4 枚のうち，少なくとも 1 枚は裏となる確率を求めなさい。

(2) 表が出た硬貨の合計金額が，510 円以上になる確率を求めなさい。

2 大小 2 つのさいころを同時に投げるとき，大きいさいころの出た目を a，小さいさいころの出た目を b とします。このとき，次の問いに答えなさい。〔富山〕

(1) a と b の和が 5 以下になる確率を求めなさい。

(2) a と b のうち，少なくとも一方は 5 となる確率を求めなさい。

5 樹形図をかいて調べるとわかりやすい。起こりうるすべての場合の数は 15 通りある。

6 組み合わせを表を使って調べるとわかりやすい。

6章

解答 p.41

実力判定テスト ステージ3 データの分布と確率

40分　/100

1 下のデータは，ある中学校の生徒 14 人について，1 年間に図書室を利用した回数を，少ない順に並べたものです。このデータについて，次の(1)〜(3)をそれぞれ求めなさい。

5点×3(15点)

7　12　15　18　20　22　25　27　29　30　32　36　38　39　(単位は回)

(1) 中央値　(　　　)
(2) 第 1 四分位数　(　　　)
(3) 四分位範囲（はんい）　(　　　)

2 1 つのさいころを投げたときに出る目について，次の㋐〜㋔の中から正しいものをすべて選んで，番号で答えなさい。

(10点)

㋐ 6 の目の出る確率は $\frac{1}{6}$ である。

㋑ 6 の目が出ない確率は $\frac{1}{2}$ である。

㋒ 6 回投げると，必ず 1 回は 6 の目が出る。

㋓ 10 回投げて，6 の目が 1 回も出ないことがある。

㋔ 6000 回投げると，6 の目はおよそ 1000 回出ると予想できる。

(　　　)

3 1 から 9 までの数を 1 つずつ記入した 9 枚のカードがあります。このカードを裏返してよく混ぜ，1 枚だけ引いたとき，引いた数が次のようになる確率を求めなさい。

5点×2(10点)

(1) 偶数（ぐうすう）になる確率　(　　　)
(2) 3 の倍数になる確率　(　　　)

よく出る

4 10 円，50 円，100 円の 3 種類の硬貨（こうか）が 1 枚ずつあります。この 3 枚の硬貨を同時に投げます。

5点×3(15点)

(1) 3 枚の硬貨の表と裏の出方は，全部で何通りありますか。

(　　　)

(2) 3 枚の硬貨のうち，表の出た硬貨の金額の合計が次のようになる確率を求めなさい。

㋐ 100 円以下になる確率　(　　　)
㋑ 100 円より多くなる確率　(　　　)

目標 ❶，❷，❸は基本的な問題。確実に解けるようにしよう。❹～❾は樹形図や表をつくって考えよう。

自分の得点まで色をぬろう！
がんばろう！ | もう一歩 | 合格！
0　60　80　100点

5 A，Bの2つのさいころを同時に投げます。出た目が次のようになる確率を求めなさい。
5点×2(10点)

(1) 出た目の数の和が4以下になる確率

(　　　　)

(2) 出た目の数の積が12にならない確率

(　　　　)

6 袋(ふくろ)の中に，赤玉が1個，白玉が2個，青玉が3個はいっています。この袋から，次のようにして2つの玉を取り出します。
5点×2(10点)

(1) 袋の中から1個目の玉を取り出し，続けて2個目の玉を取り出すとき，1個目が赤玉，2個目が白玉になる確率を求めなさい。

(　　　　)

(2) 袋の中から1個の玉を取り出し，その玉を袋にもどしてから，もう1個の玉を取り出したとき，2回とも赤玉である確率を求めなさい。

(　　　　)

7 5本のうち，1本のあたりがはいっているくじがあります。このくじを，まずAが1本引き，続いてBが1本引くとき，A，Bのあたる確率を求めなさい。
5点×2(10点)

A(　　　　)　B(　　　　)

8 男子3人，女子2人の5人の中からくじ引きで委員を3人選ぶとき，3人のうち少なくとも1人は女子が選ばれる確率を求めなさい。
(10点)

(　　　　)

9 箱の中に[1]，[2]，[3]，[4]，[5]の5枚のカードが1枚ずつはいっています。次の(1)，(2)の方法でカードを2回取り出すとき，2つの数の積が偶数となる確率を求めなさい。
5点×2(10点)

(1) 箱の中から1枚取り出し，そのカードを箱にもどしてから，もう1枚カードを取り出す。

(　　　　)

(2) 箱の中から1枚取り出し，そのカードを箱にもどさずに，続けてもう1枚取り出す。

(　　　　)

6章

確認のワーク ステージ1　数学のたんけん 発展 期待値

例1 期待値の計算

教 p.187 → 基本問題1

Aスーパーで福引きをしています。右の表は，福引き券の枚数と景品の内訳です。この福引きの景品の金額の期待値を求めなさい。

Aスーパーの福引きの景品の内訳

	景品の商品券	枚数
1等	5000円分	10枚
2等	1000円分	80枚
3等	100円分	410枚
合計		500枚

考え方 福引き券1枚あたりの景品の金額の平均を求める。このように求めた平均を，Aスーパーの福引きの，景品の金額の期待値という。

解き方 このスーパーの福引き券1枚あたりの，景品の金額の平均を求めると，

$$\frac{5000\times\boxed{①}+1000\times\boxed{②}+100\times\boxed{③}}{500}=\boxed{④}\ (円)$$

（500 ← 福引き券の合計枚数）

また，上の式は，次のようにかきなおすことができる。

$$5000\times\frac{\boxed{①}}{500}+1000\times\frac{\boxed{②}}{500}+100\times\frac{\boxed{③}}{500}=\boxed{④}\ (円)$$

（↑1等の出る確率　↑2等の出る確率　↑3等の出る確率）

よって，この福引きの期待値は ④ 円

基本問題

解答 p.41

1 期待値の計算 右の表は，Bスーパーの福引き券の枚数と景品の内訳です。 教 p.187

Bスーパーの福引きの景品の内訳

	景品の商品券	枚数
1等	5000円分	30枚
2等	1000円分	70枚
3等	100円分	500枚
合計		600枚

(1) 例1と同じようにして，Bスーパーの福引きの期待値を求めなさい。

(2) 上のAスーパーとBスーパーのどちらか一方の福引きに参加する場合，どちらの方に参加するのが有利といえますか。

景品の内訳が違っていても，期待値で比べることができるね。

例の答え ① 10　② 80　③ 410　④ 342

式の計算

単項式・多項式

①単項式 ➡ 数や文字の乗法だけでできている式。

②多項式 ➡ 単項式の和の形で表された式。

③多項式の次数 ➡ 各項の次数のうちでもっとも大きいもの。（次数が n の式を n 次式という。）

多項式の加法・減法

①同類項をまとめる。➡ $ax+bx=(a+b)x$

②加法 ➡ 多項式のすべての項を加える。

$ax+by+cx+dy=(a+c)x+(b+d)y$

③減法 ➡ ひくほうの多項式の各項の符号を変えて加える。

$(ax-by)-(cx-dy)=ax-by-cx+dy$

多項式と数の乗法・除法

①乗法 ➡ 分配法則を使って計算する。

$m(ax+by)=m\times ax+m\times by$

②除法 ➡ 乗法の形になおして計算する。

$(ax+by)\div n=(ax+by)\times\frac{1}{n}$

いろいろな計算

分数の計算では，まず通分し，次に分子のかっこをはずして同類項をまとめる。

例 $\frac{2x-y}{3}-\frac{x+y}{2}=\frac{2(2x-y)}{6}-\frac{3(x+y)}{6}$

$=\frac{2(2x-y)-3(x+y)}{6}$

$=\frac{4x-2y-3x-3y}{6}=\frac{x-5y}{6}$

単項式の乗法・除法

①乗法 ➡ 係数の積に文字の積をかける。

例 $3x\times 2y=(3\times 2)\times(x\times y)=6xy$

②除法 ➡ 方法① 分数の形にして約分する。

$axy\div bx=\frac{axy}{bx}=\frac{ay}{b}$

方法② わる式の逆数をかけて約分する。

$axy\div bx=axy\times\frac{1}{bx}=\frac{ay}{b}$

連立方程式

①加減法 ➡ 両辺を何倍かして，x か y の係数の絶対値をそろえ，左辺どうし，右辺どうしをたしたり，ひいたりして，一方の文字を消去する。

例
$$\begin{cases}4x+3y=10 & \xrightarrow{\times 3} & 12x+9y=30\\ 3x+2y=7 & \xrightarrow{\times 4} & -)\ 12x+8y=28\\ & & y=2\end{cases}$$

②代入法 ➡ $y=(x$の式$)$ または $x=(y$の式$)$ に変形して，他方の方程式に代入し，一方の文字を消去する。

例
$$\begin{cases}x+3y=3 & \to & x=3-3y\\ 3x-2y=-13 & \to & 3(3-3y)-2y=-13\end{cases}$$

$\to 9-9y-2y=-13 \to y=2$

1次関数

1次関数 $y=ax+b$

$$（変化の割合）=\frac{(y\text{ の増加量})}{(x\text{ の増加量})}=a\ [一定]$$

1次関数 $y=ax+b$ のグラフ

➡ 傾きが a，切片が b の直線。

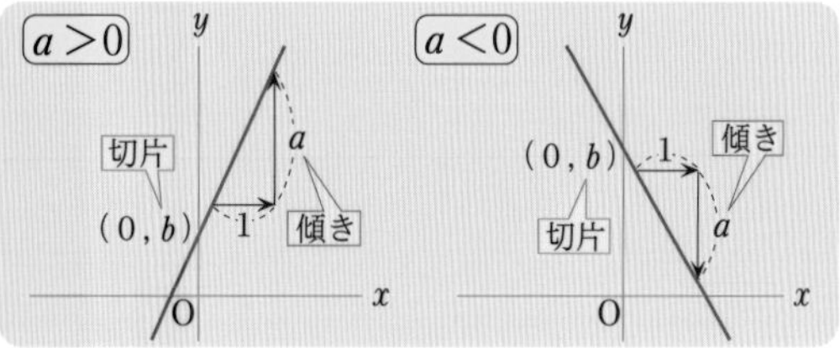

$y=k$，$x=h$ のグラフ

① $y=k$ のグラフは，x 軸に平行な直線。

② $x=h$ のグラフは，y 軸に平行な直線。

例 ①$3y-6=0$ のグラフ

➡ $y=2$

②$4x+12=0$ のグラフ

➡ $x=-3$

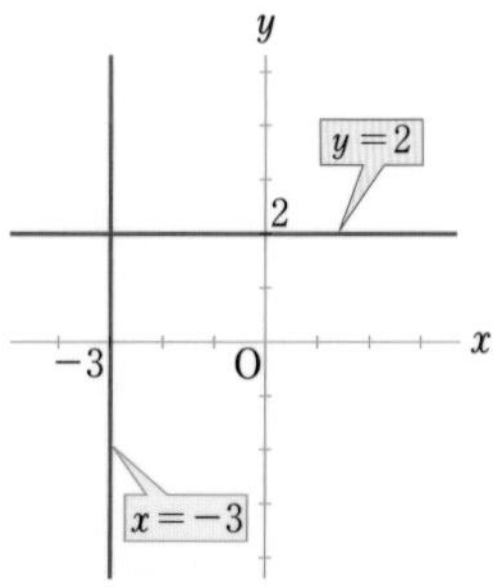

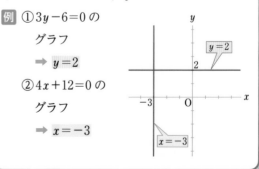

平行と合同

平行線と角

①対頂角は等しい。

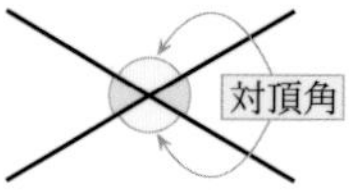

②２直線が平行ならば，同位角，錯角は等しい。

③同位角か錯角が等しければ，２直線は平行。

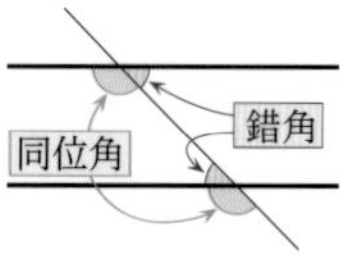

多角形の内角と外角

①三角形の内角の和は 180°

②三角形の外角は，それととなり合わない２つの内角の和に等しい。

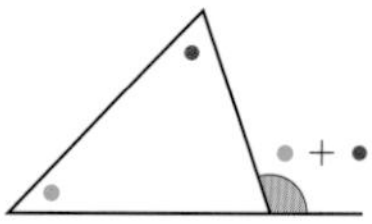

③ n 角形の内角の和は，$180° \times (n-2)$

④ 多角形の外角の和は，360°

三角形の合同条件

①３組の辺がそれぞれ等しい。

②２組の辺とその間の角がそれぞれ等しい。

③１組の辺とその両端の角がそれぞれ等しい。

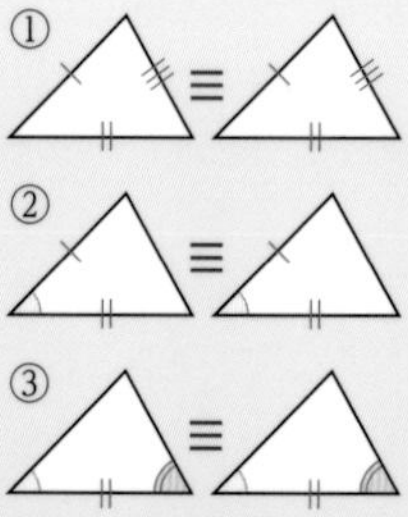

三角形

二等辺三角形の性質

①２つの辺が等しい三角形。（定義）

②底角は等しい。

③頂角の二等分線は，底辺を垂直に２等分する。

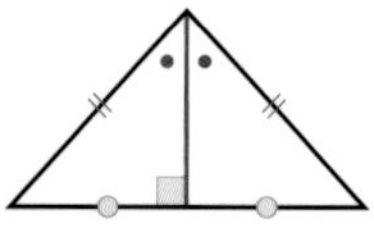

二等辺三角形になるための条件

２つの角が等しい三角形は，等しい２つの角を底角とする二等辺三角形である。

直角三角形の合同条件

①斜辺と１つの鋭角がそれぞれ等しい。

②斜辺と他の１辺がそれぞれ等しい。

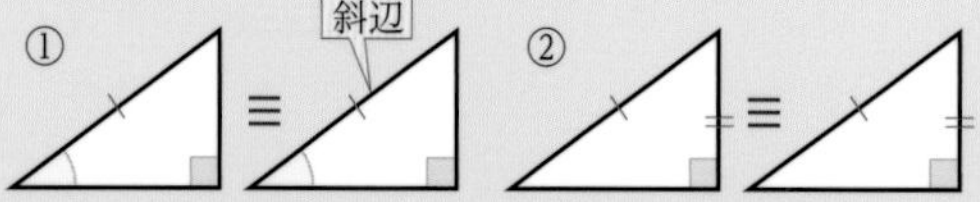

四角形

平行四辺形になるための条件

①２組の対辺がそれぞれ平行である。（定義）

②２組の対辺がそれぞれ等しい。（性質）

③２組の対角がそれぞれ等しい。（性質）

④対角線がそれぞれの中点で交わる。（性質）

⑤１組の対辺が平行でその長さが等しい。

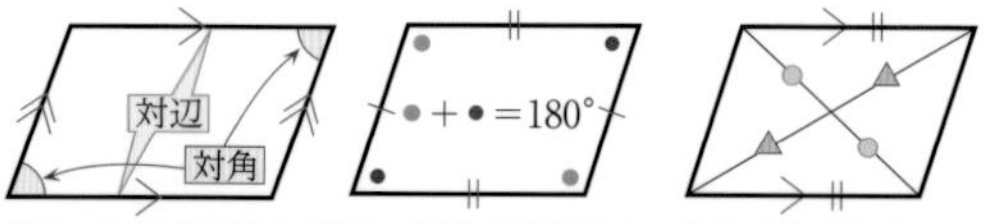

確率

確率の求め方

$$\left(\begin{array}{c}\text{ことがらＡの}\\\text{起こる確率}\end{array}\right)=\frac{(\text{Ａの起こる場合の数})}{(\text{すべての場合の数})}$$

［確率 p の範囲は，$0 \leqq p \leqq 1$］

四分位範囲と箱ひげ図

四分位数，四分位範囲

①四分位数 ➡ データを小さい順に並べて４等分したときの３つの区切りの値。小さい方から順に，第１四分位数，第２四分位数（中央値），第３四分位数という。

②四分位範囲 ➡（第３四分位数）－（第１四分位数）

例 下のような７つのデータがある。

5　6　8　10　11　13　17

第２四分位数はデータの中央値なので，10

また，データを２つに分けて，それぞれの中央値を調べると，第１四分位数は 6 ，

第３四分位数は 13 と求められる。

四分位範囲は，13－6＝7

箱ひげ図

データの第１四分位数，第２四分位数，第３四分位数を最小値，最大値とともに表した，下のような図。

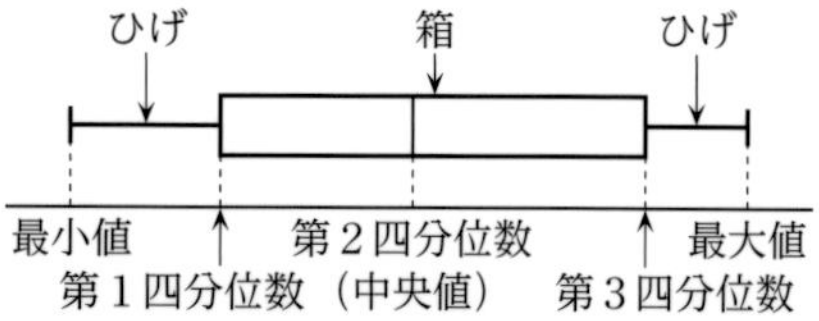

定期テスト対策

得点アップ！予想問題

1

この**「予想問題」**で
実力を確かめよう！

時間も
はかろう

2

「解答と解説」で
答え合わせをしよう！

3

わからなかった問題は
戻って復習しよう！

この本での
学習ページ

スキマ時間でポイントを確認！
別冊**「スピードチェック」**も使おう

●予想問題の構成

回数	教科書ページ	教科書の内容	この本での学習ページ
第1回	10〜34	1章　式の計算	2〜19
第2回	36〜58	2章　連立方程式	20〜35
第3回	60〜94	3章　1次関数	36〜57
第4回	96〜130	4章　図形の性質と合同	58〜75
第5回	132〜160	5章　三角形と四角形	76〜93
第6回	162〜190	6章　データの分布と確率	94〜104
第7回	10〜190	総仕上げテスト	2〜104

解答 p.42

第1回 予想問題 1章 式の計算

40分 /100

1 次の計算をしなさい。

2点×10(20点)

(1) $4a-7b+5a-b$

(2) $y^2-5y-4y^2+3y$

(3) $(9x-y)+(-2x+5y)$

(4) $(-2a+7b)-(5a+9b)$

(5)
$$\begin{array}{r} 7a-6b \\ +)\ -7a+4b \\ \hline \end{array}$$

(6)
$$\begin{array}{r} 34x+\ 4y+9 \\ -)\ 18x-12y-9 \\ \hline \end{array}$$

(7) $0.7a+3b-(-0.6a+3b)$

(8) $6(8x-7y)-4(5x-3y)$

(9) $\frac{1}{5}(4x+y)+\frac{1}{3}(2x-y)$

(10) $\frac{9x-5y}{2}-\frac{4x-7y}{3}$

(1)		(2)		(3)		(4)	
(5)		(6)		(7)		(8)	
(9)		(10)					

2 次の計算をしなさい。

3点×8(24点)

(1) $(-4x)\times(-8y)$

(2) $(-3a)^2\times(-5b)$

(3) $-15a^2b\div3b$

(4) $-49a^2\div\left(-\frac{7}{2}a\right)$

(5) $-\frac{3}{14}mn\div\left(-\frac{6}{7}m\right)$

(6) $2xy^2\div xy\times5x$

(7) $-6x^2y\div(-3x)\div5y$

(8) $-\frac{7}{8}a^2\div\frac{9}{4}b\times(-3ab)$

(1)		(2)		(3)		(4)	
(5)		(6)		(7)		(8)	

3 $x=-\frac{1}{5}$，$y=\frac{1}{3}$ のとき，次の式の値(あたい)を求めなさい。 4点×2(8点)

(1) $4(3x+y)-2(x+5y)$ (2) $10x^2\times 3y\div(-2x)$

(1)		(2)	

4 次の式を，〔 〕の中の文字について解きなさい。 3点×8(24点)

(1) $-2a+3b=4$ 〔a〕 (2) $-35x+7y=19$ 〔y〕

(3) $3a=2b+6$ 〔b〕 (4) $c=\frac{2a+b}{5}$ 〔b〕

(5) $\ell=2(a+3b)$ 〔a〕 (6) $V=abc$ 〔c〕

(7) $S=\frac{(a+b)h}{3}$ 〔b〕 (8) $c=\frac{1}{2}(a+5b)$ 〔a〕

(1)		(2)		(3)		(4)	
(5)		(6)		(7)		(8)	

5 2つのクラスA，Bがあり，Aクラスの人数は39人，Bクラスの人数は40人です。この2つのクラスで数学のテストを行いました。その結果，Aクラスの平均点はa点，Bクラスの平均点はb点でした。2つのクラス全体の平均点を，a，bを使った式で表しなさい。

(10点)

6 連続する4つの整数の和から2をひいた数は4の倍数になります。このわけを，連続する4つの整数のうちで，最も小さい整数をnとして説明しなさい。 (14点)

解答▶p.43

第2回 予想問題 2章　連立方程式

40分　/100

1 $\begin{cases} x=6 \\ y=\square \end{cases}$ が，2元1次方程式 $4x-5y=11$ の解であるとき，□にあてはまる数を求めなさい。（5点）

2 次の連立方程式を解きなさい。5点×8(40点)

(1) $\begin{cases} 2x+y=4 \\ x-y=-1 \end{cases}$　(2) $\begin{cases} y=-2x+2 \\ x-3y=-13 \end{cases}$

(3) $\begin{cases} 4x-2y=-10 \\ 3x+5y=12 \end{cases}$　(4) $\begin{cases} 3x+5y=1 \\ 5y=6x-17 \end{cases}$

(5) $\begin{cases} x+\frac{5}{2}y=2 \\ 3x+4y=-1 \end{cases}$　(6) $\begin{cases} 0.3x-0.4y=-0.2 \\ x=5y+3 \end{cases}$

(7) $\begin{cases} 0.3x-0.2y=-0.5 \\ \frac{3}{5}x+\frac{1}{2}y=8 \end{cases}$　(8) $\begin{cases} 3(2x-y)=5x+y-5 \\ 3(x-2y)+x=0 \end{cases}$

(1)		(2)		(3)		(4)	
(5)		(6)		(7)		(8)	

3 方程式 $5x-2y=10x+y-1=16$ を解きなさい。（5点）

4 連立方程式 $\begin{cases} ax-by=10 \\ bx+ay=-5 \end{cases}$ の解が，$\begin{cases} x=3 \\ y=-4 \end{cases}$ であるとき，a，b の値(あたい)を求めなさい。（10点）

5 1個80円のみかんと1個150円のりんごを合わせて15個買って，1620円払いました。みかんとりんごをそれぞれ何個買いましたか。 (10点)

6 2けたの正の整数があります。その整数は，各位の数の和の7倍より6小さく，また，十の位の数と一の位の数を入れかえてできる整数は，もとの整数より18小さいです。もとの整数を求めなさい。 (10点)

7 ある学校の新入生の人数は，昨年度は男女合わせて150人でしたが，今年度は昨年度より男子が10％増え，女子が5％減ったので，全体では3人増えました。今年度の男子と女子の新入生の人数をそれぞれ求めなさい。 (10点)

8 ある人がA地点とB地点の間を往復しました。A地点とB地点の間に峠(とうげ)があり，上りは時速3km，下りは時速5kmで歩いたので，行きは1時間16分，帰りは1時間24分かかりました。A地点からB地点までの道のりを求めなさい。 (10点)

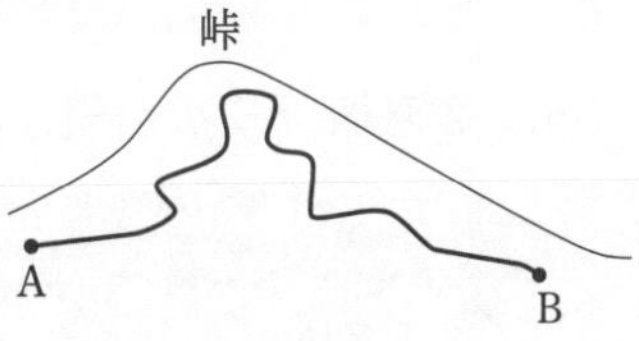

解答 p.44

第3回 予想問題　3章　1次関数

40分　/100

1 次のそれぞれについて，yをxの式で表しなさい。また，yがxの1次関数であるものをすべて選び，番号で答えなさい。 3点×4(12点)

(1) 面積が10 cm^{2}の三角形の底辺がx cmのとき，高さはy cmである。

(2) 地上10 kmまでは，高度が1 km増すごとに気温は6 °C下がる。地上の気温が10 °Cのとき，地上からの高さがx kmの地点の気温がy °Cである。

(3) 火をつけると1分間に0.5 cm短くなるろうそくがある。長さ12 cmのこのろうそくに火をつけると，x分後の長さはy cmである。

(1)		(2)		(3)	
			yがxの1次関数であるもの		

2 次の問いに答えなさい。 3点×6(18点)

(1) 1次関数 $y=\frac{5}{6}x+4$ で，xの値（あたい）が3から7まで増加するときの変化の割合を求めなさい。

(2) 変化の割合が $\frac{2}{5}$ で，$x=10$ のとき $y=6$ となる1次関数を表す式を求めなさい。

(3) $x=-2$ のとき $y=5$，$x=4$ のとき $y=-1$ となる1次関数の式を求めなさい。

(4) 点(2, −1)を通り，直線 $y=4x-1$ に平行な直線の式を求めなさい。

(5) 2点(0, 4)，(2, 0)を通る直線の式を求めなさい。

(6) 2直線 $x+y=-1$，$3x+2y=1$ の交点の座標を求めなさい。

(1)		(2)		(3)	
(4)		(5)		(6)	

3 右の図の(1)〜(5)の直線の式を求めなさい。 4点×5(20点)

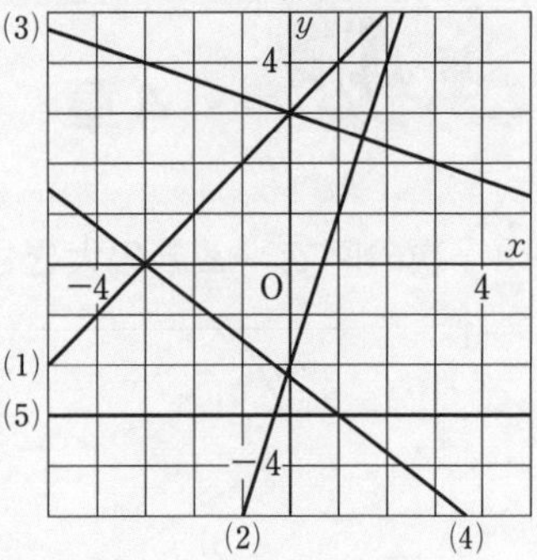

(1)	
(2)	
(3)	
(4)	
(5)	

4 次の方程式のグラフをかきなさい。 4点×5(20点)

(1) $y=4x-1$　　(2) $y=-\frac{2}{3}x+1$

(3) $3y+x=4$　　(4) $5y-10=0$

(5) $4x+12=0$

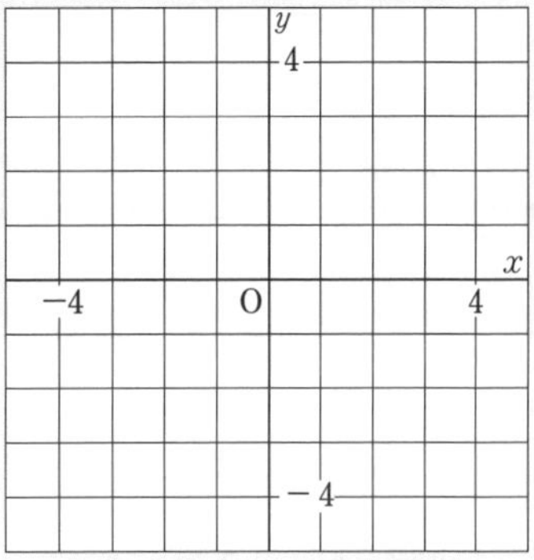

5 Aさんは家から駅まで行くのに，家を出発して途中(とちゅう)のP地点までは走り，P地点から駅までは歩きました。右のグラフは，家を出発してx分後の進んだ道のりをy mとして，xとyの関係を表したものです。 6点×3(18点)

(1) Aさんの走る速さと歩く速さを求めなさい。

(2) Aさんが出発してから3分後に，兄が分速300 mの速さで自転車に乗って追いかけました。兄がAさんに追いつく地点を，グラフを用いて求めなさい。

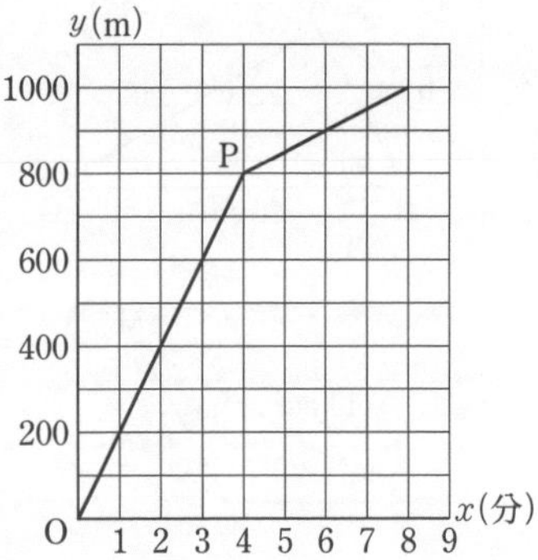

(1)	走る速さ		歩く速さ		(2)	

6 縦が6 cm，横が10 cmの長方形ABCDで，点PがDを出発して辺DA上を秒速2 cmでAまで動きます。PがDを出発してからx秒後の△ABPの面積をy cm²とします。 (1)7点 (2)5点 (12点)

(1) yをxの式で表しなさい。

(2) $0 \leqq x \leqq 5$ のとき，yの変域を求めなさい。

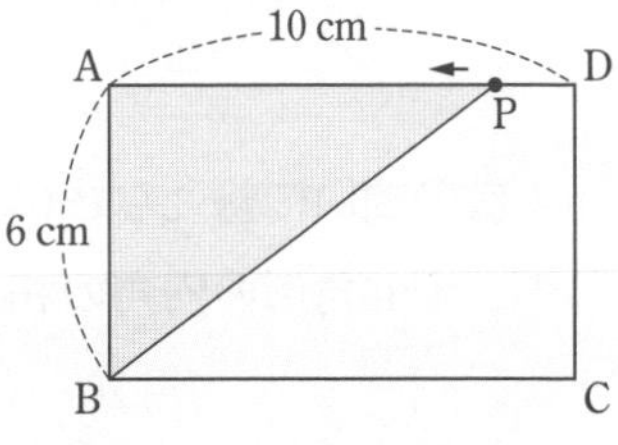

(1)		(2)	

解答▶p.45

第4回 予想問題

4章　図形の性質と合同

40分　/100

1 次の図で，$\angle x$ の大きさを求めなさい。

3点×4(12点)

(1)

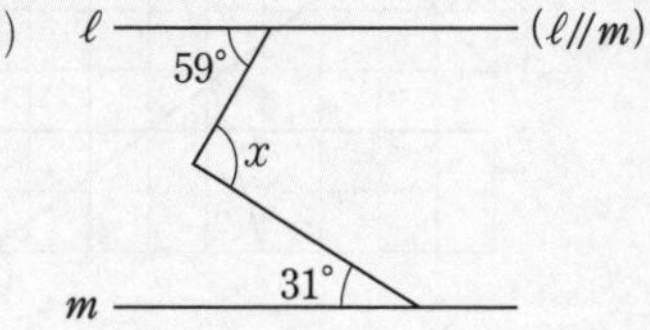

(2)

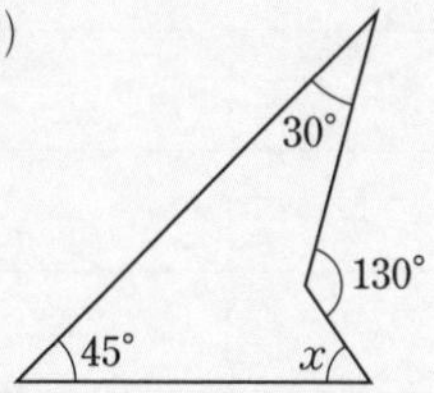

(3)

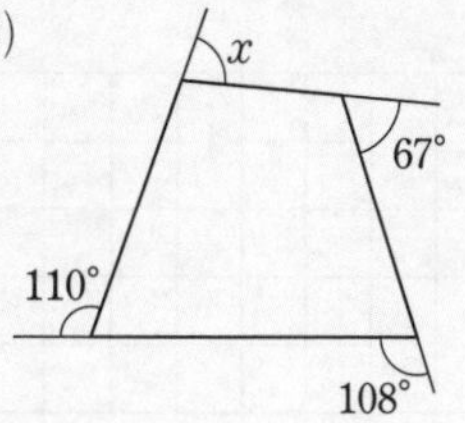

(4)

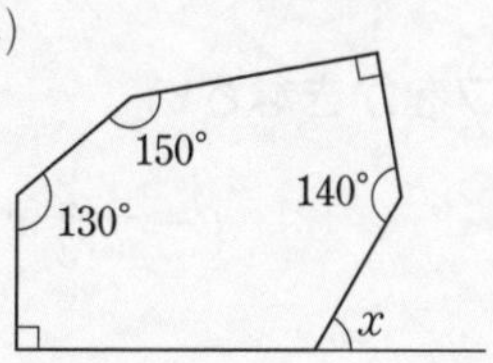

(1)		(2)		(3)		(4)	

2 次の図で，合同な三角形の組をすべて選び出し，記号 ≡ を使って表しなさい。また，その合同条件を答えなさい。

3点×6(18点)

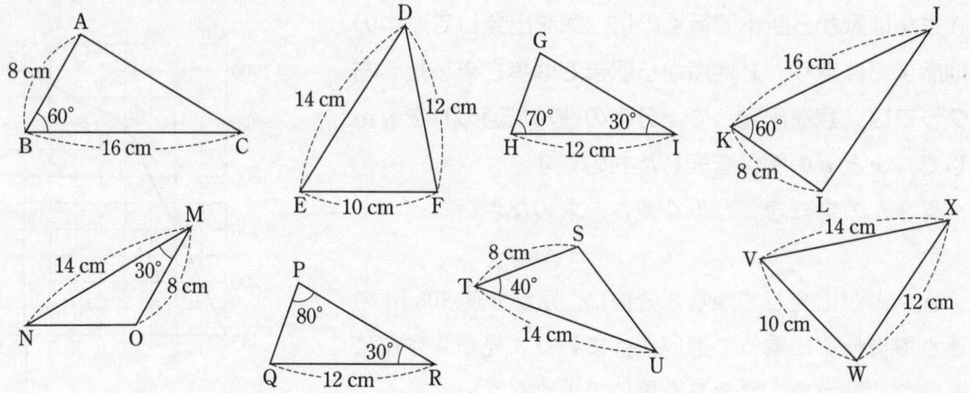

△　　　≡△	
△　　　≡△	
△　　　≡△	

3 次の問いに答えなさい。

4点×4(16点)

(1)　十七角形の内角の和を求めなさい。

(2)　内角の和が 2520° になる多角形は何角形ですか。

(3)　七角形の外角の和を求めなさい。

(4)　1 つの外角が 15° となる正多角形は正何角形ですか。

(1)		(2)		(3)		(4)	

4 三角形で，２つの内角の大きさが 35°，25° のとき，その三角形は，鋭角三角形，直角三角形，鈍角三角形のどれですか。 （6点）

5 右の図で，**AC＝DB，∠ACB＝∠DBC** とすると，**AB＝DC** です。 4点×7（28点）

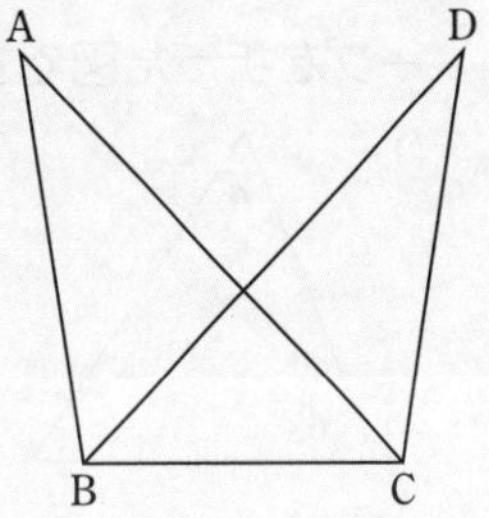

(1) 仮定と結論を答えなさい。

(2) (1)の証明のすじ道を，下の図のようにまとめました。図を完成させなさい。

△ABC と △DCB で，

仮定 ［AC＝DB，∠ACB＝∠DBC］ ［㋐］

↓ 根拠１ （　㋑　）がそれぞれ等しい。

［㋒］ ２つの三角形は合同

↓ 根拠２ （　㋓　）

結論 ［㋔］

(1)	仮定		結論	
(2)	㋐		㋑	
	㋒		㋓	
	㋔			

6 右の図の四角形 ABCD で，∠ABD＝∠CBD，∠ADB＝∠CDB であるとき，合同な三角形の組を，記号 ≡ を使って表しなさい。また，その合同条件を答えなさい。 5点×2（10点）

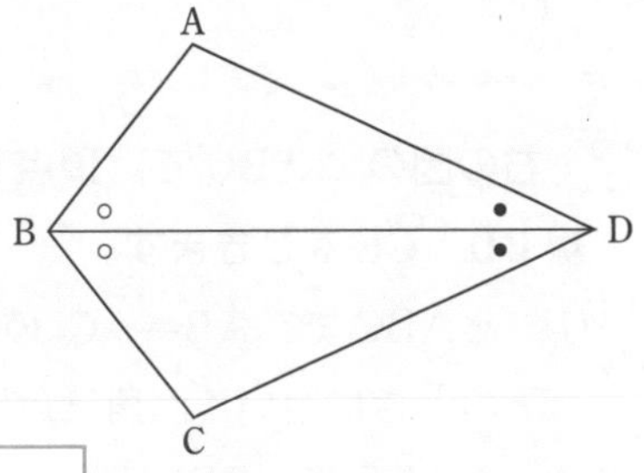

三角形の組	
合同条件	

7 右の図の四角形 ABCD で，AB＝DC，∠ABC＝∠DCB です。このとき，この四角形の対角線である AC と DB の長さが等しいことを証明しなさい。 （10点）

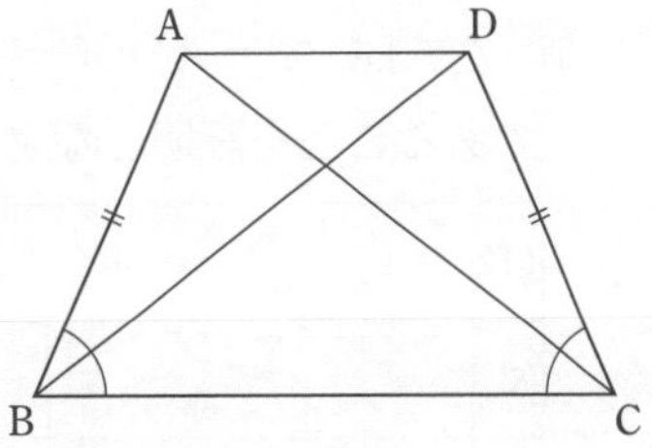

解答▶p.46

第5回 予想問題 5章　三角形と四角形

40分 /100

1 下の図(1)〜(3)の三角形は，同じ印（しるし）をつけた辺の長さが等しくなっています。また，(4)はテープを折った図です。∠a，∠b，∠c，∠d の大きさを求めなさい。　3点×4(12点)

(1)
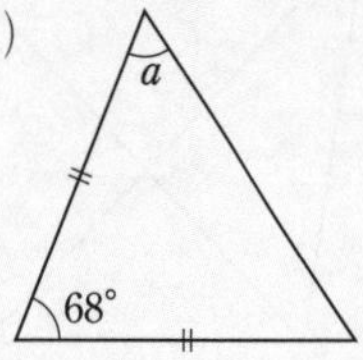

(2)
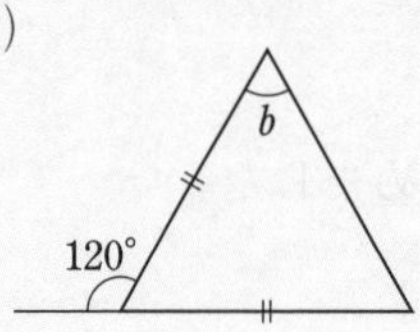

(3)
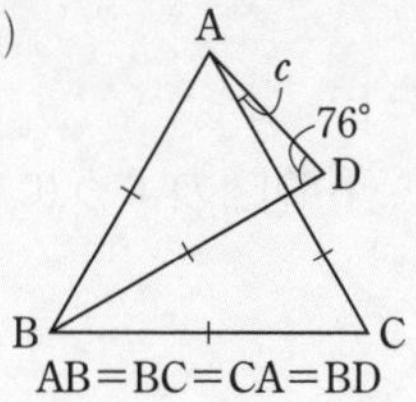

AB＝BC＝CA＝BD

(4)
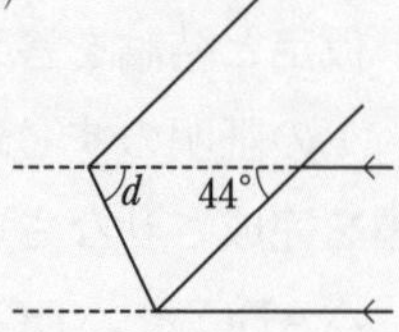

(1)		(2)		(3)		(4)	

2 次のことがらの逆を述べ，それが正しいかどうかも答えなさい。　3点×4(12点)

(1)　△ABCで，∠A＝120° ならば，∠B＋∠C＝60° である。

(2)　a，b を自然数とするとき，a が奇数（きすう），b が偶数（ぐうすう）ならば，$a+b$ は奇数である。

(1)	逆	
	正しいか	
(2)	逆	
	正しいか	

3 右の図の△ABCで，頂点B，Cから辺AC，ABにそれぞれ垂線BD，CEをひきます。　7点×3(21点)

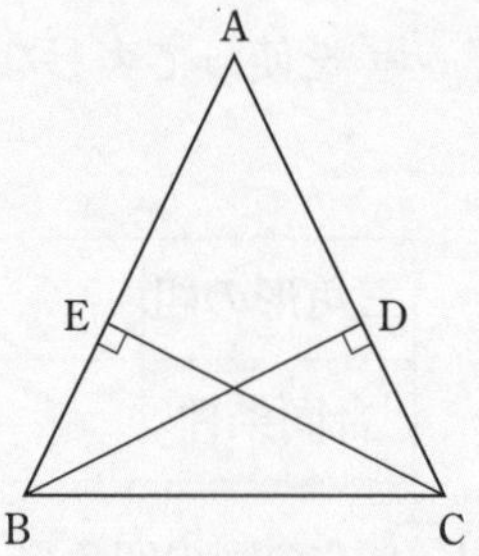

(1)　△ABCで，AB＝AC のとき，△EBC≡△DCB となります。そのときに用いる直角三角形の合同条件を答えなさい。

(2)　△ABCで，△EBC≡△DCB のとき，AEと長さの等しい線分を答えなさい。

(3)　△ABCで，∠DBC＝∠ECB とします。このとき，DC＝EBであることを証明しなさい。

(1)	
(2)	
(3)	

4 次の㋐～㋘のうち，四角形ABCDが平行四辺形になるものをすべて選び，記号で答えなさい。ただし，OはACとBDの交点とします。 (16点)

㋐ AD＝BC，AD∥BC
㋑ AD＝BC，AB∥DC
㋒ AC＝BD，AC⊥BD
㋓ ∠A＝∠C，∠B＝∠D
㋔ ∠A＝∠B，∠C＝∠D
㋕ AB＝AD，BC＝DC
㋖ ∠A＋∠B＝∠C＋∠D＝180°
㋗ ∠A＋∠B＝∠B＋∠C＝180°
㋘ AO＝CO，BO＝DO

5 右の図で，四角形ABCDは平行四辺形で，EF∥ACとします。このとき，図の中で△AEDと面積が等しい三角形を，すべて答えなさい。 (12点)

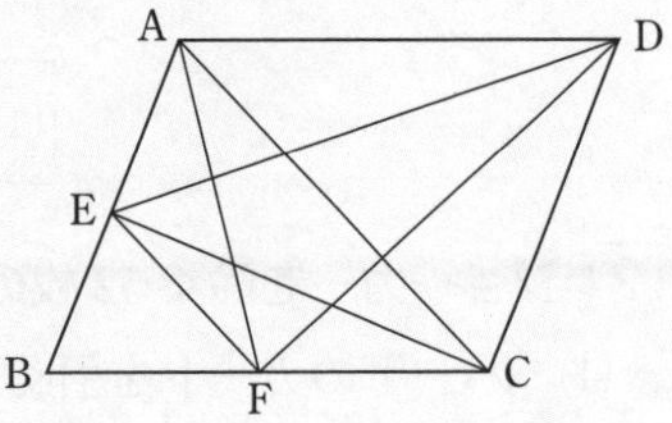

6 次の問いに答えなさい。 6点×2(12点)

(1) ▱ABCDに，∠A＝∠D という条件を加えると，四角形ABCDは，どのような四角形になりますか。

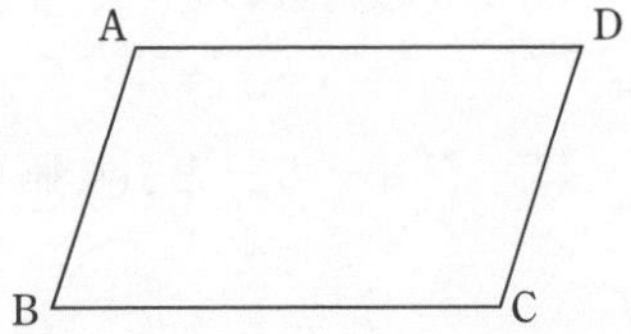

(2) 長方形EFGHの対角線EG，HFに，どのような条件を加えると，正方形EFGHになりますか。

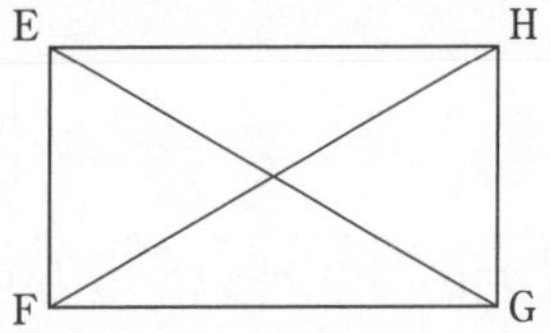

(1)		(2)	

7 ▱ABCDの辺ABの中点をMとします。DMの延長と辺CBの延長との交点をEとすると，BC＝BE が成り立つことを証明しなさい。 (15点)

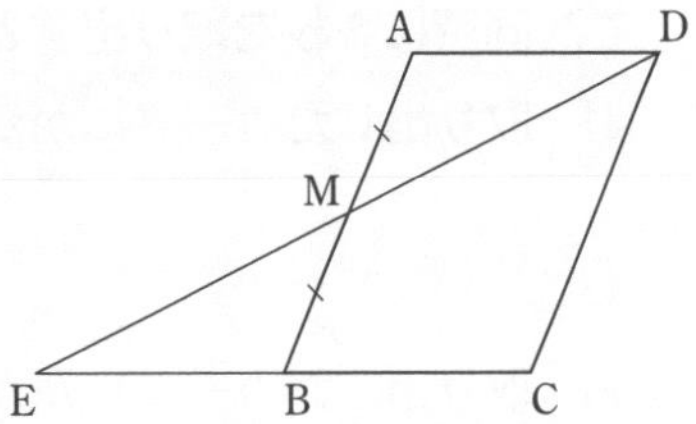

解答 p.47

第6回 予想問題 6章 データの分布と確率

40分 /100

1 下のデータは，純さんが10点満点のゲームを10回したときの得点を，点数の少ない順に並べたものです。このデータについて，次の(1)～(3)をそれぞれ求めなさい。 5点×3（15点）

3	5	5	6	6	6	7	8	9	9	（単位は点）

(1) 中央値　(2) 第3四分位数　(3) 四分位範囲

(1)		(2)		(3)	

2 ジョーカーを除く52枚のトランプの中から1枚を引くとき，次の確率を求めなさい。 5点×3（15点）

(1) ハートのカードを引く確率

(2) 6の約数のカードを引く確率

(3) ジョーカーを引く確率

(1)		(2)		(3)	

3 右の図のような，1から5までの数字を1つずつ記入した5枚のカードがあります。この5枚のカードを裏返してよく混ぜて，同時に2枚を取り出すとき，次の確率を求めなさい。 5点×2（10点）

1　2　3　4　5

(1) 取り出したカードにかかれた数の和が奇数になる確率

(2) 取り出したカードにかかれた数の和が偶数になる確率

(1)		(2)	

4 1枚の硬貨を3回投げるとき，表が1回で裏が2回出る確率を求めなさい。 （5点）

5 袋(ふくろ)の中に，赤玉が 2 個，白玉が 2 個，黒玉が 1 個はいっています。この袋の中から 1 個の玉を取り出し，その玉をもとにもどしてから，また 1 個の玉を取り出します。このとき，次の確率を求めなさい。

5点×3(15点)

(1) 2 個とも白玉が出る確率

(2) はじめに赤玉が出て，次に黒玉が出る確率

(3) 赤玉が 1 個，黒玉が 1 個出る確率

(1)		(2)		(3)	

6 2 つのさいころ A，B を同時に投げるとき，次の確率を求めなさい。

5点×4(20点)

(1) 出る目の数の和が 9 以上になる確率

(2) Aの目がBの目より 1 大きくなる確率

(3) 出る目の数の和が 3 の倍数になる確率

(4) 出る目の数の積が奇数にならない確率

(1)		(2)		(3)		(4)	

7 7 本のうち，あたりが 3 本はいっているくじがあります。このくじを，A，B がこの順に 1 本ずつ引くとき，次の確率を求めなさい。

5点×2(10点)

(1) Bがあたる確率

(2) A，B ともにはずれる確率

(1)		(2)	

8 箱の中にあたりくじが 2 本，はずれくじが 4 本はいっています。このくじを同時に 2 本引くとき，次の確率を求めなさい。

5点×2(10点)

(1) 2 本ともあたる確率

(2) 少なくとも 1 本があたりである確率

(1)		(2)	

解答 p.48

第7回 予想問題 総仕上げテスト

60分 /100

1 次の計算をしなさい。

2点×6(12点)

(1) $(3x-y)-(x-8y)$

(2) $(10x-15y)\div\frac{5}{6}$

(3) $3(2x-4y)-2(5x-y)$

(4) $(-7b)\times(-2b)^2$

(5) $4xy\div\frac{2}{3}x^2\times\left(-\frac{1}{6}x\right)$

(6) $\frac{3x-y}{2}-\frac{x-6y}{5}$

(1)		(2)		(3)	
(4)		(5)		(6)	

2 次の連立方程式を解きなさい。

2点×4(8点)

(1) $\begin{cases} 3x+4y=14 \\ -3x+y=11 \end{cases}$

(2) $\begin{cases} y=2x-1 \\ 5x-2y=-1 \end{cases}$

(3) $\begin{cases} 2x-3y=7 \\ \frac{x}{4}+\frac{y}{6}=\frac{1}{3} \end{cases}$

(4) $\begin{cases} 0.3x+0.2y=1.1 \\ 0.04x-0.02y=0.1 \end{cases}$

(1)		(2)		(3)		(4)	

3 次の問いに答えなさい。

3点×3(9点)

(1) $a=-\frac{1}{3}$, $b=\frac{1}{5}$ のとき，$9a^2b\div6ab\times10b$ の値(あたい)を求めなさい。

(2) グラフが2点 $(-5,\ -1)$，$(-2,\ 8)$ を通る直線の式を求めなさい。

(3) 直線 $y=\frac{3}{2}x+5$ に平行で，x 軸(じく)との交点が $(2,\ 0)$ である直線の式を求めなさい。

(1)		(2)		(3)	

4 ある中学校の昨年度の生徒数は 665 人でした。今年度は，昨年度に比べて男子が 4 %，女子が 5 % 増えたので，全体で 30 人増えました。今年度の男子と女子の生徒数を求めなさい。

（7点）

5 次の方程式のグラフをかきなさい。　2点×4（8点）

(1)　$3x-2y=-6$

(2)　$4x+3y=12$

(3)　$4y+12=0$

(4)　$4x+5y+20=0$

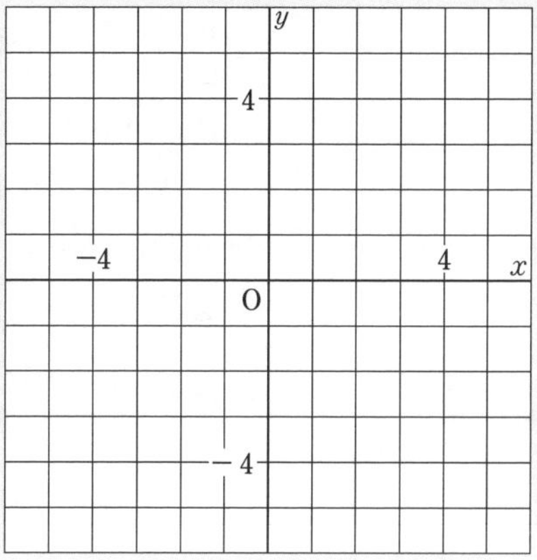

6 右の図で，直線 ℓ，m の式はそれぞれ $x-y=-1$，$3x+2y=12$ です。　3点×4（12点）

(1)　点 A，B の座標を求めなさい。

(2)　ℓ，m の交点 P の座標を求めなさい。

(3)　△PAB の面積を求めなさい。

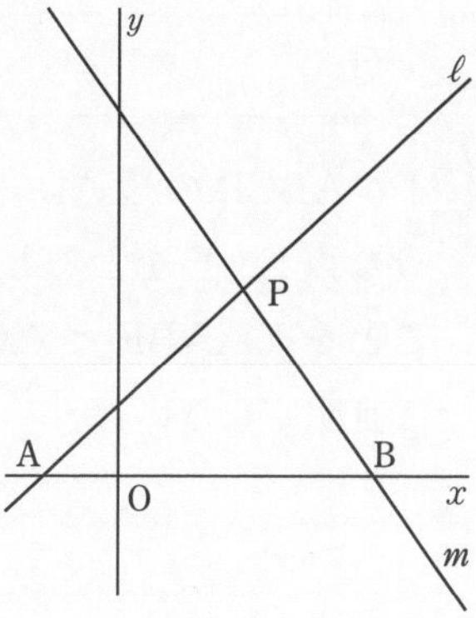

(1) A		B	
(2)		(3)	

7 下の図で，$\angle x$ の大きさを求めなさい。　2点×3（6点）

(1)

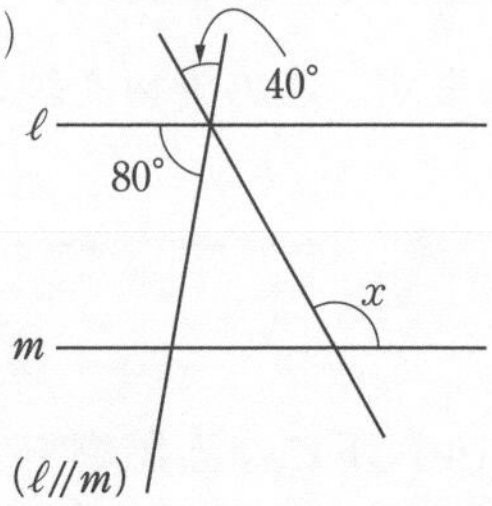

(2)

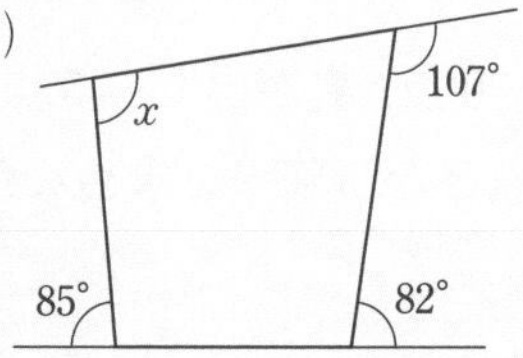

(3)

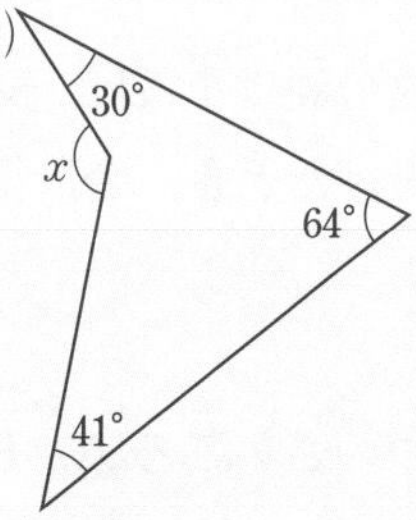

(1)		(2)		(3)	

8 右の図で，AE＝DE，BE＝CE ならば AB∥CD となることを次のように証明しました。□にあてはまるものを入れなさい。　　2点×6（12点）

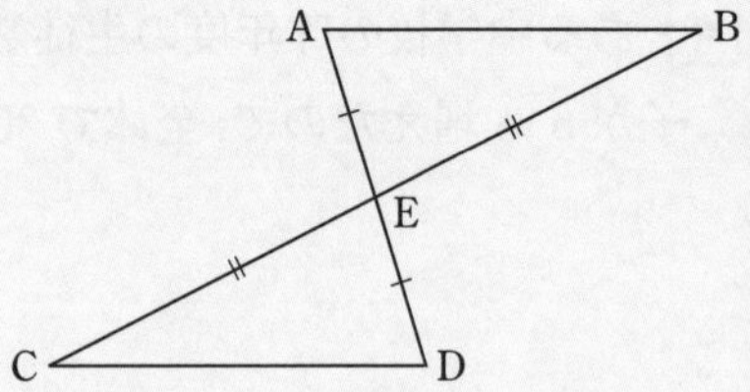

〔証明〕　△AEB と △DEC において，

仮定から　AE＝［㋐］　………①

BE＝［㋑］　………②

［㋒］は等しいから　∠AEB＝∠DEC　………③

①，②，③より，［㋓］がそれぞれ等しいから

△AEB≡△DEC

合同な図形の［㋔］は等しいから

∠EAB＝∠EDC

［㋕］が等しいから　AB∥CD

㋐		㋑	
㋒		㋓	
㋔		㋕	

9 ▱ABCD の辺 AD，BC 上に，AE＝CF となるような点 E，F をとると，AF＝CE となります。このことを，△ABF と △CDE の合同を示すことによって証明しなさい。　　（10点）

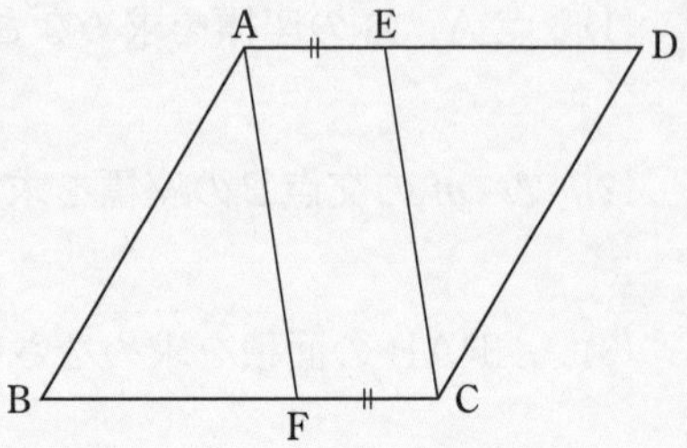

10 1枚の硬貨を投げ，表が出たら 10 点，裏が出たら 5 点の得点とします。この硬貨を続けて 3 回投げたとき，合計得点が 20 点となる確率を求めなさい。　　（8点）

11 2つのさいころ A，B を同時に投げるとき，出る目の数の和が 10 以下になる確率を求めなさい。　　（8点）

教科書ワーク 数学 特別ふろく①

無料アプリ 数1 数2 数3 図形1 図形2 図形3

どこでもワーク

こちらにアクセスして，ご利用ください。
https://portal.bunri.jp/app.html

①計算編 テンキー入力形式で学習できる！ 重要公式つき！

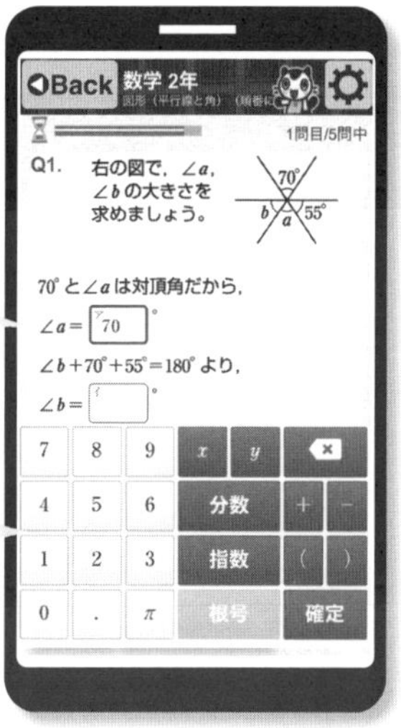

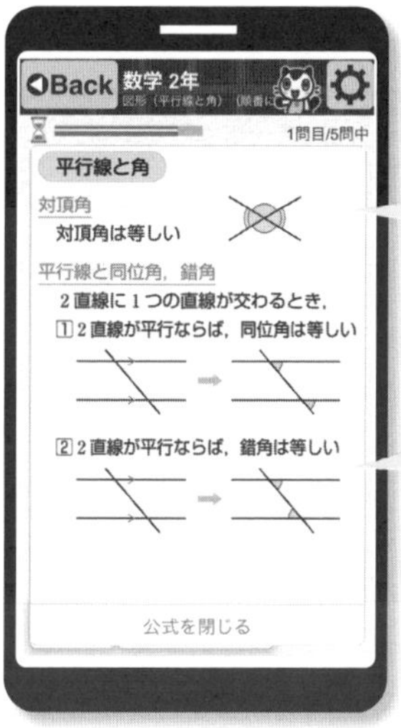

解き方を穴埋め形式で確認！

テンキー入力で，計算しながら解ける！

重要公式をその場で確認できる！

カラーだから見やすく，わかりやすい！

②図形編 グラフや図形を自分で動かして，学習理解をサポート！

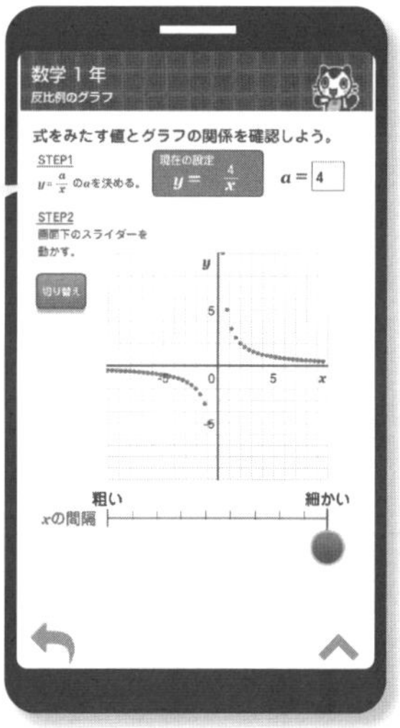

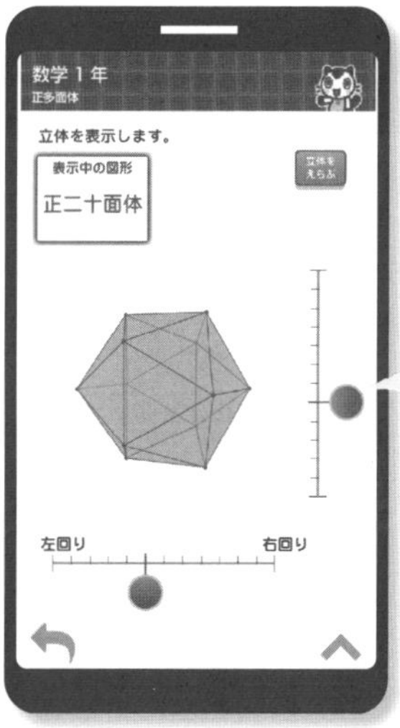

自分で数値を決められるから，いろいろなグラフの確認ができる！

上下左右に回転させて，様々な角度から立体をみることができる！

注意 ●アプリは無料ですが，別途各通信会社からの通信料がかかります。
● iPhone の方は Apple ID，Android の方は Google アカウントが必要です。対応 OS や対応機種については，各ストアでご確認ください。
●お客様のネット環境および携帯端末により，アプリをご利用いただけない場合，当社は責任を負いかねます。ご理解，ご了承いただきますよう，お願いいたします。
●正誤判定は，計算編のみの機能となります。
●テンキーの使い方は，アプリでご確認ください。

中学教科書ワーク

解答と解説

この「解答と解説」は，取りはずして使えます。

日本文教版

数学2年

ステージ１の例の答えは本冊右ページ下にあります。

1章　式の計算

2~3　ステージ1

1
(1) $3x,\ -1$　(2) $4a,\ 5b$
(3) $-x^2,\ \dfrac{2}{3}x,\ -5$　(4) $\dfrac{4x}{3},\ -\dfrac{y}{3}$
(5) $a,\ -\dfrac{3}{4}ab,\ 1$　(6) $a^2,\ -\dfrac{b^2}{5},\ a$

2
(1) -4，次数は1　(2) 1，次数は1
(3) 3，次数は3　(4) -1，次数は3
(5) $\dfrac{3}{4}$，次数は2　(6) $\dfrac{2}{3}$，次数は2

3
(1) 1次式　(2) 1次式
(3) 3次式　(4) 3次式
(5) 2次式　(6) 3次式

4
(1) x　(2) x^2+3x
(3) 0　(4) $6a+b$

解説

1 ミス注意！ 項は，＋，−の記号のところで切れる。項の符号に注意する。

(1) $3x\ -1$ → 項は $3x$ と -1　-1 の−を忘れないように注意する。
　（$3x$：項，-1：項）

(4) $\dfrac{4x-y}{3}=\dfrac{4x}{3}-\dfrac{y}{3}$
　（$\dfrac{4x}{3}$：項，$\dfrac{y}{3}$：項）

2 項が1つだけの式を単項式といい，かけ合わされている文字の個数を次数という。

(1) $-4y=-4\times y$ より，次数は1で，係数は -4

(2) $x=1\times x$ より，次数は1で，係数は1

(3) $3a^2b=3\times a\times a\times b$ より，次数は3で，係数は3

(4) $-x^3=-1\times x\times x\times x$ より，次数は3で，係数は -1

(5) $\dfrac{3}{4}xy=\dfrac{3}{4}\times x\times y$ より，次数は2で，係数は $\dfrac{3}{4}$

(6) $\dfrac{2ab}{3}=\dfrac{2}{3}\times a\times b$ より，次数は2で，係数は $\dfrac{2}{3}$

3 項が2つ以上の式を多項式という。各項の次数のうち，最大の次数がその多項式の次数となる。各項の次数をたすのではない。

(1) $x+2$ より，1次式
　（x：1次，2：定数項）

(2) $5a+3b-c$ より，1次式
　（1次　1次　1次）

(3) $4-2b^3$ より，3次式
　（4：定数項，$2b^3$：3次）

(4) $x^2y+3xy+5xy^2$ より，3次式。
　（3次　2次　3次）

(5) $3a+2b+5c-3ab$ より，2次式。
　（1次　1次　1次　2次）

(6) $3abc-5xy$ より，3次式。
　（3次　2次）

4 同類項をさがし，計算する。同類項には同じ印を入れるとよい。

(1) $6x-5x=(6-5)x=x$

(2) $4x^2+3x-3x^2=4x^2-3x^2+3x$
　$=x^2+3x$

ミス注意！ x^2 の項と x の項は同類項ではない。

(3) $5a^2-3a+3a-5a^2=5a^2-5a^2-3a+3a$
　$=0$

(4) $7a-3b-a+4b=7a-a-3b+4b$
　$=6a+b$

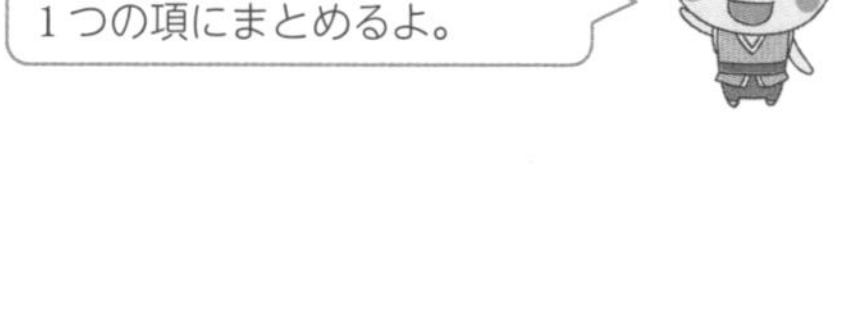

同類項は，分配法則を使って，
1つの項にまとめるよ。

p.4~5 ステージ1

❶ (1) $3x-y$　(2) $-x+9y$

❷ (1) $4x-y$　(2) $4a^2$

(3) x^2-3　(4) $6x^2-4x+7$

❸ (1) $2x-2y$　(2) x^2+y^2

(3) $2x+7y+4$　(4) $4x^2-3x-2$

❹ $-7a+7b$

(わけ) かっこをはずすとき，かっこの中の各項の符号が正しく変えられていない。

解説

❶ (1) $(x+4y)+(2x-5y)$

$=x+4y+2x-5y$

$=x+2x+4y-5y$

$=3x-y$

(2) $(x+4y)-(2x-5y)$

$=x+4y-2x+5y$

$=x-2x+4y+5y$

$=-x+9y$

ポイント

かっこの前の符号が－の場合，かっこの中の各項の符号を変えてからかっこをはずして計算する。

❷ (2) $(3a^2+5ab+b^2)+(a^2-5ab-b^2)$

$=3a^2+5ab+b^2+a^2-5ab-b^2$

$=3a^2+a^2+5ab-5ab+b^2-b^2$

$=4a^2$

❸ かっこの前の符号が－なので，かっこの中の各項の符号を変えてからかっこをはずす。

(2) $(3x^2-5xy+y^2)-\underline{(2x^2-5xy)}$

$=3x^2-5xy+y^2\underline{-2x^2+5xy}$

$=3x^2-2x^2-5xy+5xy+y^2$

$=x^2+y^2$

(3)，(4)は，そのままひくか，下の式の符号をすべて変えて，たし算になおしてから計算してもよい。

(3)
$$\begin{array}{rr} & 3x+2y+1 \\ -) & x-5y-3 \\ \hline & 2x+7y+4 \end{array} \rightarrow \begin{array}{rr} & 3x+2y+1 \\ +) & -x+5y+3 \\ \hline & 2x+7y+4 \end{array}$$

(4)
$$\begin{array}{rr} & x^2-3x+1 \\ -) & -3x^2\quad\ \ +3 \\ \hline & 4x^2-3x-2 \end{array} \rightarrow \begin{array}{rr} & x^2-3x+1 \\ +) & 3x^2\quad\ \ -3 \\ \hline & 4x^2-3x-2 \end{array}$$

❹ かっこの前の符号が－なので，かっこをはずすと $(-4a+2b)-(3a-5b)$

$=-4a+2b-3a+5b$

$=-7a+7b$　となる。

p.6~7 ステージ1

❶ (1) $6x-10y$　(2) $-20x+15y$

(3) $3x+y$　(4) $5x-2y$

(5) $2x-3y$　(6) $16a-4b$

❷ (1) $10x-10y$　(2) $7b$

(3) $5x+3$　(4) $6a-b+6$

❸ (1) $\frac{5x-4y}{6}\left(\frac{5}{6}x-\frac{2}{3}y\right)$　(2) $\frac{14a-13b}{12}\left(\frac{7}{6}a-\frac{13}{12}b\right.$

(3) $\frac{11x}{6}\left(\frac{11}{6}x\right)$　(4) $\frac{5x+y}{2}\left(\frac{5}{2}x+\frac{1}{2}y\right.$

解説

❶ (2) $(4x-3y)\times(-5)$

$=4x\times(-5)-3y\times(-5)=-20x+15y$

(4) $(20x-8y)\div4=(20x-8y)\times\frac{1}{4}$

$=20x\times\frac{1}{4}-8y\times\frac{1}{4}=5x-2y$

(6) $(12a-3b)\div\frac{3}{4}=(12a-3b)\times\frac{4}{3}$

$=12a\times\frac{4}{3}-3b\times\frac{4}{3}=16a-4b$

ポイント

分配法則を使ってかっこをはずすときは，符号の変化に注意する。

❷ (1) $4(x-3y)+2(3x+y)=4x-12y+6x+2$

$=10x-10y$

(3) $2(3x-y+5)-(x-2y+7)$

$=6x-2y+10-x+2y-7=5x+3$

(4) $2(4a-b+3)+(-6a+3b)\div3$

$=8a-2b+6-2a+b=6a-b+6$

❸ (1) $\frac{x}{2}+\frac{x-2y}{3}=\frac{3x+2(x-2y)}{6}$

$=\frac{3x+2x-4y}{6}=\frac{5x-4y}{6}\ \left(=\frac{5}{6}x-\frac{2}{3}y\right)$

(2) $\frac{5a-b}{3}-\frac{2a+3b}{4}=\frac{4(5a-b)-3(2a+3b)}{12}$

$=\frac{20a-4b-6a-9b}{12}=\frac{14a-13b}{12}\ \left(=\frac{7}{6}a-\frac{13}{12}b\right.$

(4) $\frac{5x+y}{6}-\frac{-5x-y}{3}=\frac{(5x+y)-2(-5x-y}{6}$

$=\frac{5x+y+10x+2y}{6}=\frac{\overset{5}{\cancel{15}}x+\overset{1}{\cancel{3}}y}{\underset{2}{\cancel{6}}}=\frac{5x+y}{2}\ \left(=\frac{5}{2}x+\frac{1}{2}\right.$

ポイント

分母を通分して計算する。方程式のように，分母をはらうことはできないことに注意する。

8~9 ステージ1

(1) $\boldsymbol{10ab}$　(2) $\boldsymbol{-2xy}$　(3) $\boldsymbol{8xy}$

(4) $\boldsymbol{\frac{2}{5}ab}$　(5) $\boldsymbol{5x^2y}$　(6) $\boldsymbol{-6a^2}$

(7) $\boldsymbol{3x^3}$　(8) $\boldsymbol{-8x^3}$

(1) $\boldsymbol{2x}$　(2) $\boldsymbol{-2b}$　(3) $\boldsymbol{9xy}$

(4) $\boldsymbol{-\frac{1}{2}y}$

(1) $\boldsymbol{12x^2}$　(2) $\boldsymbol{-4x^2}$　(3) $\boldsymbol{-b}$

(4) $\boldsymbol{-\frac{1}{2}x}$

(1) **24**　(2) **−6**

解説

まず符号を決める。負の符号の数が偶数なら＋，奇数なら－になる。次に係数どうしをかけ合わせ，文字をアルファベット順にならべる。

(1) $2a\times5b=2\times a\times5\times b$

$=2\times5\times a\times b=10ab$

(3) $(-2x)\times(-4y)=(-2)\times x\times(-4)\times y$

$=(-2)\times(-4)\times x\times y=8xy$

－が偶数個あるので，符号は＋になる。

(7) $x^2\times3x=x\times x\times3\times x=3\times x\times x\times x=3x^3$

(8) $(-2x)^3=(-2x)\times(-2x)\times(-2x)$

$=(-2)\times(-2)\times(-2)\times x\times x\times x=-8x^3$

－が奇数個あるので，符号は－になる。

ポイント

累乗のある計算は，かけ算になおしてから計算する。

除法は逆数を使って乗法になおして計算することができる。約分できるときは約分しておく。

(1) $8xy\div4y=8xy\times\frac{1}{4y}$

$=\frac{8xy}{4y}=2x$

(2) $(-12ab^2)\div6ab$

$=(-12ab^2)\times\frac{1}{6ab}=-2b$

(3) $6x^2y\div\frac{2}{3}x=6x^2y\div\frac{2x}{3}=6x^2y\times\frac{3}{2x}=9xy$

(1) $9x\div3y\times4xy=9x\times\frac{1}{3y}\times4xy$

$=\frac{9x\times4xy}{3y}=12x^2$

(3) $(-18ab^2)\div6b\div3a=(-18ab^2)\times\frac{1}{6b}\times\frac{1}{3a}$

$=-\frac{18ab^2}{6b\times3a}=-b$

❹ (2) $3x^2y\div6x^2y^2\times2xy^2$

$=3x^2y\times\frac{1}{6x^2y^2}\times2xy^2=\frac{3x^2y\times2xy^2}{6x^2y^2}=xy$

ここで $x=2$，$y=-3$ を代入する。

ポイント

式の値

式を簡単にしてから数を代入する。代入するときはかっこをつけ，符号に注意する。

p.10~11 ステージ2

❶ (1) **4**

(2) $\boldsymbol{\frac{2}{3}x^2}$　**係数** $\boldsymbol{\frac{2}{3}}$，$\boldsymbol{-x}$　**係数 −1，8**

(3) **3次式**　(4) **3次式**

❷ (1) $\boldsymbol{-6a+3b-7}$　(2) $\boldsymbol{3x^2-7x-1}$

(3) $\boldsymbol{-a^2-b^2}$　(4) $\boldsymbol{2x^2+9x+3}$

(5) $\boldsymbol{-0.8x^2-2}$　(6) $\boldsymbol{\frac{1}{6}x-\frac{5}{12}y\left(\frac{2x-5y}{12}\right)}$

(7) $\boldsymbol{3x^2+6x+4}$　(8) $\boldsymbol{-7x^2+3x+5}$

❸ (1) $\boldsymbol{12x^3y^2}$　(2) $\boldsymbol{-\frac{2a}{b}}$

(3) $\boldsymbol{xy}$　(4) $\boldsymbol{2a-6b}$

(5) $\boldsymbol{-\frac{5x}{32}}$　(6) $\boldsymbol{\frac{11x-16y}{6}\left(\frac{11}{6}x-\frac{8}{3}y\right)}$

❹ (1) $\boldsymbol{\frac{a+6b}{3}\left(\frac{1}{3}a+2b\right)}$　(2) $\boldsymbol{\frac{8x-9y}{12}\left(\frac{2}{3}x-\frac{3}{4}y\right)}$

(3) $\boldsymbol{\frac{7x-8y}{30}\left(\frac{7}{30}x-\frac{4}{15}y\right)}$

(4) $\boldsymbol{\frac{11a+17b-19c}{12}\left(\frac{11}{12}a+\frac{17}{12}b-\frac{19}{12}c\right)}$

❺ (1) $\boldsymbol{5x-4y+1}$　(2) $\boldsymbol{13x-10y+2}$

❻ (1) **8**　(2) **−48**

(3) $\boldsymbol{-\frac{32}{5}}$　(4) **−2**

❼ **3倍**

● ● ● ● ●

① (1) $\boldsymbol{a+8b}$　(2) $\boldsymbol{\frac{5x-13y}{14}\left(\frac{5}{14}x-\frac{13}{14}y\right)}$

解説

❶ (1) $5x^3y=5\times x\times x\times x\times y$ より，文字は4つあるから次数は4。

(2) $-x$ の項の係数は -1 で，1が省略されている。また，$+8$ は定数項だから係数はない。

(3)(4) 各項の次数のうちで最も大きいものが，その多項式の次数となる。

❷ (2) x^2 の項と x の項は同類項ではない。

(5) 方程式ではないので，10 倍しないように。

(6) 通分して計算する。

❸ (1) $3x\times(-2xy)^2=3x\times(-2xy)\times(-2xy)$

(2) 逆数を使って乗法になおしてから計算する。

(3) $(-x)^2\times4xy\div(-2x)^2=\dfrac{x^2\times4xy}{4x^2}$

(6) $\dfrac{1}{2}(x-4y)+\dfrac{2}{3}(2x-y)$

$=\dfrac{3(x-4y)+4(2x-y)}{6}=\dfrac{3x-12y+8x-4y}{6}$

❹ (2) 分母を通分する。

$\dfrac{2x-y}{4}+\dfrac{x-3y}{6}=\dfrac{3(2x-y)+2(x-3y)}{12}$

$=\dfrac{6x-3y+2x-6y}{12}=\dfrac{8x-9y}{12}\ \left(=\dfrac{2}{3}x-\dfrac{3}{4}y\right)$

(4) 2，3，4 の最小公倍数の 12 で通分する。

$\dfrac{a+3b-c}{2}+\dfrac{2a-b-c}{3}-\dfrac{a-b+3c}{4}$

$=\dfrac{6(a+3b-c)+4(2a-b-c)-3(a-b+3c)}{12}$

$=\dfrac{6a+18b-6c+8a-4b-4c-3a+3b-9c}{12}$

❺ かならずかっこをつけて代入する。

(2) $3A+2(B-C)=3A+2B-2C$

$=3(3x-2y)+2(2x+3y-1)-2(5y-2)$

$=13x-10y+2$

❻ (1) $5(3x-2y)-2(7x-4y)=x-2y$

ここで $x=4,\ y=-2$ を代入する。

(3) $\dfrac{4x-y}{5}-2x+y=\dfrac{4x-y-10x+5y}{5}$

$=\dfrac{-6x+4y}{5}\ \left(=-\dfrac{6}{5}x+\dfrac{4}{5}y\right)$

(4) $\dfrac{2x+y}{3}-\dfrac{x-2y}{2}=\dfrac{4x+2y-3x+6y}{6}$

$=\dfrac{x+8y}{6}\ \left(=\dfrac{1}{6}x+\dfrac{4}{3}y\right)$

ポイント

式の値を求めるときは，式を簡単にしてから，x や y の値を代入する。

❼ 円柱の体積＝半径×半径×π×高さ

円錐の体積＝半径×半径×π×高さ×$\dfrac{1}{3}$

㋐の体積＝$b\times b\times\pi\times a=\pi ab^2$

㋑の体積＝$b\times b\times\pi\times a\times\dfrac{1}{3}=\dfrac{1}{3}\pi ab^2$

㋐÷㋑＝$\pi ab^2\div\dfrac{1}{3}\pi ab^2=3$

① (2) $\dfrac{x-y}{2}-\dfrac{x+3y}{7}$

$=\dfrac{7(x-y)}{14}-\dfrac{2(x+3y)}{14}=\dfrac{5x-13y}{14}\ \left(=\dfrac{5}{14}x-\dfrac{13}{14}\right.$

p.12〜13 ステージ1

❶ ① $n+7$ ② $n+7$ ③ $2n$ ④ $2n$

❷ m，n を整数とすると，2 つの奇数は $2m+1$，$2n+1$ と表される。これらの差は

$(2m+1)-(2n+1)$

$=2m+1-2n-1=2m-2n=2(m-n)$

$m-n$ は整数だから，$2(m-n)$ は偶数である。したがって，奇数と奇数の差は偶数になる。

❸ n を整数とすると，連続する 3 つの奇数は $2n+1$，$2n+3$，$2n+5$ と表される。

これらの和は

$(2n+1)+(2n+3)+(2n+5)$

$=6n+9=3(2n+3)$

$2n+3$ は整数だから，$3(2n+3)$ は 3 の倍数である。したがって，連続する 3 つの奇数の和は 3 の倍数になる。

❹ 3 けたの正の整数の百の位の数を a，十の位の数を b，一の位の数を c とすると，もとの整数は $100a+10b+c$，百の位の数と一の位の数を入れかえた整数は $100c+10b+a$ と表される。

これらの差は

$(100a+10b+c)-(100c+10b+a)$

$=100a+10b+c-100c-10b-a$

$=99a-99c=99(a-c)$

$a-c$ は整数だから，$99(a-c)$ は 99 の倍数である。したがって，もとの整数と百の位の数と一の位の数を入れかえた整数の差は 99 でわり切れる。

解説

❶ カレンダーの縦に並んだ数は 7 ずつ増えているので，上の数は $n-7$，下の数は $n+7$ となる。

❷ 奇数を文字を使って表すと，$2n+1$ となる。連続する場合は，$2n-1$，$2n+1$ と，同じ文字を使うが，連続しない場合は文字を変えて，$2m+1$，$2n+1$ と表す。

752 なら，$7\times100+5\times10+2\times1$ となるので，3 けたの整数は，百の位を a，十の位を b，一の位を c とすると，$100a+10b+c$ と表される。

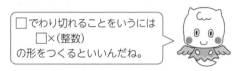

□でわり切れることをいうには
□×(整数)
の形をつくるといいんだね。

14～15　ステージ1

(1) $x=4y+2$　(2) $a=-2b$

(3) $x=\frac{8}{7}-\frac{4}{3}y$　(4) $b=-10+a$

(1) $y=2x+\frac{5}{2}$　(2) $b=3a+4$

(3) $y=-\frac{3}{2}x-6$　(4) $a=\frac{1}{2}\ell-b-c$

(1) $a=\frac{2S}{h}-b$　(2) 6

20π m

解説

(2)
$3a+b=2a-b$
（a の項は左辺に，b の項は右辺に移項する。）
$3a-2a=-b-b$
$a=-2b$

(4)
$\frac{a-b}{2}=5$
（両辺に 2 をかける。）
$a-b=10$
（a を移項する。）
$-b=10-a$
（両辺に -1 をかける。）
$b=-10+a$
（$b=a-10$ でもよい。）

(1)
$4x=2y-5$
（両辺を入れかえる。）
$2y-5=4x$
（-5 を移項する。）
$2y=4x+5$
（両辺を 2 でわる。）
$y=2x+\frac{5}{2}$

(2)
$9a=3b-12$
（両辺を入れかえる。）
$3b-12=9a$
（-12 を移項する。）
$3b=9a+12$
（両辺を 3 でわる。）
$b=3a+4$

(3)
$-3(x+4)=2y$
（かっこをはずす。）
$-3x-12=2y$
（両辺を入れかえる。）
$2y=-3x-12$
（両辺を 2 でわる。）
$y=-\frac{3}{2}x-6$

(4)
$\ell=2a+2b+2c$
（両辺を入れかえる。）
$2a+2b+2c=\ell$
（$2b$ と $2c$ を移項する。）
$2a=\ell-2b-2c$
（両辺を 2 でわる。）
$a=\frac{1}{2}\ell-b-c$

❸ (1)
$S=\frac{1}{2}(a+b)h$
（両辺に 2 をかける。）
$2S=(a+b)h$
（両辺を入れかえる。）
$(a+b)h=2S$
（両辺を h でわる。）
$a+b=\frac{2S}{h}$
（b を移項する。）
$a=\frac{2S}{h}-b$

❹ いちばん内側の長さ … $2\pi r+2a$ (m)
いちばん外側の長さ … $2\pi(r+10)+2a$ (m)
いちばん内側の長さといちばん外側の長さの差は
$2\pi(r+10)+2a-(2\pi r+2a)$
$=2\pi r+20\pi+2a-2\pi r-2a$
$=20\pi$ (m)

p.16～17　ステージ2

❶ (1) 2　(2) $2n+2$

(3) $2n+(2n+2)+(2n+4)=6n+6$

(4) n を整数として連続する 3 つの偶数を $2n$，$2n+2$，$2n+4$ とすると，
これらの和は　$2n+(2n+2)+(2n+4)$
$=6n+6=6(n+1)$
$n+1$ は整数だから，$6(n+1)$ は 6 の倍数である。したがって，連続する 3 つの偶数の和は 6 でわり切れる。

❷ n を整数として，連続する 3 つの奇数を，$2n-1$，$2n+1$，$2n+3$ とすると，これらの和は　$(2n-1)+(2n+1)+(2n+3)$
$=6n+3=6n+2+1=2(3n+1)+1$
$3n+1$ は整数だから，$2(3n+1)$ は偶数で，$2(3n+1)+1$ は奇数である。したがって，連続する 3 つの奇数の和は奇数になる。

❸ m，n を整数として，2 つの 3 の倍数を $3m$，$3n$ とすると，これらの差は
$3m-3n=3(m-n)$
$m-n$ は整数だから，$3(m-n)$ は 3 の倍数である。したがって，3 の倍数どうしの差は 3 の倍数になる。

❹ 百の位の数を a，十の位の数を b，一の位の数を c として，3けたの整数を
$100a+10b+c$ とすると

$100a+10b+c=99a+a+9b+b+c$
$=99a+9b+a+b+c$
$=9(11a+b)+(a+b+c)$

$9(11a+b)$ は9でわり切れるので，9でわった余りは $(a+b+c)$ を9でわった余りと等しくなる。したがって，3けたの整数の各位の数の和を9でわった余りは，この整数を9でわった余りと等しくなる。

❺ (1) $y=\frac{1}{2}x$　(2) $x=-5y$

(3) $x=-4+\frac{4}{3}y$　(4) $r=\frac{\ell}{2\pi}$

(5) $h=\frac{3V}{\pi r^2}$　(6) $b=\frac{2S}{h}-a$

❻ 3π m（前に）ずらす。

● ● ● ● ●

① A　$n+4$

a　5　　b　2

c　3　　d　5

解説

❶ (2) 連続する3つの偶数は2ずつ大きくなっているので，$2n$，$2n+2$，$2n+4$ と表される。

(4) 6でわり切れる数は6の倍数になっているので，3つの偶数の和を表す式を 6×(整数) の形に変形して説明する。

ポイント

偶数は $2n$，奇数は $2n+1$ として表し，□の倍数であることをいうには，□×(整数) の形をつくる。

❷ 連続する3つの奇数は，$2n-1$，$2n+1$，$2n+3$ と表される。この3つの奇数の和を，2×(整数)+1 という奇数を表す形に変形する。

❸ 3の倍数は，3×(整数) の形で表されるので，2つの3の倍数の差がこの形になるように式を変形する。

❹ 3けたの整数は，$100a+10b+c$ と表される。
9×(整数) の部分は，9でわり切れるので，余りは出ないことに注意する。

❺ (2)

$3(x-y)-2(x-4y)=0$　かっこをはず
$3x-3y-2x+8y=0$　同類項をまと
$x+5y=0$　5yを移項す
$x=-5y$

(3)

$\frac{x}{4}-\frac{y}{3}=-1$　両辺に4をかける。
$x-\frac{4}{3}y=-4$　$-\frac{4}{3}y$ を移項する。
$x=-4+\frac{4}{3}y$

(6)

$S=\frac{(a+b)h}{2}$　両辺に2をかける。
$2S=(a+b)h$　両辺を入れかえる。
$(a+b)h=2S$　両辺をhでわる。
$a+b=\frac{2S}{h}$　aを移項する。
$b=\frac{2S}{h}-a$

ポイント

等式を x や y などの文字を求める式に変形することを，x や y などの文字について解くという。移項や等式の性質などを使って，〔　〕の中の文字を求める式に変形する。

❻ Aレーンの長さ … $2\pi r+2a$ (m)
Bレーンの長さ … $2\pi(r+1.5)+2a$ (m)
AレーンとBレーンの長さの差は

$2\pi(r+1.5)+2a-(2\pi r+2a)$
$=2\pi r+3\pi+2a-2\pi r-2a$
$=3\pi$ (m)

BレーンのほうがAレーンより 3π m 長いので，Bレーンのスタートの位置をAレーンから 3π 前にずらすとよい。

① 連続する5つの自然数のうち，最も小さい数 n とすると，5つの自然数は，次のように表さる。

n，$n+1$，$n+2$，$n+3$，$n+4$

5つの自然数の和は

$n+(n+1)+(n+2)+(n+3)+(n+4)$
$=5n+10$
$=5(n+2)$　となる。

$n+2$ は，小さい方から3番目の数だから，連続る5つの自然数の和は，3番目の数の5倍にな

18〜19 ステージ3

(1) 単項式，2次式　(2) 多項式，1次式
(3) 多項式，1次式　(4) 単項式，3次式

(1) $8x-y$　(2) a^2-6
(3) $3x^2+7x+1$　(4) $-a^2-2ab+5b^2$
(5) $-15xy$　(6) $-128a^2b$
(7) $9x-9y$　(8) $\dfrac{15a+2b}{6}\left(\dfrac{5}{2}a+\dfrac{1}{3}b\right)$
(9) $\dfrac{x-2y}{12}\left(\dfrac{1}{12}x-\dfrac{1}{6}y\right)$　(10) $\dfrac{a+11b}{6}\left(\dfrac{1}{6}a+\dfrac{11}{6}b\right)$

$\dfrac{b^2}{a^2}$ 倍

(1) -8　(2) -1

(1) $x=\dfrac{2y+5}{3}$　(2) $b=\dfrac{4a-5}{3}$
(3) $y=-40-5x$　(4) $a=\dfrac{c}{3}-b$

$(ab-ac)\,\mathrm{m}^2$　〔$a(b-c)\,\mathrm{m}^2$ でもよい。〕

(1) $100b+10a+c$
(2) もとの整数 A の百の位の数を a，十の位の数を b，一の位の数を c とすると
$A=100a+10b+c$,
$B=100b+10a+c$ となる。
$$A-B=(100a+10b+c)-(100b+10a+c)$$
$$=100a+10b+c-100b-10a-c$$
$$=90a-90b$$
$$=90(a-b)$$
$a-b$ は整数だから，$90(a-b)$ は90の倍数である。
したがって，$A-B$ は90の倍数になる。

解説

各項の次数のうち，最も大きい次数がその式の次数になる。

(1) $3x-2y+5x+y$
$=3x+5x-2y+y=8x-y$
(2) a^2 と a は同類項ではないことに注意する。
(4) $(a^2-3ab+2b^2)-(2a^2-ab-3b^2)$
$=a^2-3ab+2b^2-2a^2+ab+3b^2$
(5) $3x^2y\times5xy\div(-x^2y)=-\dfrac{3x^2y\times5xy}{x^2y}$
(6) $18a^2b\div\left(-\dfrac{3}{4}b\right)^2\times(-4b^2)$
$=-\dfrac{18a^2b\times16\times4b^2}{9b^2}=-128a^2b$

(7) $-3(2x+y)+3(5x-2y)=-6x-3y+15x-6y$
(9) $\dfrac{3x-2y}{4}+\dfrac{-2x+y}{3}=\dfrac{3(3x-2y)+4(-2x+y)}{12}$
$=\dfrac{9x-6y-8x+4y}{12}$

得点アップのコツ
かっこをはずすとき，かっこの前の符号が＋のときは，そのままかっこをはずし，－のときは，かっこの中の各項の符号を変えて計算する。

3 ㋐の直方体の体積$=b\times b\times a=ab^2$
㋑の立方体の体積$=a\times a\times a=a^3$
よって，$ab^2\div a^3=\dfrac{ab^2}{a^3}=\dfrac{a\times b\times b}{a\times a\times a}=\dfrac{b^2}{a^2}$

4 (1) $8x^3y^2\div(-4x^2y^3)\times xy$
$=-\dfrac{8x^3y^2\times xy}{4x^2y^3}=-2x^2$
$=-2\times(-2)^2=-8$
(2) $2(4x+3y)-3(2x-y)$
$=8x+6y-6x+3y$
$=2x+9y$
$=2\times(-2)+9\times\dfrac{1}{3}=-4+3=-1$

ポイント
まず，式を計算して簡単にしてから，x や y の値を代入して，式の値を求める。

5 (3) $x+\dfrac{y}{5}=-8$
　両辺に5をかける。
$5x+y=-40$
　$5x$ を移項する。
$y=-40-5x$
(4) $c=3(a+b)$
　両辺を入れかえる。
$3(a+b)=c$
　両辺を3でわる。
$a+b=\dfrac{c}{3}$
　b を移項する。
$a=\dfrac{c}{3}-b$

6 長方形の面積は，$a\times b=ab\,(\mathrm{m}^2)$
道は，底辺が c，高さが a の平行四辺形だから，面積は，$c\times a=ac\,(\mathrm{m}^2)$

7 (2) 90の倍数になるということを説明するために，90×(整数) の形に変形する。

得点アップのコツ
□でわり切れる，□の倍数であるということを説明するときは，□×(整数) の形で表す。

2章 連立方程式

p.20～21 ステージ1

1 (1) ㋑　　(2) ㋑，㋒

2 (1) $\begin{cases} x=2 \\ y=1 \end{cases}$　(2) $\begin{cases} x=8 \\ y=4 \end{cases}$

(3) $\begin{cases} x=-3 \\ y=3 \end{cases}$　(4) $\begin{cases} x=3 \\ y=1 \end{cases}$

(5) $\begin{cases} x=-5 \\ y=4 \end{cases}$　(6) $\begin{cases} x=0 \\ y=-5 \end{cases}$

3 例 ①から②をひくとき，y の項の計算は $3y+y$ となるのを，$3y-y$ として計算している。

解説

1 (1) 連立方程式に㋐，㋑，㋒の値を代入して，方程式が成り立つかどうか確かめる。

(2) ㋐では，下の式が成り立たない。

2 (1)

$$\begin{array}{rrl} & 3x+y= & 7 \\ -) & 6x+y= & 13 \\ \hline & -3x \quad = & -6 \end{array}$$

これを解いて，$x=2$

$x=2$ を $3x+y=7$ に代入して，$y=1$

(2) y を消去する。

$$\begin{array}{rrl} & x+y= & 12 \\ +) & x-y= & 4 \\ \hline & 2x \quad = & 16 \\ & x= & 8 \end{array}$$

別解 x を消去する。

$$\begin{array}{rrl} & x+y= & 12 \\ -) & x-y= & 4 \\ \hline & 2y= & 8 \\ & y= & 4 \end{array}$$

(3)

$$\begin{array}{rrl} & 3x+5y= & 6 \\ -) & 6x+5y= & -3 \\ \hline & -3x \quad = & 9 \end{array}$$

(4)

$$\begin{array}{rrl} & 5x-2y= & 13 \\ +) & x+2y= & 5 \\ \hline & 6x \quad = & 18 \end{array}$$

(5)

$$\begin{array}{rrl} & -5x-\ y= & 21 \\ +) & 5x+2y= & -17 \\ \hline & y= & 4 \end{array}$$

(6)

$$\begin{array}{rrl} & 3x-3y= & 15 \\ +) & 2x+3y= & -15 \\ \hline & 5x \quad = & 0 \end{array}$$

> もとの連立方程式の x，y に解を代入して答えを確かめよう。

3

$$\begin{array}{rrl} & 2x+3y= & 12 \\ -) & 2x-\ y= & 4 \end{array}$$

└→ $3y-(-y)=3y+y$

よって，

$$\begin{array}{rrl} & 2x+3y= & 12 \\ -) & 2x-\ y= & 4 \\ \hline & 4y= & 8 \\ & y= & 2 \end{array}$$

$y=2$ を②に代入して $x=3$ となる。

p.22～23 ステージ1

1 (1) $\begin{cases} x=1 \\ y=6 \end{cases}$　(2) $\begin{cases} x=4 \\ y=6 \end{cases}$

(3) $\begin{cases} x=-4 \\ y=3 \end{cases}$　(4) $\begin{cases} x=2 \\ y=-2 \end{cases}$

(5) $\begin{cases} x=-5 \\ y=3 \end{cases}$　(6) $\begin{cases} x=4 \\ y=3 \end{cases}$

2 (1) $\begin{cases} x=4 \\ y=-2 \end{cases}$　(2) $\begin{cases} x=1 \\ y=3 \end{cases}$

(3) $\begin{cases} x=2 \\ y=1 \end{cases}$　(4) $\begin{cases} x=2 \\ y=1 \end{cases}$

(5) $\begin{cases} x=1 \\ y=2 \end{cases}$　(6) $\begin{cases} x=4 \\ y=6 \end{cases}$

解説

1 (1) $\begin{cases} 4x+5y=34 & \cdots ① \\ 3x-y=-3 & \cdots ② \end{cases}$

$$\begin{array}{lrrl} ① & & 4x+5y= & 34 \\ ②\times 5 & +) & 15x-5y= & -15 \\ \hline & & 19x \quad = & 19 \end{array} \rightarrow x=1$$

$x=1$ を①に代入して，

$4\times 1+5y=34$，$y=6$

(2) $\begin{cases} -4x+5y=14 & \cdots ① \\ x+6y=40 & \cdots ② \end{cases}$

$$\begin{array}{lrrl} ① & & -4x+\ 5y= & 14 \\ ②\times 4 & +) & 4x+24y= & 160 \\ \hline & & 29y= & 174 \end{array} \rightarrow y=6$$

$y=6$ を②に代入して，

$x+6\times 6=40$，$x=4$

(3) $\begin{cases} 6x+5y=-9 & \cdots ① \\ 4x+2y=-10 & \cdots ② \end{cases}$

$$\begin{array}{lrrl} ①\times 2 & & 12x+10y= & -18 \\ ②\times 3 & -) & 12x+\ 6y= & -30 \\ \hline & & 4y= & 12 \end{array} \rightarrow y=3$$

$y=3$ を①に代入して，

$6x+5\times 3=-9$，$x=-4$

(4) $\begin{cases} 2x-4y=12 & \cdots ① \\ 5x+6y=-2 & \cdots ② \end{cases}$

$$\begin{array}{lrrl} ①\times 3 & & 6x-12y= & 36 \\ ②\times 2 & +) & 10x+12y= & -4 \\ \hline & & 16x \quad = & 32 \end{array} \rightarrow x=2$$

$x=2$ を①に代入して，

$2\times 2-4y=12$，$y=-2$

(5) $\begin{cases} -5x+6y=43 & \cdots ① \\ 3x+4y=-3 & \cdots ② \end{cases}$

①×2　$-10x+12y=86$
②×3　$-)\ 9x+12y=-9$
$-19x=95 \rightarrow x=-5$

$x=-5$ を②に代入して，
$3\times(-5)+4y=-3$，$y=3$

ポイント
1つの文字の係数の絶対値をそろえて，左辺，右辺どうしをたしたりひいたりして文字を消去する。

● 代入するときは，かっこをつける。

(1) $\begin{cases} y=-3x+10 & \cdots① \\ 5x+6y=8 & \cdots② \end{cases}$

①の式の $(-3x+10)$ を②の y のところに代入して，$5x+6(-3x+10)=8$
これを解いて，$x=4$　$x=4$ を①に代入して，
$y=-3\times4+10$，$y=-2$

(2) $\begin{cases} 6x+3y=15 & \cdots① \\ x=2y-5 & \cdots② \end{cases}$

②の式の $(2y-5)$ を①の x のところに代入して，
$6(2y-5)+3y=15$
これを解いて，$y=3$
$y=3$ を②に代入して，$x=2\times3-5$，$x=1$

(3) $\begin{cases} y=6x-11 & \cdots① \\ y=-2x+5 & \cdots② \end{cases}$

①の式の $(6x-11)$ を②の y のところに代入して，$6x-11=-2x+5$
これを解いて，$x=2$
$x=2$ を①に代入して，$y=6\times2-11$，$y=1$

(5) $\begin{cases} y=3x-1 & \cdots① \\ x=2y-3 & \cdots② \end{cases}$

①の式の $(3x-1)$ を②の y のところに代入して，$x=2(3x-1)-3$
これを解いて，$x=1$
$x=1$ を①に代入して，$y=3\times1-1$　$y=2$

(6) $\begin{cases} y=4x-10 & \cdots① \\ x=2y-8 & \cdots② \end{cases}$

①の式の $(4x-10)$ を②の y のところに代入して，$x=2(4x-10)-8$
これを解いて，$x=4$
$x=4$ を①に代入して，$y=4\times4-10$　$y=6$

x，y の値を求めたら，もとの式に代入して，答えの確かめをしよう。

p.24〜25 ステージ1

❶ (1) $\begin{cases} x=3 \\ y=-1 \end{cases}$　(2) $\begin{cases} x=4 \\ y=-2 \end{cases}$

❷ (1) $\begin{cases} x=-1 \\ y=3 \end{cases}$　(2) $\begin{cases} x=3 \\ y=2 \end{cases}$

(3) $\begin{cases} x=-4 \\ y=1 \end{cases}$　(4) $\begin{cases} x=-2 \\ y=3 \end{cases}$

(5) $\begin{cases} x=-5 \\ y=6 \end{cases}$　(6) $\begin{cases} x=4 \\ y=3 \end{cases}$

(7) $\begin{cases} x=-5 \\ y=-8 \end{cases}$　(8) $\begin{cases} x=4 \\ y=10 \end{cases}$

❸ (1) $\begin{cases} x=3 \\ y=-4 \end{cases}$　(2) $\begin{cases} x=2 \\ y=-3 \end{cases}$

(3) $\begin{cases} x=4 \\ y=7 \end{cases}$　(4) $\begin{cases} x=-1 \\ y=2 \end{cases}$

解説

❶ (1) $\begin{cases} x+y=2 & \cdots① \\ 2x+3(y-2)=-3 & \cdots② \end{cases}$

②の式のかっこをはずして整理すると，

$\begin{cases} x+y=2 & \cdots① \\ 2x+3y=3 & \cdots③ \end{cases}$

①×2　$2x+2y=4$
③　$-)\ 2x+3y=3$
$-y=1 \rightarrow y=-1$

$y=-1$ を①に代入して，$x=3$

❷ 係数に小数や分数をふくむ連立方程式は，係数を整数になおして計算する。

(1) $\begin{cases} 0.5x+0.3y=0.4 & \cdots① \\ 2x-y=-5 & \cdots② \end{cases}$

①の式の両辺を10倍して係数を整数にする。

$\begin{cases} 5x+3y=4 & \cdots③ \\ 2x-y=-5 & \cdots② \end{cases}$

③　$5x+3y=4$
②×3　$+)\ 6x-3y=-15$
$11x=-11 \rightarrow x=-1$

$x=-1$ を②に代入して，$y=3$

(4) $\begin{cases} 0.5x-0.6y=-2.8 & \cdots① \\ -0.2x+0.5y=1.9 & \cdots② \end{cases}$

各式の両辺を10倍して係数を整数にする。

$\begin{cases} 5x-6y=-28 & \cdots③ \\ -2x+5y=19 & \cdots④ \end{cases}$

③×2　　$10x-12y=-56$
④×5　$+)\ -10x+25y=\ 95$
$13y=39 \rightarrow y=3$

$y=3$ を④に代入して，$x=-2$

(5) $\begin{cases} \dfrac{x}{5}+\dfrac{y}{3}=1 & \cdots① \\ 3x+4y=9 & \cdots② \end{cases}$

①の式の両辺を 15 倍して

$\begin{cases} 3x+5y=15 & \cdots③ \\ 3x+4y=9 & \cdots② \end{cases}$

$3x+5y=15$
$-)\ 3x+4y=\ 9$
$y=\ 6$

$y=6$ を②に代入して，$x=-5$

(8) $\begin{cases} \dfrac{1}{3}x+\dfrac{1}{6}y=3 & \cdots① \\ \dfrac{1}{4}x+\dfrac{2}{5}y=5 & \cdots② \end{cases}$

分母をはらって $\begin{cases} 2x+y=18 & \cdots③ \\ 5x+8y=100 & \cdots④ \end{cases}$

③×8　　$16x+8y=144$
④　　$-)\ 5x+8y=100$
$11x\ =44 \rightarrow x=4$

$x=4$ を③に代入して，$y=10$

3 $A=B=C$ の式を $\begin{cases} A=C \\ B=C \end{cases}$ の形に変えて解く。

(1) $\begin{cases} 5x+2y=7 \\ x-y=7 \end{cases}$

これを解いて，$x=3$，$y=-4$

(3) $\begin{cases} 3x+2y=7x-2 & \cdots① \\ 5+3y=7x-2 & \cdots② \end{cases}$

①の式を整理して，$-4x+2y=-2$ …③
②の式を整理して，$-7x+3y=-7$ …④
③，④を連立方程式として解いて，
$x=4$，$y=7$

(4) $\begin{cases} 5x+2y=3x+y & \cdots① \\ 4x+3y-3=3x+y & \cdots② \end{cases}$

①の式を整理して，$2x+y=0$ …③
②の式を整理して，$x+2y=3$ …④
③，④を連立方程式として解いて，
$x=-1$，$y=2$

$A=B=C$ を，
$\begin{cases} A=B \\ A=C \end{cases}$ $\begin{cases} A=B \\ B=C \end{cases}$ の形に変えて
解いてもいいよ。

p.26～27　ステージ2

1 ㋒

2 (1) $\begin{cases} x=3 \\ y=-2 \end{cases}$　(2) $\begin{cases} x=-5 \\ y=6 \end{cases}$

(3) $\begin{cases} x=-\dfrac{14}{5} \\ y=\dfrac{13}{5} \end{cases}$　(4) $\begin{cases} x=3 \\ y=4 \end{cases}$

(5) $\begin{cases} x=2 \\ y=7 \end{cases}$　(6) $\begin{cases} x=1 \\ y=6 \end{cases}$

(7) $\begin{cases} x=5 \\ y=1 \end{cases}$　(8) $\begin{cases} x=-2 \\ y=-3 \end{cases}$

(9) $\begin{cases} x=-2 \\ y=-5 \end{cases}$　(10) $\begin{cases} x=6 \\ y=-9 \end{cases}$

3 (1) $\begin{cases} x=-2 \\ y=1 \end{cases}$　(2) $\begin{cases} x=2 \\ y=-4 \\ z=3 \end{cases}$

4 $\begin{cases} a=2 \\ b=1 \end{cases}$

5 3

・・・・・

① (1) $\begin{cases} x=3 \\ y=-2 \end{cases}$　(2) $\begin{cases} x=5 \\ y=-2 \end{cases}$

(3) $\begin{cases} x=-3 \\ y=5 \end{cases}$　(4) $\begin{cases} x=-3 \\ y=6 \end{cases}$

② $\begin{cases} a=7 \\ b=-4 \end{cases}$

解説

2 (1)　$3x-2y=\ 13$
$+)\ x+2y=-1$
$4x\ =12 \rightarrow x=3$

$x=3$ を $x+2y=-1$ に代入して，$y=-2$

(3) $\begin{cases} 3x+4y=2 & \cdots① \\ 2x+y=-3 & \cdots② \end{cases}$

①　　$3x+4y=\ 2$
②×4　$-)\ 8x+4y=-12$
$-5x\ =14 \rightarrow x=-\dfrac{14}{5}$

$x=-\dfrac{14}{5}$ を②に代入して，$y=\dfrac{13}{5}$

(5) $y=5x-3$ を，$y=-3x+13$ に代入すると，
$5x-3=-3x+13$　　$x=2$
$x=2$ を $y=5x-3$ に代入して，$y=7$

(6) $4y=x+23$ を，$3x+4y=27$ の $4y$ に代入して，

$3x+(x+23)=27 \qquad x=1$

$x=1$ を $4y=x+23$ に代入して，$y=6$

別解 $\begin{cases} 4y=x+23 & \cdots① \\ 3x+4y=27 & \cdots② \end{cases}$

①の式の x を移項して，$-x+4y=23$ …③

$$\begin{array}{lrl} ③ & -x+4y= & 23 \\ ② & -)\ 3x+4y= & 27 \\ \hline & -4x \qquad = & -4 \rightarrow x=1 \end{array}$$

$x=1$ を①に代入して，$y=6$

(8) $\begin{cases} 3(2x-y)-4y=9 & \cdots① \\ 4x-3(x-y)=-11 & \cdots② \end{cases}$

①，②の式のかっこをはずして整理すると，

$\begin{cases} 6x-7y=9 \\ x+3y=-11 \end{cases}$

これを解いて，$x=-2$，$y=-3$

(9) $\begin{cases} 0.7x-0.5y=1.1 & \cdots① \\ 6x-2y=-2 & \cdots② \end{cases}$

①の式の両辺に 10 をかけて，係数を整数にすると，$7x-5y=11$ …③

$\begin{cases} 7x-5y=11 \\ 6x-2y=-2 \end{cases}$

これを解いて，$x=-2$，$y=-5$

(10) $\begin{cases} \dfrac{2x-y}{7}=3 & \cdots① \\ \dfrac{1}{2}x+\dfrac{1}{3}y=2+\dfrac{2}{9}y & \cdots② \end{cases}$

①の式の両辺に 7 をかけて，係数を整数にすると，$2x-y=21$

②の式の両辺に 18 をかけて係数を整数にし，整理すると，$9x+2y=36$

$\begin{cases} 2x-y=21 \\ 9x+2y=36 \end{cases}$

これを解いて，$x=6$，$y=-9$

ミス注意! 小数や分数の係数を整数にするとき，両辺に同じ数をかけることを忘れないようにする。

3 (1) $\begin{cases} 2x+3y=3x+5 & \cdots① \\ -x-3y=3x+5 & \cdots② \end{cases}$

①の式を整理して，$-x+3y=5$

②の式を整理して，$-4x-3y=5$

$\begin{cases} -x+3y=5 \\ -4x-3y=5 \end{cases}$

これを解いて，$x=-2$，$y=1$

(2) $\begin{cases} x+y+z=1 & \cdots① \\ 2x-3y-z=13 & \cdots② \\ 3x+5y+z=-11 & \cdots③ \end{cases}$

z を消去して，x と y の連立方程式をつくる。

$$\begin{array}{lrl} ①+② & x+\ y+z= & 1 \\ & +)\ 2x-3y-z= & 13 \\ \hline & 3x-2y \qquad = & 14 \cdots④ \end{array}$$

$$\begin{array}{lrl} ②+③ & 2x-3y-z= & 13 \\ & +)\ 3x+5y+z= & -11 \\ \hline & 5x+2y \qquad = & 2 \cdots⑤ \end{array}$$

④と⑤の式を連立方程式として解く。

$\begin{cases} 3x-2y=14 \\ 5x+2y=2 \end{cases}$

これを解いて，$x=2$，$y=-4$

①の式に $x=2$，$y=-4$ を代入して，$z=3$

ポイント

3 元 1 次方程式が 3 つある場合，2 つの方程式を組にして 1 つの文字を消去し，2 つの文字の連立方程式として解く。

4 それぞれの式に，$x=2$，$y=-1$ を代入する。

$\begin{cases} 2a+b=5 \\ 2b+a=4 \end{cases} \Rightarrow \begin{cases} 2a+b=5 \\ a+2b=4 \end{cases}$

これを解いて，$a=2$，$b=1$

5 連立方程式を解くと，$x=3$，$y=-1$

この値を，$2x-3y^2$ に代入すると，

$2\times3-3\times(-1)^2=6-3=3$

① (1) $\begin{cases} x-2y=7 & \cdots① \\ 4x+3y=6 & \cdots② \end{cases}$

$$\begin{array}{lrl} ①\times4 & 4x-8y= & 28 \\ ② & -)\ 4x+3y= & 6 \\ \hline & -11y= & 22 \rightarrow y=-2 \end{array}$$

$y=-2$ を①に代入して，$x=3$

(4) $\begin{cases} \dfrac{x}{6}-\dfrac{y}{4}=-2 & \cdots① \\ 3x+2y=3 & \cdots② \end{cases}$

①の式の両辺を 12 倍して整理すると，

$2x-3y=-24$

$\begin{cases} 2x-3y=-24 & \cdots③ \\ 3x+2y=3 & \cdots② \end{cases}$

これを解いて，$x=-3$，$y=6$

② それぞれの式に，$x=5$，$y=-3$ を代入する。

$\begin{cases} 5a-b\times(-3)=23 \\ 2\times5-a\times(-3)=31 \end{cases} \rightarrow \begin{cases} 5a+3b=23 \\ 10+3a=31 \rightarrow a=7 \end{cases}$

これを解いて，$a=7$，$b=-4$

p.28~29 ステージ1

❶ (1) $x+y=15$　(2) $80x+140y=1560$
(3) オレンジ … 9 個　りんご … 6 個

❷ 鉛筆 … 5 本　ボールペン … 2 本

❸ 大人 … 4 人　中学生 … 9 人

❹ パン … 90 円　おにぎり … 130 円

❺ 品物A … 240 g　品物B … 80 g

解説

❶ (1) オレンジ x 個とりんご y 個の合計が 15 個だから，$x+y=15$ (個)

(2) (代金)=(1 個の値段)×(個数) だから，
オレンジの代金は，$80x$ (円)
りんごの代金は，$140y$ (円)
代金の合計は，$80x+140y=1560$ (円)

(3) $\begin{cases} x+y=15 \\ 80x+140y=1560 \end{cases}$

これを解いて，$x=9$，$y=6$

❷ 鉛筆を x 本，ボールペンを y 本買ったとすると，
本数の合計は，$x+y=7$ (本)
代金の合計は，$50x+90y=430$ (円)

$\begin{cases} x+y=7 \\ 50x+90y=430 \end{cases}$

これを解いて，$x=5$，$y=2$

❸ 大人を x 人，中学生を y 人とすると，
入園料の合計は，$600x+400y=6000$ (円)
中学生は大人より 5 人多いから，$y=x+5$

$\begin{cases} 600x+400y=6000 \\ y=x+5 \end{cases}$

これを解いて，$x=4$，$y=9$

❹ パン 1 個を x 円，おにぎり 1 個を y 円として，それぞれのときの代金について方程式をつくると，

$\begin{cases} 2x+5y=830 \\ 4x+3y=750 \end{cases}$

これを解いて，$x=90$，$y=130$

❺ 品物A 1 個を x g，品物B 1 個を y g として，それぞれのときの重さについて方程式をつくると，

$\begin{cases} 3x+y=800 \\ x+2y=400 \end{cases}$ これを解いて，$x=240$，$y=80$

ポイント

どの数量を文字を使って表すかを決め，数量の関係を 2 つの方程式に表す。この 2 つの方程式を連立方程式として解く。

p.30~31 ステージ1

❶ (1) $x+y=900$　(2) $\frac{x}{60}+\frac{y}{150}=12$
(3) 歩いた道のり … 600 m
走った道のり … 300 m

❷ AC 間 … $\frac{3}{2}$ 時間　CB 間 … 1 時間

❸ 製品A … 200 個　製品B … 300 個

❹ お弁当 … 600 円　サンドイッチ … 350 円

解説

❶ (1) 家から学校までの道のりは 900 m だから
$x+y=900$ …①

(2) $(時間)=\frac{(道のり)}{(速さ)}$ だから，

$\frac{x}{60}+\frac{y}{150}=12$ …②
（$\frac{x}{60}$：歩いた時間，$\frac{y}{150}$：走った時間）

(3) 上の①，②を連立方程式として解くと，
$x=600$，$y=300$

❷ AC 間を走るのにかかった時間を x 時間，C
間を走るのにかかった時間を y 時間とする。
2 時間 30 分$=\frac{5}{2}$ 時間だから，かかった時間の
係から，$x+y=\frac{5}{2}$ …①
AC 間，CB 間の道のりと全体の道のり 36 km
関係から，$16x+12y=36$ …②
（$16x$：AC 間の道のり，$12y$：CB 間の道のり）
①，②を連立方程式として解くと，$x=\frac{3}{2}$，$y=$

❸ 製品Aを x 個，製品Bを y 個つくったとする

$\begin{cases} x+y=500 & \leftarrow \text{つくった数の合計} \\ \frac{20}{100}x+\frac{10}{100}y=70 & \leftarrow \text{不良品の合計} \end{cases}$

この連立方程式を解いて，$x=200$，$y=300$

❹ お弁当の定価を x 円，サンドイッチの定価を
円とすると，定価の合計は 950 円だから，
$x+y=950$ …①
また，安くなった金額の合計は 260 円だから，
$\frac{20}{100}x+\frac{40}{100}y=260$ …②
①，②を連立方程式として解くと，
$x=600$，$y=350$

別解 値引き後のそれぞれの値段から考えると，
②の式は，$\frac{80}{100}x+\frac{60}{100}y=950-260$ となる。

32~33 ステージ2

パン … 11 個　ドーナツ … 4 個

鉛筆 … 80 円　ノート … 120 円

46

㋐ 22　㋑ $70y$

走った時間 … 8 分　歩いた時間 … 14 分

(1) 男子 … 140 人　女子 … 150 人

(2) 男子 … 133 人　女子 … 162 人

80 円のお菓子 … 9 個

100 円のお菓子 … 11 個

AB 間 … 10 km　BC 間 … 15 km

● ● ● ● ●

学校から休憩所までの道のり…64 km

休憩所から目的地までの道のり…34 km

(1) $\begin{cases} x+y=365 \\ \dfrac{80}{100}x+\dfrac{60}{100}y=257 \end{cases}$

(2) 男子…190 人　女子…175 人

解説

パンを x 個，ドーナツを y 個買ったとすると，

$\begin{cases} x=2y+3 & \longleftarrow \text{個数の関係} \\ 80x+120y=1360 & \longleftarrow \text{合計の代金の関係} \end{cases}$

鉛筆 1 本を x 円，ノート 1 冊を y 円とすると，

$\begin{cases} 4x+3y=680 \\ 5x+6y=1120 \end{cases}$

もとの数は $10x+y$，十の位と一の位を入れかえた数は $10y+x$ だから，

$\begin{cases} x+y=10 & \cdots① \longleftarrow \text{各位の数の和が 10} \\ 10y+x=(10x+y)+18 & \cdots② \longleftarrow \text{もとの数より 18 大きい} \end{cases}$

②より，$-9x+9y=18 \to -x+y=2$ …③

$\begin{cases} x+y=22 & \longleftarrow \text{全体の時間} \\ 140x+70y=2100 & \longleftarrow \text{全体の道のり} \end{cases}$

(1) $\begin{cases} x+y=290 & \longleftarrow \text{昨年度の人数} \\ -\dfrac{5}{100}x+\dfrac{8}{100}y=5 & \longleftarrow \text{増えた人数} \end{cases}$

男子は 5％減った　女子は 8％増えた

(2) 今年度の男子と女子は，

$140\times\dfrac{95}{100}=133$ (人)　$150\times\dfrac{108}{100}=162$ (人)

ポイント

昨年度の男子と女子の人数をもとにして，昨年度の全体の人数，今年度に増えた人数について連立方程式をつくり，昨年度の人数を求める。

❻ 80 円のお菓子を x 個，100 円のお菓子を y 個買う予定だったとする。

合わせて 20 個買うので，$x+y=20$ …①

反対にして買ったときと予定のときの金額について，

$80y+100x=(80x+100y)-40$ …②

②より，$20x-20y=-40$　$x-y=-2$ …③

❼ AB 間の道のりを x km，BC 間の道のりを y km とする。全体の時間について，連立方程式をつくる。

4 時間 20 分$=\dfrac{13}{3}$ 時間 $\longleftarrow 4+\dfrac{1}{3}=\dfrac{13}{3}$

5 時間 40 分$=\dfrac{17}{3}$ 時間 $\longleftarrow 5+\dfrac{2}{3}=\dfrac{17}{3}$

$\begin{cases} \dfrac{x}{3}+\dfrac{y}{15}=\dfrac{13}{3} \\ \dfrac{x}{15}+\dfrac{y}{3}=\dfrac{17}{3} \end{cases}$

① 学校から目的地までの道のりは 98 km。

学校から目的地までかかった時間は 2 時間 15 分。

休憩所で 20 分休憩したので，バスに乗っていた時間は，2 時間 15 分 －20 分 ＝1 時間 55 分

1 時間 55 分　→　$\dfrac{115}{60}$ 時間$=\dfrac{23}{12}$ 時間

学校から休憩所までの道のりを x km，

休憩所から目的地までの道のりを y km とすると，

バスに乗っていた時間は，

学校から休憩所までは $\dfrac{x}{60}$ 時間，

休憩所から目的地までは $\dfrac{y}{40}$ 時間

このことから連立方程式をつくると，

$\begin{cases} x+y=98 \\ \dfrac{x}{60}+\dfrac{y}{40}=\dfrac{23}{12} \end{cases}$

これを解くと，$x=64$，$y=34$

② (1) 運動部に所属している人数は 257 人で，男子は $\dfrac{80}{100}x$ 人，女子は $\dfrac{60}{100}y$ 人。

このことから連立方程式をつくると，

$\begin{cases} x+y=365 \\ \dfrac{80}{100}x+\dfrac{60}{100}y=257 \end{cases}$

(2) (1)の連立方程式を解くと，

$x=190$，$y=175$

p.34~35 ステージ3

1 ㋒

2 (1) $\begin{cases} x=3 \\ y=-2 \end{cases}$ (2) $\begin{cases} x=7 \\ y=2 \end{cases}$

(3) $\begin{cases} x=4 \\ y=5 \end{cases}$ (4) $\begin{cases} x=2 \\ y=-1 \end{cases}$

(5) $\begin{cases} x=1 \\ y=-1 \end{cases}$ (6) $\begin{cases} x=4 \\ y=7 \end{cases}$

(7) $\begin{cases} x=9 \\ y=6 \end{cases}$ (8) $\begin{cases} x=6 \\ y=-5 \end{cases}$

3 (1) $\begin{cases} x=-3 \\ y=-4 \end{cases}$ (2) $\begin{cases} x=-3 \\ y=2 \end{cases}$

(3) $\begin{cases} x=-\dfrac{2}{3} \\ y=4 \end{cases}$ (4) $\begin{cases} x=-3 \\ y=2 \end{cases}$

4 $\begin{cases} a=1 \\ b=4 \end{cases}$

5 (1) $\begin{cases} 2x+3y=480 \\ 3x+y=440 \end{cases}$

(2) りんご … 120 円

なし … 80 円

6 (1) $\begin{cases} x=y-20 \\ \dfrac{10}{100}x+\dfrac{8}{100}y=25 \end{cases}$

(2) 男子 … 130 人

女子 … 150 人

7 6 分歩いて 4 分走る。

解説

1 x, y の値を㋐~㋒の式に代入し，2 つの等式が成り立つと，その連立方程式の解になる。

2 上の式を①，下の式を②とする。

(1) ①+② で y を消去する。

(2) ①−② で x を消去する。

(4) ①×2，②×3 $\begin{cases} 6x+8y=4 & \cdots③ \\ 6x-9y=21 & \cdots④ \end{cases}$ として，

③−④ で x を消去する。

(6) ①を②に代入すると，$4x-(2x-1)=9$

(7) ②を①に代入すると，$3x-21=-x+15$

得点アップのコツ

連立方程式を加減法で解く場合，どちらの文字が消去しやすいかを考えて計算する。

3 (1) 上の式のかっこをはずして整理すると，

$3x-2y=-1$

(2) 上の式の両辺に 2 をかけて，$2x+5y=4$ として計算する。

(4) $\begin{cases} 4x+y=2x-2y \\ -3x-4y-11=2x-2y \end{cases}$

これを解いて，$x=-3$，$y=2$

$A=B=C$ の形の方程式では，

$\begin{cases} A=B \\ A=C \end{cases}$ $\begin{cases} A=B \\ B=C \end{cases}$ $\begin{cases} A=C \\ B=C \end{cases}$

の 3 通りの連立方程式ができるよ。

4 問題の連立方程式に，$x=2$，$y=1$ を代入し a と b の連立方程式をつくる。

5 (1) (りんご 2 個)+(なし 3 個)=480 (円) だか

$2x+3y=480$ …①

(りんご 3 個)+(なし 1 個)=440 (円) だから，

$3x+y=440$ …②

(2) ①，②×3 $\begin{cases} 2x+3y=480 & \cdots① \\ 9x+3y=1320 & \cdots③ \end{cases}$ として，

①−③ で y を消去する。

6 (1) 男子が女子より 20 人少ない。

(男子の人数)=(女子の人数)−20 (人) だから

$x=y-20$ …①

男子の 10% と女子の 8% の合わせて 25 人

陸上部に入っているから，

$\dfrac{10}{100}x+\dfrac{8}{100}y=25$ …②

(2) ②の両辺に 100 をかけると，

$10x+8y=2500$ …③

①を③に代入すると，$10(y-20)+8y=2500$

$18y=2700$ $y=150$ …④

④を①に代入すると，$x=150-20$ $x=130$

7 x 分歩いて y 分走ったとする。

約束の時刻まで 10 分だから，$x+y=10$ …①

分速 60 m で歩き，分速 150 m で走った道のり

合わせて 960 m だから，

$60x+150y=960$ …② ← (道のり)=(速さ)×(時間)

①×6，②÷10 $\begin{cases} 6x+6y=60 & \cdots③ \\ 6x+15y=96 & \cdots④ \end{cases}$

③−④ で x を消去する。

得点アップのコツ

連立方程式をつくって解を求めたあと，それが問題にあうかどうか確かめよう。

3章 1次関数

p.36~37 ステージ1

❶ (1) **30分後**
(2) $y=-0.5x+15$ $(0 \leqq x \leqq 30)$
(3) **いえる。**

❷ (1) $y=-3x+20$ **1次関数である**
(2) $y=3x$ **1次関数である**
(3) $y=x^2$ **1次関数でない**

❸ (1) **5** (2) **−1** (3) **1**
(4) **0.3** (5) $\frac{2}{3}$ (6) $-\frac{3}{5}$

解説

❶ (1) $15 \div 0.5=30$ (分) で，30分後に燃えつきる。
(2) ろうそくは30分後に燃えつきるので，x は0分から30分までの間になる。
(3) ろうそくの長さは一定の割合で変化し，$y=-0.5x+15$ と，1次式で表せるので，1次関数である。

❷ (1) 1分間に3Lずつ水をぬくので，$y=-3x+20$ これは1次式なので1次関数。
(2) (正三角形の周の長さ)=(1辺の長さ)×3 なので，$y=3x$ これは1次式なので1次関数。
(3) (正方形の面積)=(1辺)×(1辺) なので，$y=x^2$ 右辺は2次式なので1次関数ではない。

❸ 1次関数では，$y=ax+b$ の a にあたる部分が変化の割合を表している。

p.38~39 ステージ1

❶ ㋐ **1** ㋑ **−5** ㋒ **3**

❷ (1) **㋐と㋔** (2) **㋑，㋕**

❸ (1) ㋐ 傾き $\frac{2}{3}$ 切片 −5
㋑ 傾き 1 切片 0
㋒ 傾き −3 切片 2
(2) ㋐ 傾き 2 切片 4
㋑ 傾き −2 切片 −4
㋒ 傾き −1 切片 2

❹ (1) **負の数**
(例) グラフが右下がりになっているから。
(2) **正の数**
(例) 切片が0より上にあるから。

解説

❶ $y=ax+b$ のグラフの b は切片で，$y=ax$ のグラフを y 軸の正の方向に b だけ平行移動したものである。

❷ (1) 平行なグラフは，傾きが等しい。
(2) 直線が右下がりになるのは，傾きが負の数のグラフである。

❸ (1) $y=ax+b$ の a が傾き，b が切片。
(2) (傾き)=(変化の割合)=$\frac{(y\text{の増加量})}{(x\text{の増加量})}$

p.40~41 ステージ1

❶

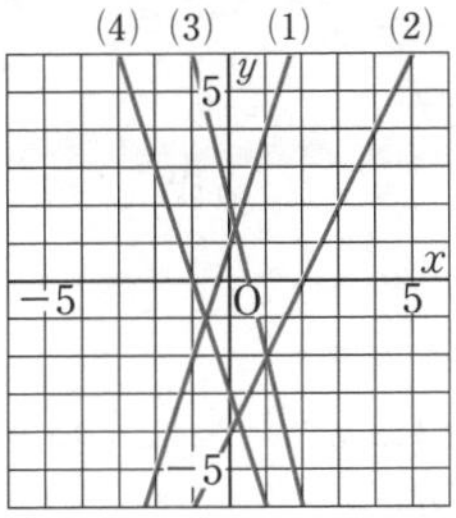

❷

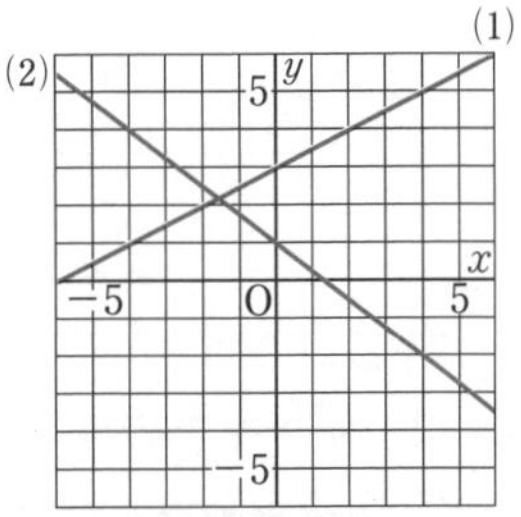

解説

❶ (1) 切片が1だから，点(0，1)をとる。
傾きが3だから，この点から右へ1，上へ3進んだ点(1，4)をとり，2点を通る直線をひく。
(4) 傾きが負の数だから，グラフは右下がりになる。切片が −3 だから，点(0，−3)をとる。
傾きが −3 だから，この点から右へ1，下へ3進んだ点(1，−6)をとり，2点を通る直線をひく。

❷ (1) 切片が3だから，点(0，3)をとる。
傾きが $\frac{1}{2}$ だから，この点から右へ2，上へ1進んだ点(2，4)をとり，2点を通る直線をひく。
(2) 切片が1だから，点(0，1)をとる。
傾きが $-\frac{3}{4}$ だから，この点から右へ4，下へ3進んだ点(4，−2)をとり，2点を通る直線をひく。

p.42~43 ステージ1

1 (1) $y=-x+2$　(2) $y=3x-4$

2 (1) $y=2x-8$　(2) $y=-x+2$

(3) $y=\frac{1}{2}x+2$　(4) $y=-2x+1$

3 (1) $y=x-7$　(2) $y=-3x-1$

(3) $y=2x-1$　(4) $y=-x+3$

解説

・求める1次関数を $y=ax+b$ とする。

1 (1) この直線の切片は2だから，$b=2$
また，点(0, 2)から右へ1進むと，下へ1進むから，直線の傾きは -1　$a=-1$
よって，$y=-x+2$ となる。

2 (1) 変化の割合が2だから，$a=2$
$y=2x+b$ に，$x=3$，$y=-2$ を代入して，
$-2=2\times3+b$　$b=-8$

(2) 傾きが -1 だから，$a=-1$
$y=-x+b$ に，$x=-1$，$y=3$ を代入して，
$3=-1\times(-1)+b$　$b=2$

(3) 切片が2だから，$b=2$
$y=ax+2$ に，$x=2$，$y=3$ を代入して，
$3=a\times2+2$　$a=\frac{1}{2}$

(4) 平行な直線は傾きが等しいので，$a=-2$

3 2点 x，y の値から直線の傾きを求め，$y=ax+b$ を使って1次関数を求める。

(1) $a=\frac{-3-(-8)}{4-(-1)}=\frac{5}{5}=1$
$y=x+b$ に，$x=4$，$y=-3$ を代入して，
$-3=1\times4+b$　$b=-7$

別解 $y=ax+b$ に，2点の座標を代入して連立方程式をつくり，a，b の値を求める。
$y=ax+b$ に，$x=4$，$y=-3$ を代入して，
$-3=4a+b$ …①
$y=ax+b$ に，$x=-1$，$y=-8$ を代入して，
$-8=-a+b$ …②
①，②を連立方程式として解いて，
$a=1$，$b=-7$

ポイント
グラフが通る2点の座標から傾きを求め，$y=ax+b$ を使って1次関数を求める。
または，$y=ax+b$ に，2点の座標を代入して a，b の連立方程式をつくり，a，b の値を求める。

p.44~45 ステージ2

1 (1) $y=2x$　変化の割合 2

(2) $y=2\pi x$　変化の割合 2π

(3) $y=-8x+48$　変化の割合 -8

(4) $y=-x+8$　変化の割合 -1

2

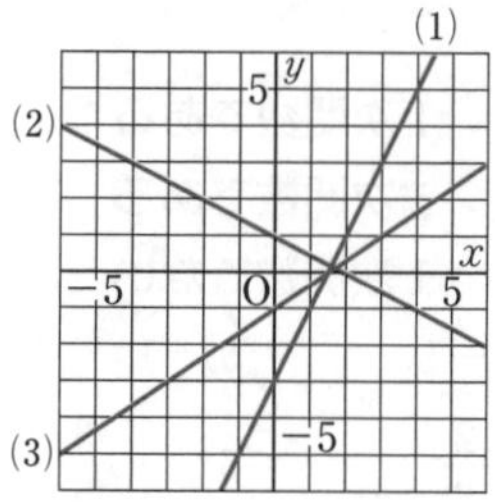

3 (1) 傾き -3，切片 -2

(2) $y=-3x-2$

4 (1) $y=\frac{2}{3}x+\frac{13}{3}$　(2) $y=\frac{3}{2}x-7$

(3) $y=-x-8$

5 (1) $y=4x-10$　(2) $y=2x-3$

(3) $y=-\frac{1}{3}x+\frac{1}{3}$　(4) $y=-\frac{8}{5}x+\frac{1}{5}$

(5) $y=\frac{9}{2}x-4$　(6) $y=2x-3$

● ● ● ● ●

① ㋑，㋓

解説

1 (1) (三角形の面積)=(底辺)×(高さ)÷2

(2) (円周)=2×(半径)×$\pi=2\pi x$
π は文字ではなく定数だから，1次関数

(3) 1 mの重さが8 gより，6 mでは48 g，x r
の重さは $8x$ g

(4) はじめ時速 x kmで4時間歩くと，進んだ道
のりは $4x$ km，残りの道のりは $(16-4x)$ km
(時間)=(はじめの時間)+(残りの時間)

$$y=4+\frac{16-4x}{4} \rightarrow y=8-x$$

2 1次関数 $y=ax+b$ の式で，a は傾き，b に
切片を表す。

(1) 傾きが2，切片が -3 のグラフになる。
まず切片をとり，x が1増えると，y は2増え
ることからグラフをかく。

(2) 傾きが $-\frac{1}{2}$，切片が1のグラフになる。x か
2増えると，y は1減ることからグラフをかく

(1) (傾き)＝(変化の割合)＝$\dfrac{(y\text{の増加量})}{(x\text{の増加量})}$

切片は，グラフと y 軸との交点の y 座標。

切片が読み取れないときは，計算で求める。連立方程式にして解くか，まず傾きを求めてから切片を計算して直線の式を求める。

(1) グラフは2点 $(-2,\ 3)$，$(1,\ 5)$ を通るから，

$$\begin{cases}3=a\times(-2)+b\\5=a\times1+b\end{cases}$$

(2) グラフは2点 $(2,\ -4)$，$(4,\ -1)$ を通るから

$$\begin{cases}-4=a\times2+b\\-1=a\times4+b\end{cases}$$

ポイント

1次関数の式は，$y=ax+b$ の形で表される。（a：傾き　b：切片）

(1) 変化の割合が等しいということは傾きが等しい。したがって $a=4$

$y=4x+b$ に，$x=3$，$y=2$ を代入する。

(2) $x=0$ のときの y の値は切片と等しい。

(3) $y=ax+b$ に，$x=-2$，$y=1$ を代入して

$1=-2a+b$ …①

$y=ax+b$ に，$x=1$，$y=0$ を代入して

$0=a+b$ …②

①，②を連立方程式として解く。

(4) $y=ax+b$ に，$x=2$，$y=-3$ と，$x=-3$，$y=5$ を代入して，連立方程式として解く。

(5) y 軸との交点が等しいということは，切片が等しいので，$b=-4$

$y=ax-4$ に，$x=2$，$y=5$ を代入して傾きを求める。

(6) グラフをかいて考える。右のグラフより，

$y=2x-3$

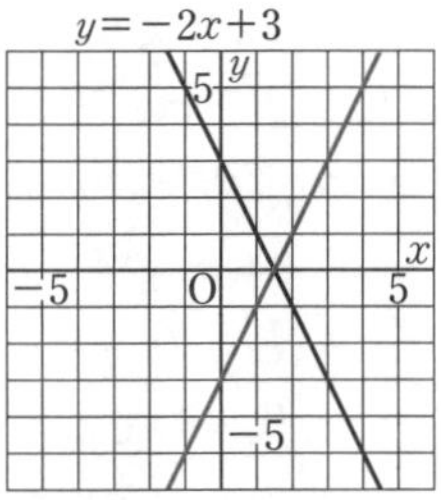

参考 x 軸について対称なグラフは，傾き，切片の符号を変えた式になる。

1 ㋐ $y=4x+5$ に $x=4$ を代入すると，$4\times4+5=21$ で，点 $(4,\ 5)$ は通らないので，正しくない。

㋒ x の増加量が $1-(-2)=3$ なので，(y の増加量)＝(変化の割合)×(x の増加量)＝$4\times3=12$ となり，正しくない。

p.46～47 ステージ1

1

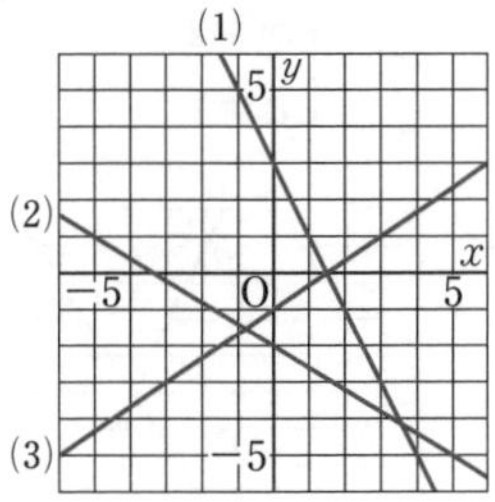

2

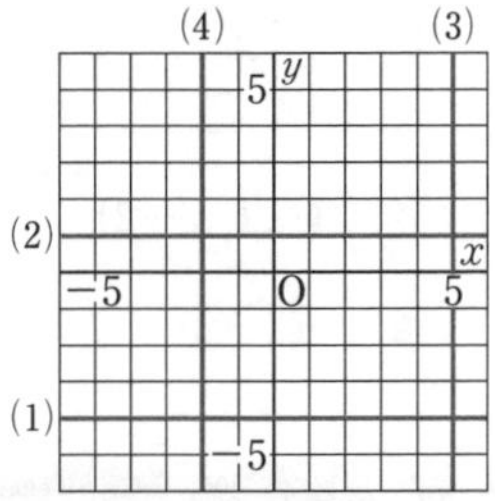

3 (1) ㋒　(2) ㋕　(3) ㋓

(4) ㋔　(5) ㋐　(6) ㋑

解説

1 問題の2元1次方程式を y について解く。

(1) $y=-2x+3$ ← 傾き -2，切片 3

(2) $y=-\dfrac{3}{5}x-2$ ← 傾き $-\dfrac{3}{5}$，切片 -2

(3) $y=\dfrac{2}{3}x-1$ ← 傾き $\dfrac{2}{3}$，切片 -1

これらの直線をグラフにかく。

2 (1) 点 $(0,\ -4)$ を通り，x 軸に平行な直線。

(2) y について解くと，$y=1$

点 $(0,\ 1)$ を通り，x 軸に平行な直線。

(3) 点 $(5,\ 0)$ を通り，y 軸に平行な直線。

(4) x について解くと，$x=-2$

点 $(-2,\ 0)$ を通り，y 軸に平行な直線。

ポイント

$y=k$ のグラフは，x 軸に平行な直線になり，$x=h$ のグラフは，y 軸に平行な直線になる。

3 方程式を y について解き，その式が表す傾きや切片からグラフを見つける。

(1) $y=\dfrac{1}{3}x$ より，傾き $\dfrac{1}{3}$，切片 0

(2) $y=-3x$ より，傾き -3，切片 0

(3) $y=x-1$ より，傾き 1，切片 -1

(4) $y=\dfrac{1}{2}x-4$ より，傾き $\dfrac{1}{2}$，切片 -4

(5) x 軸に平行なグラフで，$y=3$

(6) 常に $y=0$ となるのは x 軸

p.48〜49 ステージ1

1 (1) $\begin{cases} x=-2 \\ y=3 \end{cases}$　(2) $\begin{cases} x=2 \\ y=1 \end{cases}$

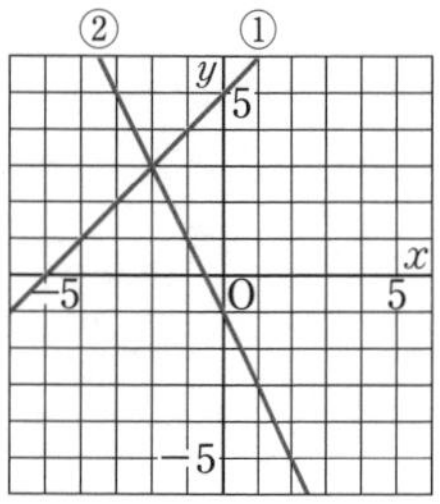

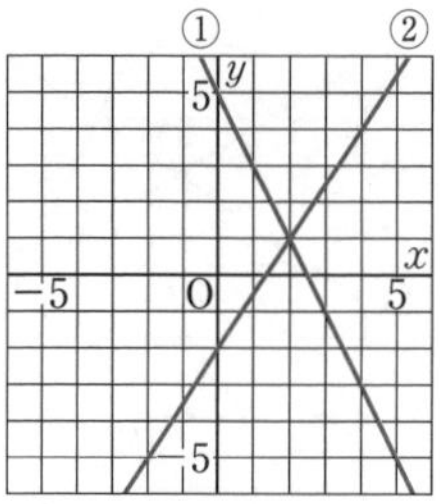

2 (1) $\left(\dfrac{10}{7},\ -\dfrac{9}{7}\right)$　(2) $(-1,\ -2)$

3 (1) ㋐，㋔　(2) ㋑，㋕
(3) ㋒，㋓

解説

1 それぞれの方程式をグラフに表す。2つのグラフの交点の x 座標，y 座標の組が連立方程式の解になる。

2 2直線 ℓ，m を式に表し，連立方程式にする。

(1) 直線 ℓ は，(0，−2)，(4，0) を通るので，式は
$y=\dfrac{1}{2}x-2$ …①
直線 m は，(0，3)，(1，0) を通るので，式は
$y=-3x+3$ …②
①，②を連立方程式として解く。

(2) 直線 ℓ は，(−2，0)，(0，−4) を通るので，式は
$y=-2x-4$ …①
直線 m は，(0，−1)，(1，0) を通るので，式は
$y=x-1$ …②
①，②を連立方程式として解く。

ポイント
x，y についての連立方程式の解は，それぞれの方程式のグラフの交点の x 座標，y 座標の組である。

3 すべて，$y=ax+b$ の形に変形して考える。

(1) 解が1組あるということは，2直線が交わるということで，(2)，(3)にあてはまらないもの。

(2) 解がないということは，2直線が交わらないということだから，2直線は平行になる。つまり，傾きが等しく，切片が異なるもの。

(3) 解が無数にあるということは，交点が無数にあるということだから，2直線は重なっている。つまり，傾きも切片も等しくなっているもの。

p.50〜51 ステージ1

1 (1) $y=\dfrac{1}{100}x+19$，$0 \leqq x \leqq 1000$
(2) 27 cm
(3) 500 g

2 (1) $y=4x$，$0 \leqq x \leqq 14$
(2) $y=-7x+154$，$14 \leqq x \leqq 22$
(3) 14 cm^2
(4) 7 秒後と 18 秒後

解説

1 (1) $y=ax+b$ に $x=300$，$y=22$ と $x=6$
$y=25$ を代入して，連立方程式にして解く。
重さは 1 kg (1000 g) までなので，x の変域は
$0 \leqq x \leqq 1000$ となる。

ミス注意！ おもりの重さは g 単位で表してい
ので，その変域も g 単位で表す。「1 kg まで」
いうことで，$0 \leqq x \leqq 1$ としないように注意する

(2) (1)の式に $x=800$ を代入して求める。

(3) (1)の式に $y=24$ を代入して求める。

2 (1) △ABP で，BP を底辺とすると高さは A
△ABP＝底辺×高さ÷2＝x×8÷2＝$4x$
点Pが辺BC上にあるときなので，x は 0 か
14 までになる。

(2) 右の図より，△ABP の底辺を AP とすると，AP の長さは
(BC＋CA)−x
＝(14＋8)−x＝22−x

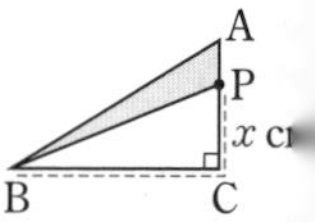

高さは BC＝14 cm より
△ABP＝(22−x)×14÷2＝$-7x+154$
点Pが辺CA上にあるときなので，x は 14 か
ら 22 までになる。

(3) 点Pは，20 秒後には辺AC上にあるので，(2
で求めた式の x に 20 を代入して y を求める。

(4) $0 \leqq x \leqq 14$ のときの $y=4x$ と，$14 \leqq x \leqq 22$
のときの $y=-7x+154$ の両方の式に，$y=2$
を代入して x を求める。
このとき求めた x の値が，変域の中にはいって
いるかどうか必ず確認する。

ポイント
点Pが辺BC上にあるとき，辺CA上にあるときに分けて考え，y を x の式で表す。点Pが辺CA上にあるとき，△ABP の底辺 PA の長さは，(BC＋CA)−x (cm) になることに注意する。

.52~53 ステージ1

1 (1) $y=200x$ $(0 \leqq x \leqq 3)$

(2) $y=-100x+900$ $(3 \leqq x \leqq 9)$

(3) 300 m

2 (1) 150 分

(2) ㋐ Aコース　㋑ Bコース

㋒ Cコース

解説

1 (1) 行きのグラフは比例。$y=ax$ に $x=3$, $y=600$ を代入して a を求めると，$a=200$
よって，式は $y=200x$

(2) 帰りのグラフは1次関数。$y=ax+b$ に $x=3$, $y=600$ と $x=9$, $y=0$ を代入して，連立方程式を解くと，$a=-100$, $b=900$
よって，式は $y=-100x+900$

(3) 家を出てから6分後は，公園からの帰りなので，帰りの式の $y=-100x+900$ に $x=6$ を代入して y の値を求める。

2 3つのグラフで，それぞれの料金を比べる。

(1) Cコースが，いちばん下になるところ。

(2) それぞれの時間で，3つのグラフのうち，いちばん下にあるグラフのコースが最も安くなる。

.54~55 ステージ2

1 (1) $y=-0.5x+10$
$0 \leqq x \leqq 20$

(2) 右の図

(3) 6分後

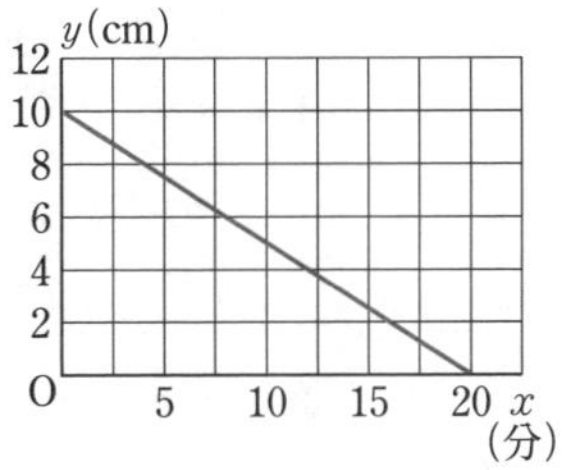

2 (1) $C\left(\frac{7}{3}, \frac{8}{3}\right)$

(2) $\frac{7}{3}$ cm

(3) $\frac{49}{6}$ cm^2

3 (1) $y=2x$, $0 \leqq x \leqq 6$

(2) $y=12$, $6 \leqq x \leqq 10$

(3) $y=-2x+32$, $10 \leqq x \leqq 16$

(4) 5秒後，11秒後

4 $a=0$

5 $y=-x+6$

● ● ● ● ●

① (1) 540 m

(2) $y=90x+450$

解説

1 (1) $10 \div 0.5=20$ より，ろうそくは20分後に燃えつきる。

(2) $x=0$ のとき $y=10$, $x=20$ のとき $y=0$

(3) (1)で求めた式 $y=-0.5x+10$ に $y=7$ を代入する。

2 (1) 直線 ℓ を1次関数の式で表すと $y=-x+5$，直線 m は $y=2x-2$ より，連立方程式を解いて交点を求める。

(2) ABを底辺とすると，高さは点Cの x 座標と等しくなる。

(3) 底辺$=AB=5-(-2)=7$,
高さ$=\frac{7}{3}$ より $\triangle ABC=7 \times \frac{7}{3} \div 2=\frac{49}{6}$

3 (1) 底辺$=BP=x$ cm, 高さ$=AB=4$ cm より
$\triangle ABP=x \times 4 \div 2=2x$

(2) 底辺$=AB=4$ cm, 高さ$=BC=6$ cm より
$\triangle ABP=4 \times 6 \div 2=12$

(3) 右図より，底辺 AB$=4$ cm,
高さ AP$=(16-x)$ cm
したがって
$\triangle ABP=4 \times (16-x) \div 2=32-2x$

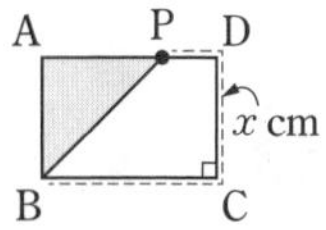

(4) (1)の $y=2x$ と，(3)の $y=-2x+32$ に $y=10$ を代入する。

4 ㋐，㋑を連立方程式として解くと，$x=-2$, $y=1$
これを㋒に代入して a を求める。

5 正方形の対角線の傾きは，AB=BC より -1 となる。
また，$y=2x$ に $x=2$ を代入すると，点Aの座標は A(2, 4) となる。したがって，$y=ax+b$ に $x=2$, $y=4$, $a=-1$ を代入して，$b=6$

① (1) 家を出発してから毎分180 m で5分間走ったのだから，このときの x と y の関係は，$y=180x$ になる。この式に $x=3$ を代入して y を求めると，$y=540$ で，家から郵便局までの道のりは540 m となる。

(2) 歩き始めてから図書館までのグラフは1次関数で，$y=ax+b$ となる。
この式に $x=5$, $y=180 \times 5=900$ と $x=15$, $y=1800$ を代入して連立方程式を解くと，
$a=90$, $b=450$ で，$y=90x+450$ となる。

p.56~57 ステージ3

1 (1) $y=0$ (2) $x=-6$ (3) $\frac{2}{3}$

(4) 8 (5) ㋒, ㋔

2 (1) ㋓, ㋔ (2) ㋑, ㋕ (3) ㋔

(4) ㋒ (5) ㋐

3 (1) $y=-2x+4$ (2) $y=3x+3$

(3) $y=\frac{2}{3}x-\frac{5}{3}$

4 (1)

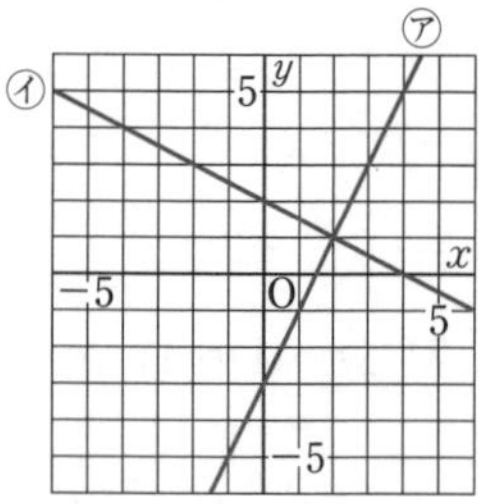

交点の座標 (2, 1)

(2)

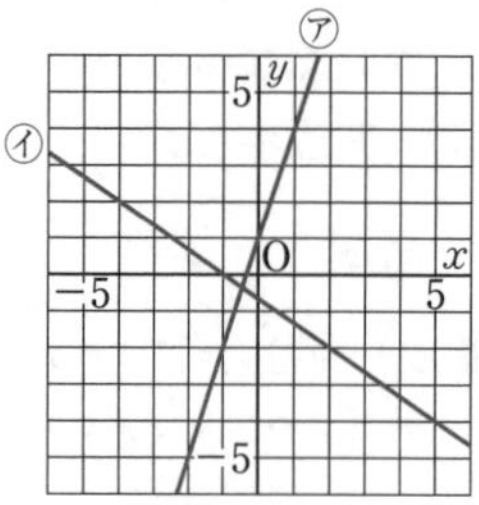

交点の座標

$\left(-\frac{5}{11},\ -\frac{4}{11}\right)$

5 (1) $y=-\frac{1}{3}x-2$ (2) (4, 0)

(3) (6, −4) (4) 20

(5) (0, −2) (6) $y=-2x-12$

(7) $y=-4$

解説

1 (1) $y=\frac{2}{3}x-2$ に $x=3$ を代入して，$y=0$

(2) $y=\frac{2}{3}x-2$ に $y=-6$ を代入して，$x=-6$

(3) 1次関数のとき，(変化の割合)=(傾き)

(4) $(変化の割合)=\frac{(y の増加量)}{(x の増加量)}$ より，

$\frac{(y の増加量)}{12}=\frac{2}{3}$

よって，y の増加量は 8

(5) x の値を代入したとき，y の値が成り立つかどうか調べる。

2 すべて $y=ax+b$ の形に変形する。

(1) x に 4 を代入したとき，y が −3 になるかどうか調べる。

㋔の $y=-3$ のグラフは x 軸に平行なので，点 (4, −3) を通る。

(2) 平行な 2 直線は，傾きが等しい。

(3) グラフが x 軸に平行 → $y=k$ の形の式

(4) 1次関数の式 $y=ax+b$ で，b は切片を表

(5) 1次関数の式 $y=ax+b$ で，a は傾きを表

3 (1) $y=ax+b$ に，$x=3$，$y=-2$，$a=-2$ 代入。

(2) $y=ax+b$ に，$x=-2$，$y=-3$，$b=3$ を代

(3) $(傾き)=\frac{-1-(-3)}{1-(-2)}=\frac{2}{3}$ $a=\frac{2}{3}$

$y=\frac{2}{3}x+b$ に，$x=1$，$y=-1$ を代入して，

$b=-\frac{5}{3}$

別解 $y=ax+b$ に，$x=-2$，$y=-3$ と $x=$ $y=-1$ を代入して連立方程式をつくる。

$\begin{cases}-3=-2a+b\\-1=a+b\end{cases}$ これを解く。

得点アップのコツ

2点を通る1次関数の式

- x と y の増加量から傾き a を求め，$y=ax+b$ の式に，x，y，a の値を代入して b の値を求める。
- $y=ax+b$ の式に，2点の x 座標，y 座標の値を代入し，a，b についての連立方程式をつくり，それを解いて a，b の値を求める。

4 2つのグラフの交点の座標は，㋐と㋑の式を連立方程式として解いた x，y の値になる。

5 (1) 点 (−6, 0) を通り，切片は −2 になるので $y=ax+b$ に，$x=-6$，$y=0$，$b=-2$ を代入

(2) 点Cは x 軸との交点なので，y 座標は 0。

$y=-2x+8$ に $y=0$ を代入して $x=4$

(3) 点Bは直線 ℓ の $y=-2x+8$ と，直線 m の $y=-\frac{1}{3}x-2$ の交点だから，連立方程式として解く。

(4) AC を底辺とすると，高さは点Bの y 座標の絶対値。

$\triangle ABC=10\times4\div2=20$

(5) 中点の座標は，x 座標は x 座標の平均，y 座標は y 座標の平均となる。よって，

$\left(\frac{(-6)+6}{2},\ \frac{0+(-4)}{2}\right)$

(6) 平行な2直線は傾きが等しい。直線 ℓ の傾きは −2 より，$y=ax+b$ に $x=-6$，$y=0$，$a=-2$ を代入する。

(7) x 軸と平行な直線の式は，$y=k$ の形。

点Bの y 座標が −4 なので，式は $y=-4$

4章 図形の性質と合同

.58~59 ステージ1

(1) **80°** (2) **55°** (3) **180°**

(1) **85°** (2) **95°** (3) **95°** (4) **110°**

(1) $\angle x=65°$ $\angle y=75°$

(2) $\angle x=32°$ $\angle y=55°$

180°

(わけ) 2つの直線が平行なとき，錯角は等しい。$\ell /\!/ m$ で錯角は等しいから
$\angle a=\angle d$
だから $\angle b+\angle d=\angle b+\angle a=180°$

解説

(2) $45°+\angle y+80°=180°$ $\angle y=55°$

(3) $\angle y$ の対頂角，$\angle x$，$\angle z$ を合わせた角は一直線になるので，$\angle x+\angle y+\angle z=180°$

(1) $\angle d$ の同位角は $\angle h$，$\angle h$ の対頂角は $\angle f$ 対頂角は等しいので，$\angle h=\angle f=85°$

(2) $\angle c$ の錯角は $\angle e$，$\angle e+\angle f=180°$ だから，$\angle e=180°-\angle f=180°-85°=95°$

(3) $\angle a$ の同位角は $\angle e$ (2)より，$\angle e=95°$

(4) $\angle h$ の錯角は $\angle b$ $\angle b=110°$

ミス注意！ 同位角，錯角は，2つの直線が平行のときだけ等しくなることに注意。

平行線の同位角，錯角は等しいことを利用する。

.60~61 ステージ1

(1) $\ell /\!/ n$ (2) **70°**

(1) **95°** (2) **35°** (3) **75°** (4) **40°**
(5) **40°** (6) **130°**

(1) **鈍角三角形** (2) **直角三角形**
(3) **鋭角三角形**

解説

(1) 同位角または錯角が等しいとき，2直線は平行になる。

(2) 直線 n と直線 q のつくる角度が 110° より，同位角は 110° となる。$\angle x=180°-110°=70°$

(1) 三角形の内角の和は 180°

(2) 三角形の外角は，それととなり合わない2つの内角の和に等しいことを利用する。

(3) 三角定規の角の大きさは，右の図の通り。

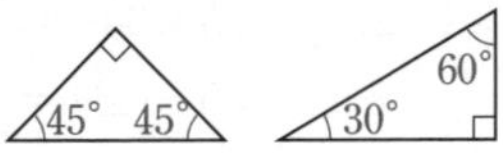

(4) $30°+30°=\angle x+20°$

(5) 平行線の同位角は等しい。

(6) 三角形の内角と外角の関係を利用する。

❸ ㋐ 3つの角の大きさは，38°，42°，100° より，1つの内角が鈍角である。

㋑ 3つの角の大きさは 45°，45°，90° より，1つの内角が直角である。

㋒ 3つの角の大きさは，60°，60°，60° より，3つの内角がすべて鋭角である。

ポイント
鋭角三角形 … 3つの内角がすべて鋭角である三角形
直角三角形 … 1つの内角が直角である三角形
鈍角三角形 … 1つの内角が鈍角である三角形

p.62~63 ステージ1

❶ (1) **7本** (2) **8個** (3) **1440°**
(4) **144°**

❷ (1) **1800°** (2) **十一角形** (3) **135°**

❸ (1) **180°** (2) **1080°** (3) **720°**
(4) **360°**

❹ (1) **30°** (2) **正八角形**

解説

❶ (2) n 角形は1つの頂点からひいた対角線によって，$(n-2)$ 個の三角形に分けられる。

(3) 三角形の内角の和は 180° だから，$180°\times8=1440°$ n 角形の内角の和は，$180°\times(n-2)$ となる。

(4) 1つの内角の大きさは，$1440°\div10=144°$

ポイント
n 角形の内角の和は，$180°\times(n-2)$ になる。

❷ (1) 十二角形の内角の和は，$180°\times(12-2)=1800°$

(2) $1620°\div180°=9$ より，9個の三角形に分けられる。したがって，$9+2=11$ 十一角形

別解 $180°\times(n-2)=1620°$ より，$n=11$

(3) 正八角形の内角の和は，$180°\times(8-2)=1080°$ より，$1080°\div8=135°$

別解 外角の和は 360° より，$360°\div8=45°$
$180°-45°=135°$

❸ (2) 頂点は6つあるから，$180°\times6=1080°$

(3) 六角形の内角の和は，$180°\times(6-2)=720°$

(4) $1080°-720°=360°$

❹ (1) 多角形の外角の和は，常に 360° となるから
$360° \div 12 = 30°$

(2) 多角形の外角の和は，常に 360° となるから
$360° \div 45° = 8$　よって，正八角形

p.64〜65　ステージ2

❶ (1) **74°**　(2) **64°**　(3) **94°**
❷ **72°**
❸ **27°**
❹ (1) **鈍角三角形**　(2) **鋭角三角形**
(3) **鋭角三角形**
❺ (1) **正八角形**　(2) **88°**
❻ **540°**
❼ **80°**

● ● ● ● ●

① **146°**
② **41°**

解説

❶ (1)

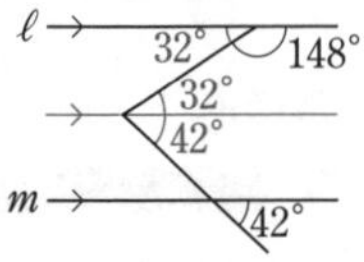

$\angle x = 32° + 42°$
$= 74°$

(2)

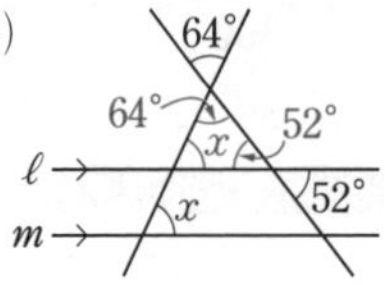

$\angle x = 180° - (64° + 52°)$
$= 64°$

(3) 五角形の内角の和は 540° だから，右の図より，
$\angle x + 110° + 118° + 78° + 140°$
$= 540°$　$\angle x = 94°$

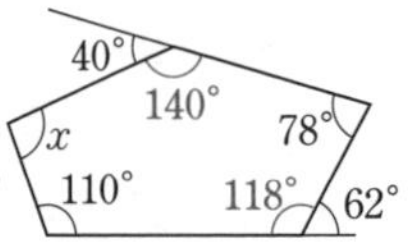

❷ $\angle IBC = x$，
$\angle ICB = y$ とすると，
△IBC の内角の和の関係より　$x + y = 54°$
また，
$\angle A = 180° - 2x - 2y$
$= 180° - 2(x + y)$
$= 180° - 2 \times 54° = 72°$

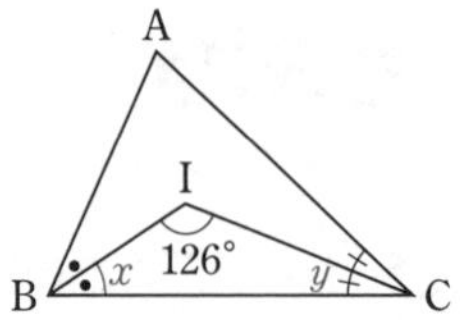

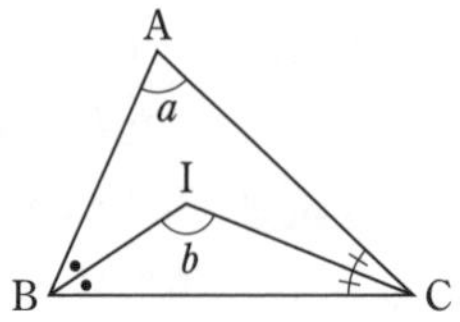

参考 一般に右の図において，$\angle a = 2\angle b - 180°$ となる。

❸ $\angle ABP = x$，
$\angle ACP = y$ とすると，
△ABC の内角と外角の関係より
$2x + 54° = 2y$

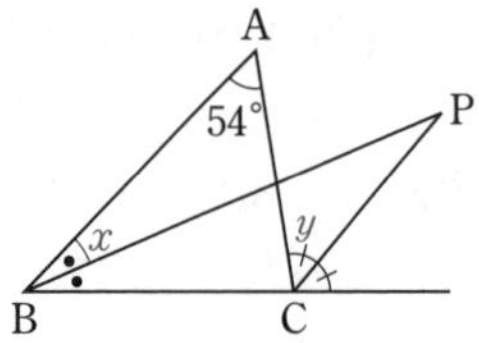

したがって，$y - x = 27°$
△PBC の内角と外角の関係より，
$\angle BPC + x = y$
$\angle BPC = y - x = 27°$

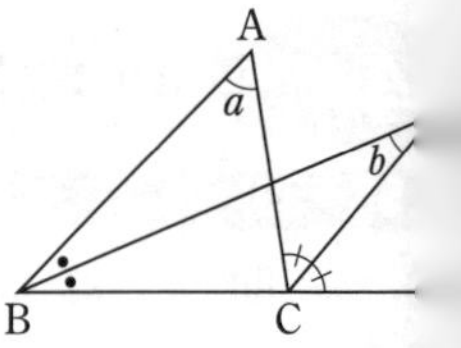

参考 一般に上の図において $\angle a = 2\angle b$ とな

❹ (1) 三角形の外角は，それととなり合わない
つの内角の和に等しいから，
$\angle A + \angle B = \angle C$ の外角
したがって，$\angle C$ の外角 < $\angle C$ より，$\angle C$
90° より大きくなり，鈍角である。
(2) $\angle B = \angle C = 72°$，$\angle A = 36°$ の三角形
(3) $\angle A = \angle B = \angle C = 60°$ で，正三角形である

❺ (1) 外角の大きさを x とすると，内角と外角
和は 180° だから，$x + 3x = 180°$，$x = 45°$
したがって，1つの外角は 45° となる。多角
の外角の和は 360° だから，$360° \div 45° = 8$
(2) $\angle A = x$ とすると，$\angle B = x + 10°$，
$\angle C = x + 20°$，$\angle D = x + 30°$，$\angle E = x + 40°$
なる。五角形の内角の和は 540° より，
$x + x + 10° + x + 20° + x + 30° + x + 40° = 540°$，
$x = 88°$

❻ 補助線 CG をひく。
$\angle FED + \angle FDE = \angle DFG$，
$\angle FCG + \angle FGC = \angle DFG$
より，印をつけた 7 つの角の和は，五角形 ABCGH の内角の和と等しくなる。

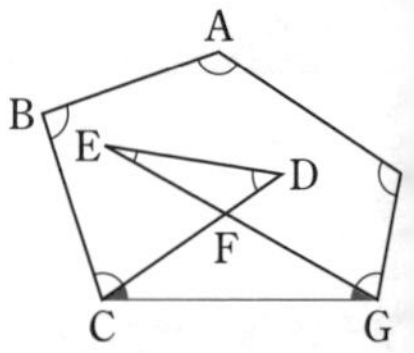

❼ 頂点Cの内角と外角の関係より
$x + y = 180°$ …①
五角形 ABCDE の内角の和の関係より
$x + (3x - 90°) + y + y + (y + 10°)$
$= 540°$　整理して　$4x + 3y = 620°$ …②
①，②を連立方程式として解く。

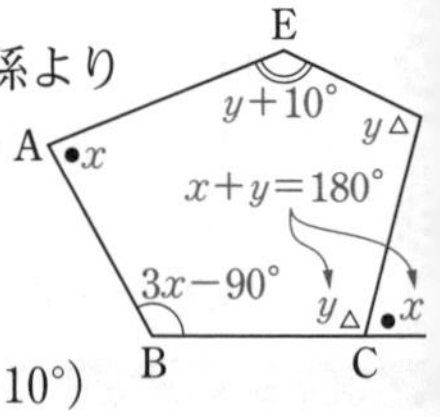

① 直線 ℓ に平行な補助線をひくと，平行線の錯角は等しいから
$\angle a = 38°$
$\angle b = 72° - \angle a = 34°$
$\angle c = \angle b = 34°$
$\angle x = 180° - \angle c = 180° - 34° = 146°$

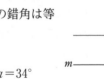

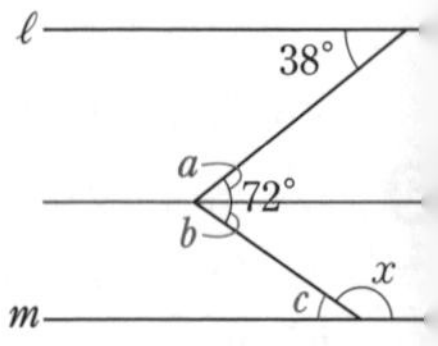

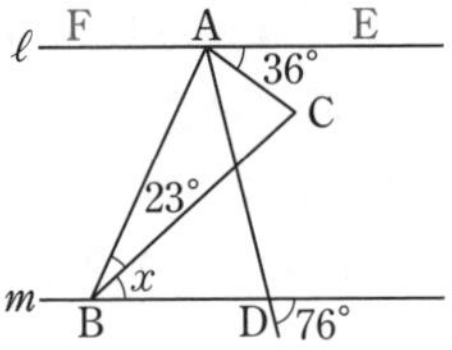

❼ 直線 ℓ 上の点Aより右側に点E，左側に点Fをとる。
平行線の同位角は等しいから　$\angle DAE=76°$
$\angle DAC=76°-36°=40°$
AD は $\angle BAC$ の二等分線
だから　$\angle BAC=2\angle DAC=40°\times2=80°$
　$\angle FAB=180°-(36°+80°)=64°$
平行線の錯角は等しいから　$\angle ABD=64°$
よって，$\angle x=64°-23°=41°$

p.66~67 ステージ1

❶ (1)　**頂点 B → 頂点F**
　　辺 CD → 辺 GH
　　∠DAB → ∠HEF
(2)　**7.5 cm**
(3)　**70°**

❷ **△ABC≡△QRP**
2 組の辺とその間の角がそれぞれ等しい。
△DEF≡△ONM
1 組の辺とその両端の角がそれぞれ等しい。
△GHI≡△LJK
3 組の辺がそれぞれ等しい。

❸ (1)　**△ABD≡△CBD**
　2 組の辺とその間の角がそれぞれ等しい。
(2)　**△ABO≡△DCO**
　1 組の辺とその両端の角がそれぞれ等しい。

解説

❶ 図より対応する頂点や辺，角をさがしてもよいが，四角形 ABCD≡四角形 EFGH というように，合同の記号 (≡) を使って表してある場合には，対応する順番に並んでいるので，同じ順番になるように頂点や辺，角を選んでもよい。頂点Bに対応するのは，四角形 ABCD≡四角形EFGH

①②③④　　①②③④
　　②番目

より，頂点Fである。

❷ 三角形の合同条件にあてはまるもの以外は，合同とはいえない。ただし，三角形の内角の和は 180° より残りの角の大きさを計算すると合同条件にあてはまる場合もあるので注意する。
記号 (≡) を使って表すときには，対応する頂点の順番にならべるようにする。

ポイント

三角形の合同条件
- 3 組の辺がそれぞれ等しい。
- 2 組の辺とその間の角がそれぞれ等しい。
- 1 組の辺とその両端の角がそれぞれ等しい。

❸ (1)　AB=CB，∠ABD=∠CBD で，BD は共通
(2)　AO=DO，∠A=∠D で，対頂角は等しいから ∠AOB=∠DOC

p.68~69 ステージ1

❶ (1)　**［仮定］△ABC≡△DEF**
　　［結論］CA=FD
(2)　**［仮定］AB=DE，∠A=∠D，**
　　　∠B=∠E
　　［結論］△ABC≡△DEF

❷ (1)　**［仮定］2 直線 ℓ，m は平行，AC=BD**
　　［結論］AE=BE
(2)　**△AEC と △BED**
(3)　㋐ **△BED**　　㋑ **BD**
　　㋒ **∠DBE**　　㋓ **∠ACE**
　　㋔ **1 組の辺とその両端の角がそれぞれ等しい**
　　㋕ **△BED**

❸ (1)　**［仮定］AO=BO，CO=DO**
　　［結論］AC // DB
(2)　**2 組の辺とその間の角がそれぞれ等しい。**

解説

❶ (1)　△ABC≡△DEF（仮定）ならば CA=FD（結論）である。

❷ (3)　AE=BE をいうためには，
△AEC≡△BED をいえばよい。
合同な図形では対応する辺の長さは等しくなることを利用する。

ポイント

証明は，結論から順にさかのぼって考える。
三角形の合同の証明をするときには，どの三角形とどの三角形の合同を証明するのかをかいておく。
そして，三角形の合同条件のうち，どの条件にあてはまるかを考えて証明する。

❸ (2)　合同な図形では，対応する角の大きさは等しいことを使って，錯角が等しいことから AC // DB をいう。

4章

△AOC と △BOD で，2 組の辺が等しく，対頂角が等しいことから「2 組の辺とその間の角がそれぞれ等しい」という合同条件が使える。

p.70~71 ステージ1

❶ (1) ［仮定］AM＝BM，CM＝DM
［結論］AC＝BD

(2) △AMC と △BMD

(3) ㋐ △BMD　㋑ BM
㋒ DM　㋓ ∠BMD
㋔ 2 組の辺とその間の角がそれぞれ等しい
㋕ △BMD　㋖ BD

❷ (1) ［仮定］AE＝AD，
∠AEB＝∠ADC
［結論］
EB＝DC

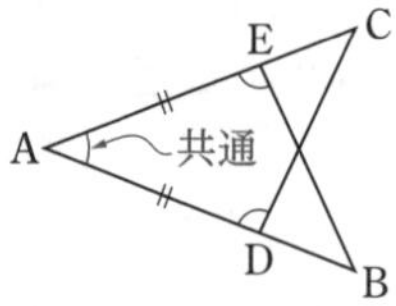

(2) ［証明］△AEB と△ADC において
仮定から　AE＝AD　…①
∠AEB＝∠ADC　…②
∠A は共通　…③
①，②，③より，1 組の辺とその両端の角がそれぞれ等しいから
△AEB≡△ADC
合同な図形の対応する辺の長さは等しいから　EB＝DC

❸ △ABD と △CBD において
仮定から AB＝CB　…①
∠ABD＝∠CBD …②
また　BD は共通　…③
①，②，③より，2 組の辺とその間の角がそれぞれ等しいから　△ABD≡△CBD
合同な図形の対応する辺の長さは等しいから
AD＝CD

解説

❶ (3) △AMC と △BMD では，対応する 2 組の辺がそれぞれ等しく，その間の角は対頂角になるので等しい。これらのことから合同を証明し，対応する辺の長さが等しいことをいう。

❷ (2) 仮定より，AE＝AD，∠AEB＝∠ADC の 2 つがわかっているので，あと 1 つ，角か辺がわかれば合同だといえる。
合同条件「1 組の辺とその両端の角がそれぞれ等しい」を使う場合は，∠A は共通，合同条件「2 組の辺とその間の角がそれぞれ等しい」使う場合は，EB＝DC をいえばよい。

❸ △ABD≡△CBD を証明し，そこから AD＝CD を導く。

p.72~73 ステージ2

❶ BC＝EF　3 組の辺がそれぞれ等しい。
∠A＝∠D　2 組の辺とその間の角がそれぞれ等しい。

❷ (1) ∠A＝45°　(2) ∠B＝30°
(3) △ACD　1 組の辺とその両端の角がそれぞれ等しい。
(4) BF＝2.7 cm

❸ (1) ［仮定］AD∥BF
BC＝CF
DE＝EC
［結論］AD＝BC

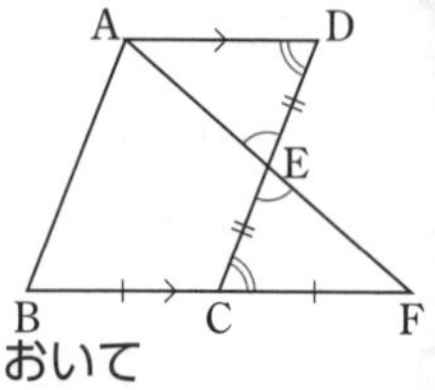

(2) △AED と△FEC において
仮定から
DE＝CE　…①
対頂角は等しいから
∠AED＝∠FEC …②
AD∥BF より錯角は等しいから
∠ADE＝∠FCE …③
①，②，③より，1 組の辺とその両端の角がそれぞれ等しいから
△AED≡△FEC

(3) (2)より △AED≡△FEC
合同な図形の対応する辺の長さは等しいから　AD＝FC …④
また，仮定から BC＝CF …⑤
④，⑤より AD＝BC

❹ (1) △AOC と △DOB において
仮定から
OA＝OD　…①
OC＝OB　…②
∠O は共通 …③
①，②，③より，2 組の辺とその間の角がそれぞれ等しいから
△AOC≡△DOB

(2) △APB と △DPC において
(1)の △AOC≡△DOB より，合同な図形の対応する角の大きさは等しいから

∠BAP＝∠CDP …①
対頂角は等しいから
∠APB＝∠DPC …②
ここで，三角形の内角の和の関係より
∠ABP＝180°－∠BAP－∠APB …③
∠DCP＝180°－∠CDP－∠DPC …④
①，②，③，④より
∠ABP＝∠DCP …⑤
また，仮定から　OA＝OD …⑥
OB＝OC …⑦
ここで　AB＝OA－OB …⑧
DC＝OD－OC …⑨
⑥，⑦，⑧，⑨より
AB＝DC …⑩
①，⑤，⑩より，1組の辺とその両端の角がそれぞれ等しいから
△APB≡△DPC
合同な図形の対応する辺の長さは等しいから　AP＝DP

● ● ● ● ●

❶ Ⅰ　90
a　2組の辺とその間の角
Ⅱ　45

解説

❶ 2組の辺の長さがわかっているので，もう1組の辺の長さか，間の角の大きさが等しいと合同になる。

❷ (1) △ADCで，三角形の外角は，それととなり合わない2つの内角の和に等しいから，
∠A＋∠ACD＝∠CDB
∠A＋30°＝75°　　∠A＝45°

(2) △DBFで，三角形の外角は，それととなり合わない2つの内角の和に等しいから，
∠B＋∠BDF＝∠DFE
∠B＋75°＝105°　　∠B＝30°

(3) AE＝AD (＝2.8 cm)，∠Aは共通，
∠BEC＝105°－30°＝75°
よって，∠BEA＝180°－75°＝105°
∠ADC＝180°－75°＝105°
よって，∠AEB＝∠ADC
したがって，1組の辺とその両端の角がそれぞれ等しいから，△ABE≡△ACD

(4) (3)より，合同な図形の対応する辺の長さは等しいから，EB＝DC＝4 cm
BF＝EB－EF＝4－1.3＝2.7 (cm)

❸ (2) DE＝EC と，対頂角，平行線の錯角を考えると，1組の辺とその両端の角がそれぞれ等しいことがわかる。

ポイント
仮定から結論を導くためには，あと何がわかるとよいかを考え，等しくなるものを見つける。

(3) (2)の三角形の合同から AD＝FC であることがわかる。仮定の BC＝CF と合わせて考える。「$X＝Y$，$Y＝Z$，よって，$X＝Z$」という証明の仕方はよく使うので，しっかり身につけておく。

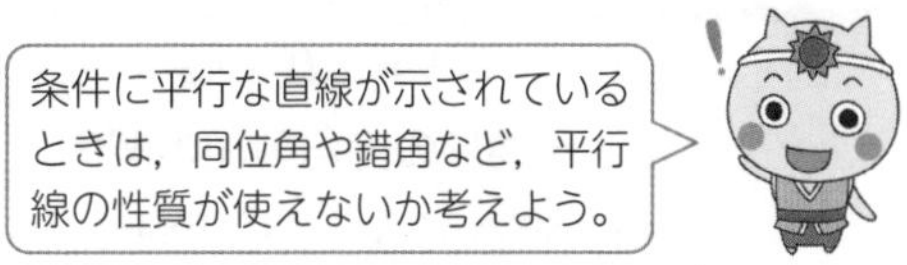

条件に平行な直線が示されているときは，同位角や錯角など，平行線の性質が使えないか考えよう。

❹ (2) 等しいといえる辺の関係は，AB＝DC しかない。したがって，合同条件は「1組の辺とその両端の角がそれぞれ等しい」で決まる。両端の角が等しいことをいわなくてはいけない。
AB＝DC，∠BAP＝∠CDP，∠APB＝∠DPC の3つでは合同とはいえない。解答のように両端の角が等しいことを証明するようにする。

① △AEDと△CGDにおいて，四角形ABCDは正方形だから AD＝CD，四角形DEFGは正方形だから ED＝GD
あとは，∠ADE＝∠CDG がいえれば，2つの三角形は合同といえる。
∠ADEと∠CDGは，どちらも90°－∠EDCになるので ∠ADE＝∠CDG となる。
よって，2組の辺とその間の角がそれぞれ等しいから　△AED≡△CGD
合同な図形では，対応する角はそれぞれ等しいから　∠DAE＝∠DCG
△ACDは AD＝CD の直角二等辺三角形だから
∠DAE＝(180°－90°)÷2＝45°
となり，∠DCG＝45° がいえる。

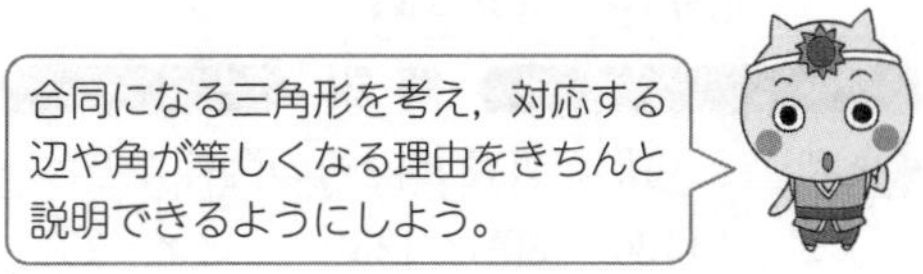

合同になる三角形を考え，対応する辺や角が等しくなる理由をきちんと説明できるようにしよう。

p.74~75 ステージ3

1 (1) 70°　(2) 25°　(3) 45°
(4) 50°　(5) 65°　(6) 165°
(7) 59°　(8) 85°

2 (1) 直角三角形　(2) 鈍角三角形
(3) 鈍角三角形　(4) 鋭角三角形

3 (1) 1260°　(2) 十三角形　(3) 18°
(4) 正九角形　(5) 6

4 (1) 〔仮定〕BC＝EF，∠C＝∠F，
∠A＝∠D
〔結論〕△ABC≡△DEF

(2) △ABC と △DEF において
仮定から　BC＝EF　…①
∠C＝∠F　…②
∠A＝∠D　…③
また，三角形の内角の和の関係から
∠B＝180°－∠A－∠C　…④
∠E＝180°－∠D－∠F　…⑤
②，③，④，⑤より　∠B＝∠E　…⑥
①，②，⑥より，1組の辺とその両端の角がそれぞれ等しいから
△ABC≡△DEF

5 条件：∠B＝∠E（∠A＝∠D）
合同条件：1組の辺とその両端の角がそれぞれ等しい
条件：AC＝DF
合同条件：2組の辺とその間の角がそれぞれ等しい

6 (1) 540°　(2) 108°　(3) 36°
(4) 36°　(5) 72°　(6) 72°

(7) △APD と △AED において
∠PAD＝∠EAD＝36°　…①
∠PDA＝∠EDA＝36°　…②
AD は共通　…③
①，②，③より，1組の辺とその両端の角がそれぞれ等しいから
△APD≡△AED
合同な図形では対応する辺の長さは等しいから　AP＝AE

解説

1 (2) 三角形の外角と内角の関係から
$\angle x+(180°-80°)=125°$　　$\angle x=25°$

(3) 右の図のような補助線をひいて考える。

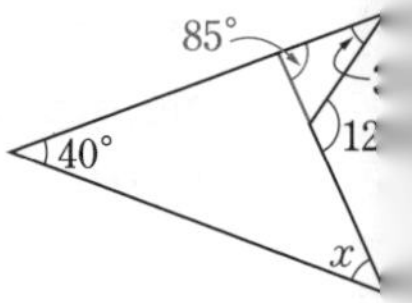

(4) 参考 右の図のように星型五角形の印をつけた角の和は 180° となる。三角形の内角の和の関係より，わかる角度を順に求めてもよい。

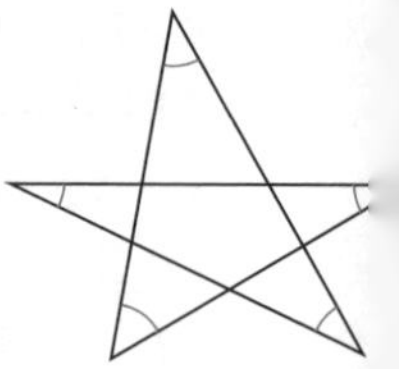

(5)
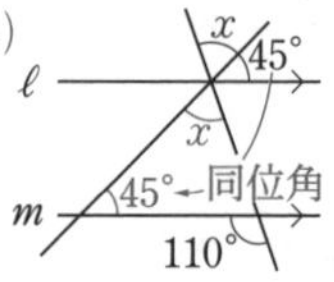

(6)
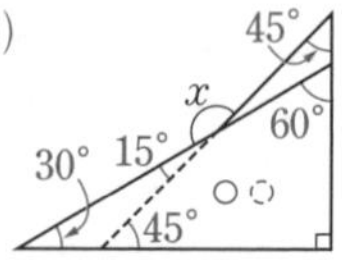

(7)
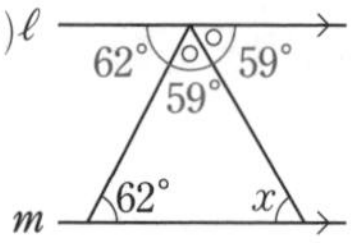

(8)
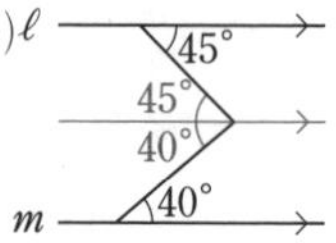

得点アップのコツ
補助線をひいて，わかる角度をかいていくと，求めやすくなる。平行線の同位角や錯角に注目する。

2 ∠C の大きさを求め，それぞれの三角形で最大の角の大きさから三角形を判断する。
(1) 3つの角は，55°，35°，90° となるから，最大の角は 90°　したがって，直角三角形
(2) 3つの角は，45°，35°，100° となるから，最大の角は 100°　したがって，鈍角三角形
(3) 3つの角は，30°，95°，55° となるから，最大の角は 95°　したがって，鈍角三角形
(4) 3つの角は，50°，45°，85° となるから，最大の角は 85°　したがって，鋭角三角形

3 (1) 九角形は1つの頂点からひいた対角線によって，7つの三角形に分けることができるから内角の和は，180°×7＝1260°
または，n 角形の内角の和は，$180°\times(n-2)$ より，$180°\times(9-2)=1260°$
(2) 1980°÷180°＝11 より，求める多角形は1つの頂点からひいた対角線によって，11 の三角形に分けることができる。したがって，十三角形
別解　$180°\times(n-2)=1980°$ より，$n=13$
(3) 外角の和は，どの多角形でも 360° になるから，1つの外角は 360°÷20＝18°
(4) 360°÷40°＝9 より，正九角形。

(5)　1つの外角の大きさをxとすると，$x+2x=180°$
したがって，$x=60°$

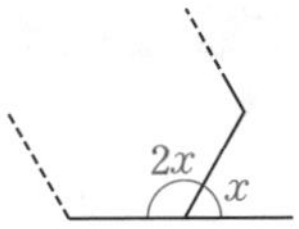

1つの外角が60°である正多角形は，
360°÷60°＝6 より，正六角形だから辺の数は6。

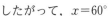

得点アップのコツ
・多角形の内角の和は，$180°\times(n-2)$ になる。
・どんな多角形でも，外角の和は360°になる。

4 (2)　わかる等しい辺の関係は，BC＝EF のみ。したがって，合同条件は，「1組の辺とその両端の角がそれぞれ等しい」となる。両端の角が等しいというために，解答のように三角形の内角の和の関係を使う。

5 あと1つ条件をつけ加えるのだから，合同条件のうち「3組の辺がそれぞれ等しい」は使えない。「2組の辺とその間の角がそれぞれ等しい」または「1組の辺とその両端の角がそれぞれ等しい」にあてはまるように，つけ加える辺や角の関係を考える。

参考　三角形の内角の和は180°だから，∠A＝∠D から ∠B＝∠E を示すこともできる。

6 (1)　五角形の内角の和は，
$180°\times(5-2)=540°$

(2)　正五角形の1つの内角だから
$540°\div5=108°$

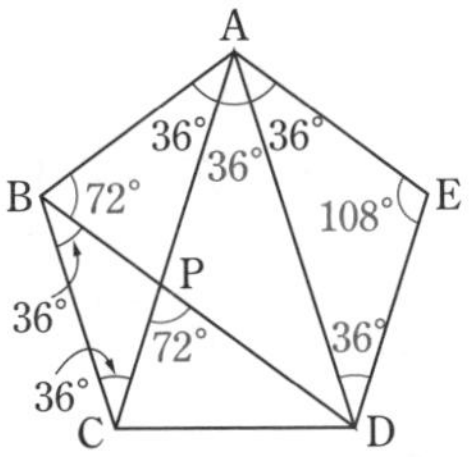

(3)　△EAD は，EA＝ED の二等辺三角形だから　∠EAD＝∠EDA
$(180°-108°)\div2=36°$

(4)　∠CAD＝∠BAE－∠BAC－∠EAD
＝108°－36°－36°＝36°

(5)　△BPC で，外角は，それととなり合わない2つの内角の和に等しいから
∠CPD＝36°＋36°＝72°

(6)　∠ABD＝∠ABC－∠CBD＝108°－36°＝72°

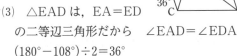

わかっている角度を図にかきこんでいこう。

5章 三角形と四角形

p.76～77　ステージ1

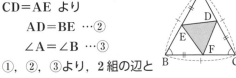

1 (1)　∠x＝57°　∠y＝57°
(2)　∠x＝40°　∠y＝70°
(3)　∠x＝63°　∠y＝117°

2 (1)　2組の辺とその間の角がそれぞれ等しい。
1組の辺とその両端の角がそれぞれ等しい。
(2)　90°
(3)　BD は辺 AC を垂直に2等分する。

3 △AED と △BFE において
仮定から　AE＝BF　…①
　AD＝CA－CD，BE＝AB－AE
また，CA＝AB，
CD＝AE　より
　AD＝BE　…②
　∠A＝∠B　…③

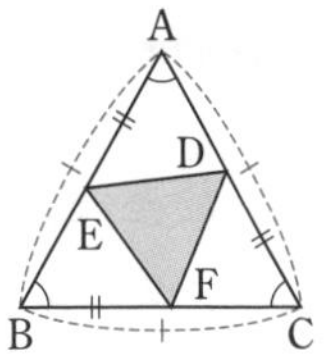

①，②，③より，2組の辺とその間の角がそれぞれ等しいから
△AED≡△BFE
合同な図形の対応する辺の長さは等しいから
　DE＝EF　…④
同じようにして　△BFE≡△CDF　より
　EF＝FD　…⑤
④，⑤より DE＝EF＝FD となり，△DEF は正三角形である。

4 △DCB と △EBC において
仮定から　AB＝AC
D，E は AB，AC の中点だから

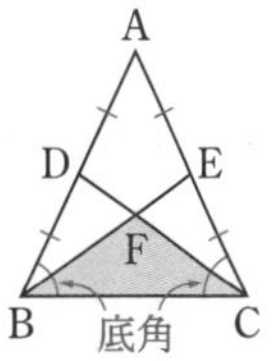

$DB=\frac{1}{2}AB$，$EC=\frac{1}{2}AC$
したがって　DB＝EC　…①
△ABC は二等辺三角形で，底角は等しいから　∠DBC＝∠ECB　…②
また　BC は共通　…③
①，②，③より，2組の辺とその間の角がそれぞれ等しいから
△DCB≡△EBC
合同な図形の対応する角の大きさは等しいから　∠DCB＝∠EBC
したがって，2つの角が等しくなるので，△FBC は二等辺三角形である。

解説

1 (1) $\angle x=(180°-66°)\div 2=57°$

二等辺三角形の底角は等しいから　$\angle y=57°$

(2) $\angle y=180°-110°=70°$

$\angle x=180°-70°\times 2=40°$

(3) $\angle x=(180°-54°)\div 2=63°$

$\angle y=180°-63°=117°$

ポイント

二等辺三角形の定義 … 2 辺が等しい三角形。
二等辺三角形の性質 … 2 つの底角は等しい。
また，三角形の内角の和は 180° である。

2 (1) △ABD と △CBD において

仮定から AB＝CB …①

BD は ∠B の二等分線だから

∠ABD＝∠CBD …②

BD は共通 …③

①，②，③より，2 組の辺とその間の角がそれぞれ等しいから　△ABD≡△CBD

また，①，②と二等辺三角形の底角から ∠A＝∠C となることを使って，1 組の辺とその両端の角がそれぞれ等しいことからも，証明できる。

(2) △ABD≡△CBD より ∠ADB＝∠CDB …①

また　∠ADB＋∠CDB＝180° …②

①，②より，2∠ADB＝180°　∠ADB＝90°

(3) △ABD≡△CBD より　AD＝CD …①

(2)より，AC⊥BD …②

①，②より，BD は辺 AC の垂直二等分線である。

3 △DEF が正三角形であることをいうためには，DE＝EF＝FD であることをいえばよい。そのためには，まず △AED≡△BFE を証明して，DE＝EF であることをいう。

参考 「同じようにして」とは，その前に述べたことと同じような手順で証明できるということで，証明の一部を省略することができる。
この問題の場合，△BFE≡△CDF についても，△AED≡△BFE と同じ手順で証明できるということである。

4 FB＝FC をいうために △DFB≡△EFC を証明するのは難しい。「2 つの角が等しい三角形は二等辺三角形である」ことから，△DCB≡△EBC を証明して，∠DCB＝∠EBC を導き，△FBC は二等辺三角形になることを証明する。

p.78～79　ステージ1

1 (1) **∠A＝∠D ならば，△ABC≡△DEF である。**

正しくない。

〔反例〕3 つの角が 30°，60°，90° の三角形と，30°，70°，80° の三角形

(2) **2 つの三角形の面積が等しければ，合同である。**

正しくない。

〔反例〕底辺が 10 cm，高さが 6 cm の三角形と，底辺が 12 cm，高さが 5 cm の三角形

(3) **二等辺三角形は，2 つの角が等しい。**

正しい。

(4) **$ab>0$ ならば，$a>0$，$b>0$ である。**

正しくない。

〔反例〕$a=-4$，$b=-2$

2 △DBM と △ECM において

仮定より　BM＝CM …①

∠BDM＝∠CEM＝90° …②

また，△ABC は二等辺三角形だから

∠B＝∠C …③

①，②，③より，直角三角形の斜辺と 1 つの鋭角がそれぞれ等しいから

△DBM≡△ECM

合同な図形の対応する辺の長さは等しいから

DM＝EM

3 (1) △EBC と △DCB において

仮定から　∠BEC＝∠CDB＝90° …①

BE＝CD …②

また　BC は共通 …③

①，②，③より，直角三角形の斜辺と他の 1 辺がそれぞれ等しいから

△EBC≡△DCB

合同な図形の対応する角の大きさは等しいから

∠EBC＝∠DCB

したがって，2 つの角が等しくなるので，△ABC は二等辺三角形である。

(2) △EBC と △DCB において

仮定から　∠BEC＝∠CDB＝90° …①

CE＝BD …②

また　BC は共通 …③

①，②，③より，直角三角形の斜辺と他の1辺がそれぞれ等しいから

△EBC≡△DCB

合同な図形の対応する角の大きさは等しいから

∠FCB＝∠FBC

したがって，2つの角が等しくなるので，△FBCは二等辺三角形である。

解説

1 (1) 1組の角が等しくても，合同条件にあてはまるとは限らないので，正しくない。

(2) 三角形の面積が等しくても，底辺，高さが等しいとは限らない。また，底辺，高さが等しくても，角が等しくなるとは限らないので，正しくない。

(4) $a<0$，$b<0$ でも，$ab>0$ となるので，正しくない。例えば，$a=-4$，$b=-2$ のとき，$ab=8$ となる。

2 △ABCは二等辺三角形であるから ∠B＝∠C であることに着目する。△DBMと△ECMは直角三角形だから，直角三角形の合同条件を考えて，△DBM≡△ECM を証明し，DM＝EM を示す。

ポイント

直角三角形の合同条件

- 斜辺と1つの鋭角がそれぞれ等しい。
- 斜辺と他の1辺がそれぞれ等しい。

注 直角三角形でも，今までの合同条件は使える。

3 (1) AB＝AC であることをいうために，△ABD≡△ACE を証明するのは難しい。したがって，∠ABC＝∠ACB をいうために，△EBC≡△DCB を証明する。BCが共通で，斜辺である。

(2) FB＝FC であることをいうために，△EBF≡△DCF を証明するのは難しい。したがって，∠FCB＝∠FBC をいうために，△EBC≡△DCB を証明する。BCが共通で，斜辺である。

直角三角形で，直角に対する辺が斜辺だよ。

p.80～81 ステージ2

1 (1) $\angle x=70°$　$\angle y=125°$

(2) $\angle x=80°$　$\angle y=50°$

2 △ABMと△ACMにおいて

仮定から　AB＝AC …①

BM＝CM …②

また　AMは共通 …③

①，②，③より，3組の辺がそれぞれ等しいから　△ABM≡△ACM

合同な図形の対応する角の大きさは等しいから　∠BAM＝∠CAM

3 △ABDと△ACEにおいて

仮定から　AB＝AC …①

BD＝CE …②

△ABCは二等辺三角形で，底角は等しいから　∠B＝∠C …③

①，②，③より，2組の辺とその間の角がそれぞれ等しいから　△ABD≡△ACE

合同な図形の対応する辺の長さは等しいから

AD＝AE

したがって，2辺が等しくなるので，△ADEは二等辺三角形である。

4 (1) $x+2=5$ ならば，$x=3$ である。

正しい。

(2) AB＝BC ならば，△ABCは正三角形である。

正しくない。

〔反例〕AB＝5 cm，BC＝5 cm，CA＝8 cm の三角形は正三角形ではない。

5 △EBCと△EDCにおいて

仮定から　BC＝DC …①

∠EBC＝∠EDC＝90° …②

また　ECは共通 …③

①，②，③より，直角三角形の斜辺と他の1辺がそれぞれ等しいから　△EBC≡△EDC

合同な図形の対応する角の大きさは等しいから　∠BCE＝∠DCE

したがって，ECは∠ACBの二等分線である。

6 (1) △DBIと△EBIにおいて

仮定から　∠DBI＝∠EBI …①

∠IDB＝∠IEB＝90° …②

また　BIは共通 …③

①，②，③より，直角三角形の斜辺と1

つの鋭角がそれぞれ等しいから
△DBI≡△EBI
合同な図形の対応する辺の長さは等しいから　ID=IE …④
また，△IEC と △IFC においても同じようにして　△IEC≡△IFC より
IE=IF …⑤
④，⑤より　ID=IE=IF

(2) 点Aと点 I を結ぶ。

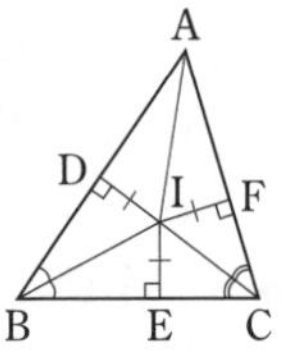

△ADI と △AFI において
仮定から
∠ADI=∠AFI=90° …①
(1)より　ID=IF …②
また　AI は共通 …③
①，②，③より，直角三角形の斜辺と他の 1 辺がそれぞれ等しいから
△ADI≡△AFI
合同な図形の対応する角の大きさは等しいから　∠DAI=∠FAI
したがって，AI は ∠A の二等分線である。

7 △EGD と △FGB において

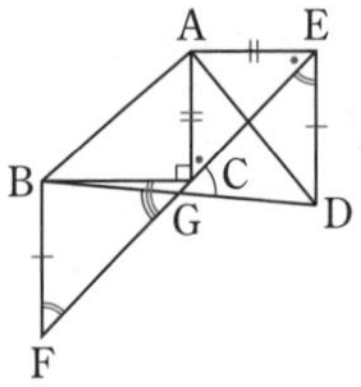

仮定から　BC=BF …①
△ABC≡△ADE だから
BC=DE …②
①，②より　DE=BF …③
∠GED=∠AED−∠AEC
=90°−∠AEC …④
∠BCF=180°−∠ECA−∠ACB
=90°−∠ECA …⑤
ここで，△ACE は AC=AE の二等辺三角形だから　∠AEC=∠ECA …⑥
④，⑤，⑥より ∠GED=∠BCF …⑦
△BFC も BF=BC の二等辺三角形だから
∠BCF=∠BFC …⑧
⑦，⑧より　∠GED=∠GFB …⑨
また対頂角は等しいから
∠EGD=∠FGB …⑩
ここで，三角形の内角の和の関係より
∠GDE=180°−∠GED−∠EGD …⑪
∠GBF=180°−∠GFB−∠FGB …⑫
⑨，⑩，⑪，⑫より
∠GDE=∠GBF …⑬
③，⑨，⑬より，1 組の辺とその両端の角がそれぞれ等しいから　△EGD≡△FGB
合同な図形の対応する辺の長さは等しいから
EG=FG

● ● ● ● ●

1 (1) 60°
(2) △ABF と △ADE において
仮定から　AB=AD …①
AD∥BC …②
∠BAE=90° …③
①より，△ABD は二等辺三角形なので，
∠ABF=∠ADE …④
②より，平行線の錯角は等しいので
∠AGB=∠GAD=90°だから
∠BAF=90°−∠EAF
∠DAE=90°−∠EAF
よって ∠BAF=∠DAE …⑤
①，④，⑤より，1 組の辺とその両端の角がそれぞれ等しいから
△ABF≡△ADE

解説

2 別解 △ABC は二等辺三角形だから，∠B=∠C なので，「2 組の辺とその間の角が それぞれ等しい」を使って証明してもよい。

3 二等辺三角形になることをいうためには，AD=AE　または ∠ADE=∠AED を証明すれ ばよい。
そのために，△ABD≡△ACE を証明する。
△ABE≡△ACD を証明して，∠AEB=∠ADC より △ADE は二等辺三角形であると証明しても よい。

5 EC が ∠ACB の二等分線であることをいうた めには，∠BCE=∠DCE を証明すればよい。そ のために，△EBC≡△EDC を証明する。EC が 共通な辺で斜辺になるから，直角三角形の合同条 件「斜辺と他の 1 辺がそれぞれ等しい」を使って 証明する。

ポイント
辺や角が等しいことを証明するときは，対応する辺や角のある図形の合同を証明して，そこから結論を導く。

(1) まず，△DBI≡△EBI を証明する。まったく同じ辺や角の関係であり，合同条件も同じ場合は，解答のように2回目の合同の証明を省略してもかまわない。

参考 この三角形の角の二等分線の交点Iのことを内心（ないしん）といい，Iを中心にして△ABCの内部にぴったりおさまる円をかくことができる。

(2) まず点Aと点Iをむすぶこと。AIが∠Aの二等分線であることを証明するためには，△ADI≡△AFI をいい，∠DAI=∠FAI であることを証明すればよい。

EG=FG をいうために，EGとFGをふくむ三角形の組の中で，合同であるものを探し，証明する。
合同条件は，辺が等しいといえるのが DE=BF の1組だけなので，「1組の辺とその両端の角がそれぞれ等しい」となる。
あとは，両端の角が等しくなることを導き出す。

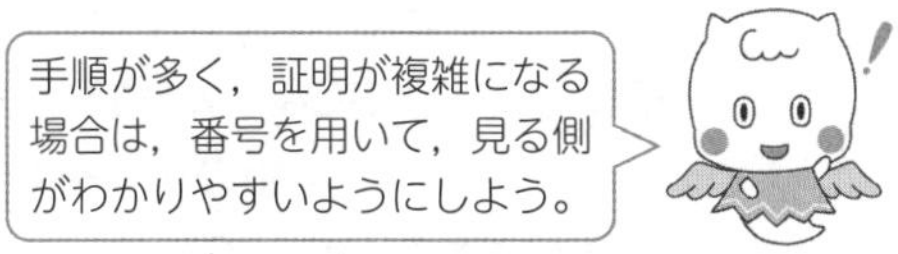

手順が多く，証明が複雑になる場合は，番号を用いて，見る側がわかりやすいようにしよう。

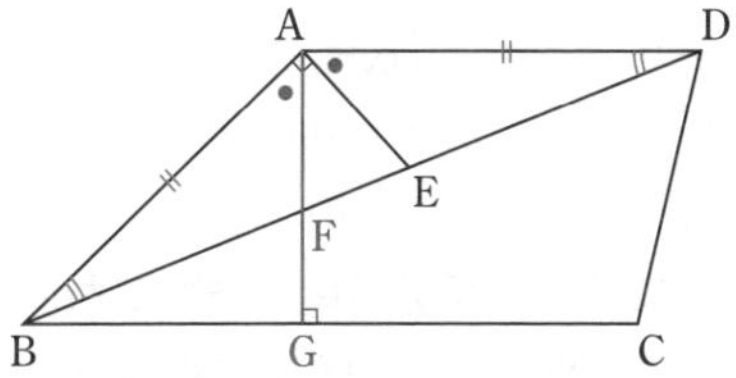

(1) AD∥BC より，平行線の錯角は等しいから
∠DBC=∠ADB=20°
∠BCD=100°で，三角形の内角の和は180°だから
∠BDC=180°−(20°+100°)=60°

(2) 頂点Aから辺BCにひいた垂線と，2点F，Gは，上の図のようになる。
△ABDが二等辺三角形であることと，AD∥BC から，平行線の錯角が等しいことを使って三角形の合同を証明する。

p.82〜83 ステージ1

1 (1) ㋐ $x=14$，$y=21$
㋑ $x=74$，$y=46$

(2) **△ABE と △CDF において**
仮定から　BE=DF …①
平行四辺形の対辺は等しいから
AB=CD …②
AB∥DC より，平行線の錯角は等しいから
∠ABE=∠CDF …③
①，②，③より，2組の辺とその間の角がそれぞれ等しいから
△ABE≡△CDF
合同な図形の対応する辺の長さは等しいから
AE=CF

2 (1) **△ABC と △CDA において**
仮定から　AB=CD …①
AB∥DC より，平行線の錯角は等しいから
∠BAC=∠DCA …②
また　AC は共通 …③
①，②，③より，2組の辺とその間の角がそれぞれ等しいから
△ABC≡△CDA

(2) **仮定から　AB∥DC …①**
△ABC≡△CDA より，合同な図形の対応する角の大きさは等しいから
∠ACB=∠CAD
錯角が等しいから　AD∥BC …②
①，②より，2組の対辺がそれぞれ平行だから，四角形 ABCD は平行四辺形である。

解説

1 (2) AE=CF をいうために，△ABE≡△CDF を証明する。平行四辺形の定義より AB∥DC よって，錯角は等しくなる。
また，平行四辺形は，「2組の対辺は，それぞれ等しい。」から　AB=CD

2 (1) AB∥DC より，錯角は等しくなる。
また，仮定より AB=CD，AC は共通。
ミス注意! AD∥BC かはわからないので，∠ACB と ∠CAD は等しいとはいえない。

(2) 平行四辺形の定義は，「2組の対辺がそれぞれ平行である四角形」であるから AB∥DC，AD∥BC であることをいえばよい。AD∥BC であることをいうために，錯角である ∠ACB=∠CAD を証明する。

p.84〜85 ステージ1

❶ (1) 四角形 ABCD は平行四辺形だから
AD∥BC …①
AD=BC …②
四角形 EBCF は平行四辺形だから
EF∥BC …③ EF=BC …④
①, ③より AD∥EF …⑤
②, ④より AD=EF …⑥
⑤, ⑥より, 1組の対辺が平行で, その長さが等しいから, 四角形 AEFD は平行四辺形である。

(2) △AEH と △CGF において
四角形 ABCD は平行四辺形だから
AD=BC …①
∠A=∠C …②
仮定から
AE=CG …③
HD=FB …④
また AH=AD−HD …⑤
CF=BC−FB …⑥
①, ④, ⑤, ⑥より AH=CF …⑦
②, ③, ⑦より, 2組の辺とその間の角がそれぞれ等しいから △AEH≡△CGF
合同な図形の対応する辺の長さは等しいから EH=GF …⑧
同じようにして, △EBF≡△GDH より
EF=GH …⑨
⑧, ⑨より, 2組の対辺がそれぞれ等しいから, 四角形 EFGH は平行四辺形である。

(3) 四角形 ABCD は平行四辺形だから
AO=CO …①
BO=DO …②
仮定から
BE=DF …③
また EO=BO−BE …④
FO=DO−DF …⑤
②, ③, ④, ⑤より EO=FO …⑥
①, ⑥より, 対角線がそれぞれの中点で交わるから, 四角形 AECF は平行四辺形である。

(4) △ABF と △CDH において
仮定から
∠ABF=∠CDH …①
∠BAF=∠DCH …②
平行四辺形の対辺は等しいから
AB=CD …③
①, ②, ③より, 1組の辺とその両端の角がそれぞれ等しいから
△ABF≡△CDH
合同な図形の対応する角の大きさは等しいから ∠F=∠H …④
△BCG と △DAE において
平行四辺形の対辺は等しいから
BC=DA …⑤
平行四辺形の対角は等しいから
∠ABC=∠CDA …⑥
∠GBC=180°−∠ABF−∠ABC …⑦
∠EDA=180°−∠CDH−∠CDA …⑧
①, ⑥, ⑦, ⑧より
∠GBC=∠EDA …⑨
同様にして ∠BCG=∠DAE …⑩
⑤, ⑨, ⑩より, 1組の辺とその両端の角がそれぞれ等しいから
△BCG≡△DAE
合同な図形の対応する角の大きさは等しいから ∠G=∠E …⑪
④, ⑪より, 2組の対角がそれぞれ等しいから, 四角形 EFGH は平行四辺形である。

❷ 四角形 ABCD は平行四辺形だから
AB∥DC, AB=DC であり,
EB=$\frac{1}{2}$AB, DG=$\frac{1}{2}$DC だから
EB∥DG, EB=DG
よって, 四角形 EBGD は, 1組の対辺が平行でその長さが等しいので, 平行四辺形である。
したがって, ED∥BG つまり KN∥LM …①
同じようにして, 四角形 AFCH も平行四辺形であるので
AF∥HC つまり KL∥NM …②
①, ②より, 2組の対辺がそれぞれ平行だから, 四角形 KLMN は平行四辺形である。

解説

(3) **別解** $\triangle AEO$ と $\triangle CFO$ において
平行四辺形の性質から
$AO=CO$ …①
$BO=DO$ …②
仮定から　$BE=DF$ …③
$EO=BO-BE$ …④
$FO=DO-DF$ …⑤
②，③，④，⑤より　$EO=FO$ …⑥
対頂角は等しいから　$\angle AOE=\angle COF$ …⑦
①，⑥，⑦より，2組の辺とその間の角がそれぞれ等しいから　$\triangle AEO\equiv\triangle CFO$
合同な図形の対応する辺の長さは等しいから
$AE=CF$ …⑧
同じようにして，$\triangle EOC\equiv\triangle FOA$ より
$EC=FA$ …⑨
⑧，⑨より，2組の対辺がそれぞれ等しくなるから，四角形 AECF は平行四辺形になる。

(4) **別解** 下の図のように補助線をひき，CD と FE の交点を I，BA と HE の交点を J とする。
仮定より
$\angle ABF=\angle CDH$ …①
$\angle BAF=\angle DCH$ …②
また，

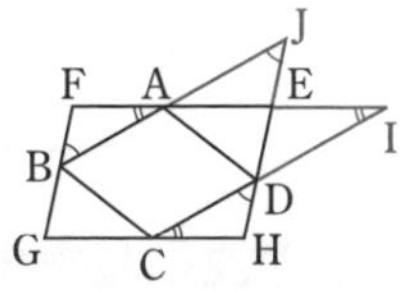

平行四辺形の性質より　$AB \parallel DC$，$BC \parallel AD$
同位角は等しいから　$\angle CDH=\angle AJE$ …③
$\angle BAF=\angle DIE$ …④
①，③より　$\angle ABF=\angle AJE$
錯角が等しくなるから　$FG \parallel EH$ …⑤
②，④より　$\angle DCH=\angle DIE$
錯角が等しくなるから　$FE \parallel GH$ …⑥
⑤，⑥より　2組の対辺がそれぞれ平行になるから，四角形 EFGH は平行四辺形になる。

ポイント

平行四辺形になる条件
1 2組の対辺がそれぞれ平行である。
2 2組の対辺がそれぞれ等しい。
3 2組の対角がそれぞれ等しい。
4 対角線が，それぞれの中点で交わる。
5 1組の対辺が平行で，その長さが等しい。

2 四角形 EBGD，AFCH がそれぞれ平行四辺形であることを示すと，$ED \parallel BG$，$AF \parallel HC$ を示すことができる。

p.86～87 ステージ1

1 (1) 仮定から　$AB=BC$
四角形 ABCD は平行四辺形だから
$AB=DC$，$BC=AD$
したがって，$AB=BC=CD=DA$ となり，4つの辺がすべて等しくなるから，四角形 ABCD はひし形である。

(2) 四角形 ABCD はひし形だから
$AB=BC=CD=DA$
仮定から　$\angle A=\angle B$
また，ひし形の対角はそれぞれ等しいから　$\angle A=\angle C$，$\angle B=\angle D$
したがって　$\angle A=\angle B=\angle C=\angle D$
4つの角がすべて等しく，4つの辺もすべて等しくなるので，四角形 ABCD は正方形である。

2 (1) $\triangle ABC$ と $\triangle DCB$ において
正方形の性質より　$AB=DC$ …①
$\angle ABC=\angle DCB=90^\circ$ …②
また　BC は共通 …③
①，②，③より，2組の辺とその間の角がそれぞれ等しいから
$\triangle ABC\equiv\triangle DCB$
合同な図形の対応する辺の長さは等しいから　$AC=DB$

(2) 正方形の性質より
$AB=BC$，$\angle ABC=90^\circ$
したがって，$\triangle ABC$ は直角二等辺三角形になるから　$\angle BAO=45^\circ$
同じようにして　$\angle ABO=45^\circ$
したがって，$\triangle OAB$ は直角二等辺三角形になるから　$AO=BO$

(3) (2)より $\angle BAO=45^\circ$，$\angle ABO=45^\circ$
したがって，$\angle AOB=90^\circ$ となり，
$AC \perp BD$ である。

3 (1) 長方形　　(2) 正方形

4 $\triangle ABM$ と $\triangle DCM$ において
仮定から　$AM=DM$ …①，$MB=MC$ …②
平行四辺形の対辺は等しいから
$AB=DC$ …③
①，②，③より，3組の辺がそれぞれ等しいから　$\triangle ABM\equiv\triangle DCM$
したがって，$\angle BAM=\angle CDM$

また，四角形 ABCD は平行四辺形だから
∠BAM＝∠DCB，∠CDM＝∠ABC
4 つの角がすべて等しいので，▱ABCD は
長方形である。

解 説

❶ (1) 4 つの辺がすべて等しくなることを証明する。四角形 ABCD は平行四辺形なので，
AB＝DC，BC＝AD である。
(2) 4 つの角がすべて等しく，4 つの辺もすべて等しくなることを証明する。
四角形 ABCD はひし形なので，
AB＝BC＝CD＝DA，∠A＝∠C，
∠B＝∠D である。

❷ 正方形も平行四辺形の一種だから，平行四辺形の性質「対角線がそれぞれの中点で交わる」ことを使って証明してもよいが，できるだけ正方形の定義「4 つの角がすべて等しく，4 つの辺もすべて等しい四角形」を用いて証明する方がよい。
(1) AC，DB をふくむ合同な三角形の組をさがし，合同から AC＝DB をいう。
(2) △OAB が二等辺三角形であることから
AO＝BO をいう。
(3) ∠AOB＝90° をいえばよい。

❸ (1) 四角形 ABCD は平行四辺形だから，
∠A＝∠C，∠B＝∠D
したがって，∠A＝∠B ならば
∠A＝∠B＝∠C＝∠D
4 つの角がすべて等しい四角形は，長方形。
(2) 四角形 ABCD は平行四辺形だから，
AB＝DC，AD＝BC
したがって，AB＝BC ならば
AB＝BC＝CD＝DA
平行四辺形の対角は等しいから，∠A＝∠C で，∠C が 90° だと，4 つの角がすべて 90° になる。
4 つの辺が等しく，4 つの角が直角である四角形は正方形。

ポイント
長方形，ひし形，正方形は，いずれも平行四辺形の特別な場合である。したがって，これらの四角形は，平行四辺形の性質を持っている。

❹ △ABM≡△DCM を証明し，▱ABCD の 4 つの角がすべて等しくなることを導く。

p.88～89 ステージ1

❶ (1) **△DBC** (2) **△DOC**

❷ **△ABM と △ACM は，**
底辺が
BM＝CM で等しく，
高さは共通だから
△ABM＝△ACM …①
△PBM と △PCM は，底辺が
BM＝CM で等しく，高さは共通だから
△PBM＝△PCM …②
△ABP＝△ABM－△PBM …③
△ACP＝△ACM－△PCM …④
①，②，③，④より
△ABP＝△ACP

❸ (1)
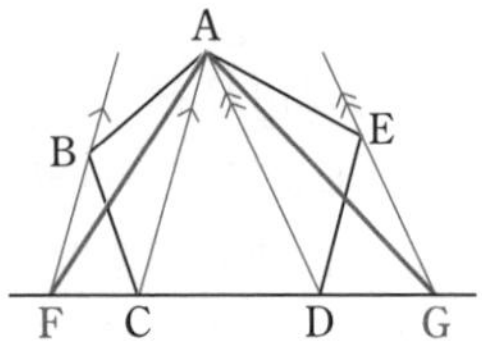

(2)
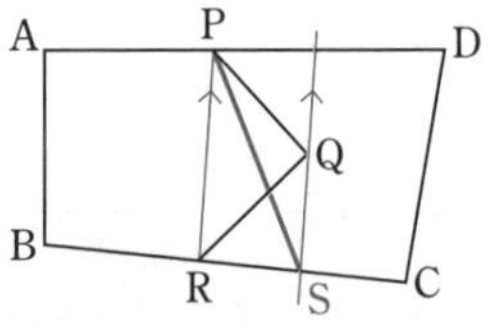

解 説

❶ (1) △ABC と △DBC は，底辺は BC で共通で，高さは AD∥BC より等しくなるので，面積は等しい。
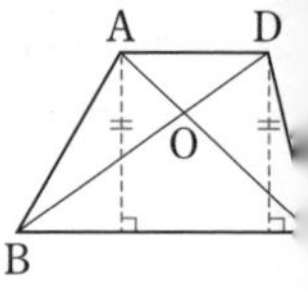

(2) (1)より △ABC＝△DBC
また，△AOB＝△ABC－△OBC
△DOC＝△DBC－△OBC
したがって，△AOB＝△DOC

❷ △ABM と △ACM，△PBM と △PCM は ともに，底辺が BM＝CM で等しく，高さは共通なので，面積は等しくなる。

ポイント
底辺が等しく，高さも等しいとき，2 つの三角形の面積は等しくなる。平行線では高さが等しくなり，底辺が共通ならば三角形の面積はすべて等しくなる。上の図で，
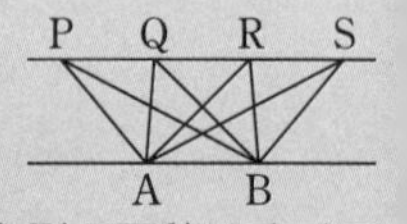

△PAB＝△QAB＝△RAB＝△SAB

(1)

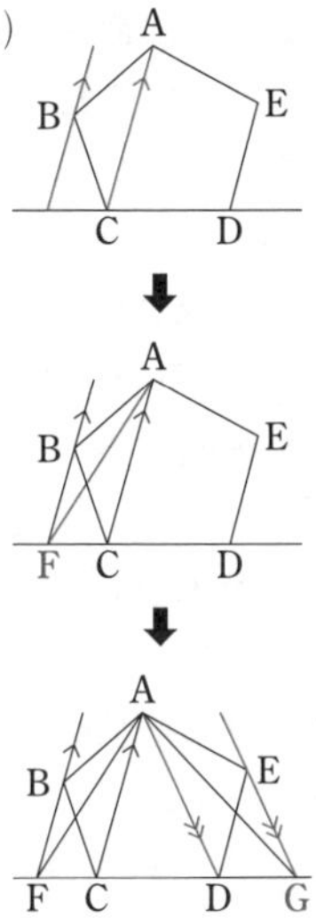

まず AC をひき，頂点Bを通り，AC に平行な直線をひく。

ひいた平行線と CD との交点がFとなる。

△ABC と △AFC は， 底辺が AC で共通，高さは等しくなるので，面積は等しくなる。

同様にして AD をひき，頂点Eを通り，AD に平行な直線をひくと，CD との交点がGとなる。

(2)

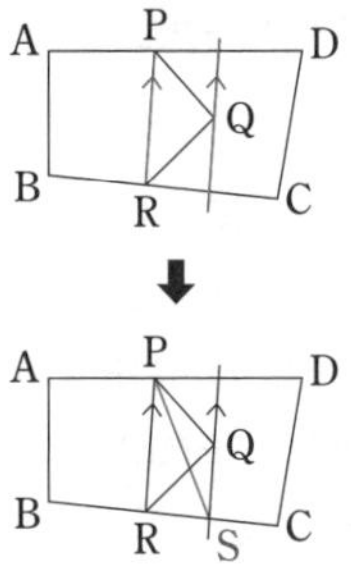

まず PR をひき，頂点Qを通り，PR に平行な直線をひく。

ひいた平行線と BC との交点がSとなる。

△PQR と △PSR は，底辺が PR で共通，高さが等しくなるので，面積は等しくなる。

p.90~91 ステージ2

1 (1) 72°　　(2) 36°　　(3) 3 cm

2 △AED と △FEC において

仮定から　DE=CE …①

対頂角は等しいから

∠AED=∠FEC …②

AD∥BF より，錯角は等しいから

∠ADE=∠FCE …③

①，②，③より，1 組の辺とその両端の角がそれぞれ等しいから

△AED≡△FEC

合同な図形の対応する辺の長さは等しいから

AD=FC …④

また，仮定から　AD∥BF …⑤

BC=CF …⑥

④，⑥より AD=BC …⑦

⑤，⑦より，1 組の対辺が平行で，その長さが等しいから，四角形 ABCD は平行四辺形である。

3 ㋐，㋒，㋓，㋔

4 △APS と △BPQ において

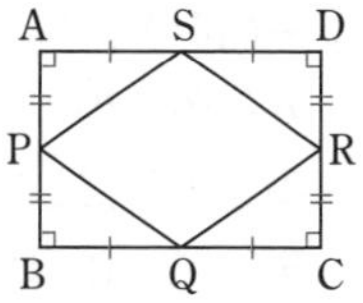

仮定から

AP=BP …①

四角形 ABCD は長方形だから

∠A=∠B=90° …②

AD=BC

ここで，$AS=\frac{1}{2}AD$，$BQ=\frac{1}{2}BC$ より

AS=BQ …③

①，②，③より，2 組の辺とその間の角がそれぞれ等しいから

△APS≡△BPQ

同じようにして　△BPQ≡△CRQ

△CRQ≡△DRS

したがって

△APS≡△BPQ≡△CRQ≡△DRS

合同な図形の対応する辺の長さは等しいから

PS=PQ=RQ=RS

したがって，四角形 PQRS はひし形である。

5 △DBE，△BDF，△DAF

6 △BEO と △DFO において

四角形 ABCD は平行四辺形だから

BO=DO …①

仮定から　BE⊥AC，DF⊥AC だから

∠BEO=∠DFO=90° …②

対頂角は等しいから　∠BOE=∠DOF …③

①，②，③より，直角三角形の斜辺と 1 つの鋭角がそれぞれ等しいから △BEO≡△DFO

合同な図形の対応する辺の長さは等しいから

EO=FO …④

①，④より，対角線がそれぞれの中点で交わるから，四角形 EBFD は平行四辺形である。

7 四角形 ABCD は平行四辺形だから

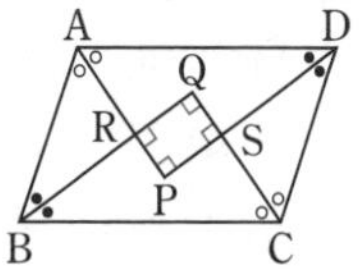

∠DAB+∠ABC=180°

また　∠RAB=∠DAR,

∠RBA=∠RBC より

∠DAB=∠RAB+∠DAR=2∠RAB

∠ABC=∠RBA+∠RBC=2∠RBA

∠DAB+∠ABC=2∠RAB+2∠RBA

=180°

5章

したがって　∠RAB＋∠RBA＝90°
三角形の内角の和の関係より　∠ARB＝90°
対頂角は等しいから　∠QRP＝∠ARB＝90°
同じようにして　∠PSQ＝90°
また　∠RAD＝∠RAB

$∠ADS=\frac{1}{2}∠ADC=\frac{1}{2}∠ABC=∠RBA$

より
∠RAD＋∠ADS＝∠RAB＋∠RBA＝90°
三角形の内角の和の関係より　∠APD＝90°
同じようにして　∠BQC＝90°
したがって
∠QRP＝∠PSQ＝∠APD＝∠BQC＝90°
となるから，四角形 QRPS は長方形である。

8 (1) △ADE と △BDE で，底辺は DE で共通，高さは AB∥DE で等しくなる。
したがって　△ADE＝△BDE

(2) △DBC と △FBC で，底辺は BC で共通，高さは BC∥DF で等しくなるので
△DBC＝△FBC
また　△BDE＝△DBC－△EBC
　　　△EFC＝△FBC－△EBC より
△BDE＝△EFC

● ● ● ● ●

① 112°

解説

1 (1) AD∥BC より，錯角は等しい。
∠D＝180°－108°
　＝72°

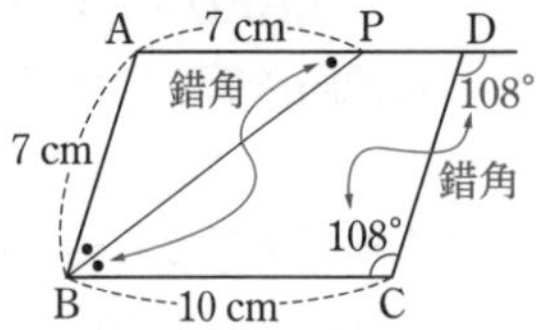

(2) 平行四辺形の対角は等しいから　∠D＝∠ABC＝72°
BP は ∠ABC の二等分線だから
　∠PBC＝72°÷2＝36°
AD∥BC より，錯角は等しいから
　∠APB＝∠PBC＝36°

(3) AD∥BC より錯角は等しいので
∠APB＝∠PBC
また，∠ABP＝∠PBC より，∠APB＝∠ABP
したがって，△ABP は二等辺三角形となるから　AB＝AP＝7 cm
AD＝10 cm より　PD＝10－7＝3 (cm)

2 AD∥BC，AD＝BC となることを導き，1 の対辺が平行で，その長さが等しいことから平 四辺形になることを証明する。
まず，△AED と△FEC において，
DE＝CE，∠AED＝∠FEC，∠ADE＝∠FC であることを示し，△AED≡△FEC となるこ から AD＝FC であることを証明する。そして BC＝CF であることから AD＝BC を導き， AD∥BC であることから四角形 ABCD が平 四辺形であることを証明する。

3 問題にある条件を満たす四角形をかくと，平 四辺形になるかどうか判断しやすい。
㋑の場合，右の図のような台形も考えられるので，必ず平行四辺形になるとはいえない。

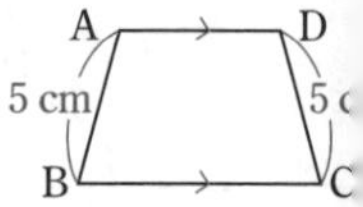

4 ひし形であることをいうために，ひし形の定 「４つの辺が等しい四角形」になることを証明 る。△APS≡△BPQ≡△CRQ≡△DRS の証 は，「同じようにして」を使って省略できる。

5 底辺と平行な直線を意識して，もれがないように考える。
△ABE で，AB を底辺としたとき，AB に平行な線はない。

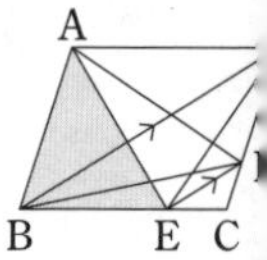

AE を底辺としたとき，AE に平行な線はない。
BE を底辺としたとき，BE∥AD より，△DB と面積は等しくなる。次に，△DBE についても 同じように考えて，DB を底辺としたとき， DB∥FE より，△BDF と面積は等しくなる。
△BDF で，DF を底辺としたとき，DF∥AB よ り，△DAF と面積は等しくなる。

7 長方形であることをいうためには，4 つの角が 等しいことを証明する。

8 (2) **別解** △BDE＝△DBF－△DEF，
△EFC＝△DCF－△DEF でもよい。

ポイント
底辺が等しく，高さも等しい 2 つの三角形の面積は等しい。

① 平行四辺形の対角は等しいから
∠ADC＝∠ABC＝70°
三角形の 1 つの外角は，それととなり合わない 2 つの内角の和に等しいから　$∠x=42°+70°=112$

92〜93 ステージ3

(1) 69°　　(2) 134°
(3) 70°　　(4) 25°

$\left(\dfrac{180-a}{2}\right)^{\circ}$ または $\left(90-\dfrac{a}{2}\right)^{\circ}$

(1) ∠ACD
(2) △BCE と △ACD において
正三角形の 3 つの辺は等しいから
BC＝AC …①
CE＝CD …②
正三角形の 3 つの角は等しいから
∠ECD＝∠ACB＝60° であり，
∠ACE＝60°
したがって
∠BCE＝∠ACD＝120° …③
①，②，③より，2 組の辺とその間の角がそれぞれ等しいから　△BCE≡△ACD
合同な図形の対応する辺の長さは等しいから　BE＝AD

(1) △AED と △CFB において
平行四辺形の性質より
AD＝CB …①
AD∥BC より平行線の錯角は等しいから　∠ADE＝∠CBF …②
仮定から　∠AED＝∠CFB＝90° …③
①，②，③より，直角三角形の斜辺と 1 つの鋭角がそれぞれ等しいから
△AED≡△CFB
(2) (1)より △AED≡△CFB
合同な図形の対応する辺の長さは等しいから　AE＝CF …①
また，仮定から ∠AEF＝∠CFE＝90°
錯角が等しくなるから AE∥CF …②
①，②より，1 組の対辺が平行で，その長さが等しいから，四角形 AECF は平行四辺形である。

5 四角形 AFCE において，
平行四辺形の対辺は等しいので
AD＝BC
E，F は，AD，BC の中点なので
AE＝FC　また　AE∥FC
1 組の対辺が平行で，長さが等しいから，四角形 AFCE は平行四辺形である。
したがって　AF∥EC …①
四角形 EBFD においても，同じようにして
EB∥DF …②
①，②から，四角形 EGFH は，2 組の対辺がそれぞれ平行なので，平行四辺形である。

6 (1) ひし形　　(2) 正方形
(3) 長方形　　(4) 正方形

7
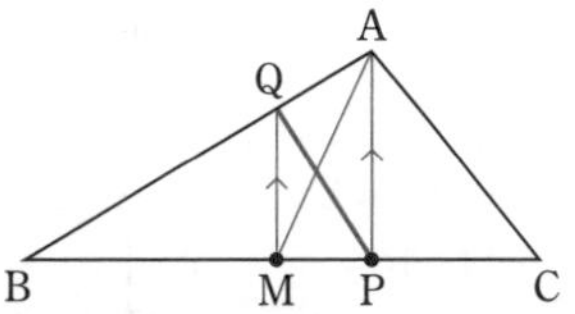

解説

2 平行四辺形の対角は等しいから，∠A＝a°
また，AD∥BC より
∠AEB＝∠EBC

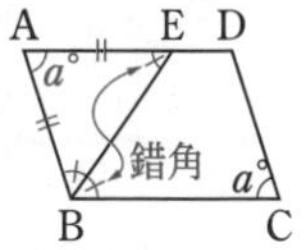

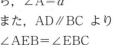

3 (1) 正三角形の 1 つの角の大きさは 60° だから，∠BCE＝∠ACD＝120°
参考 AD と BE の交点を F とすると
△ACD≡△BCE より
∠CAD＝∠CBE　ここで
∠CAD＋∠CDA
＝∠ACB＝60° だから

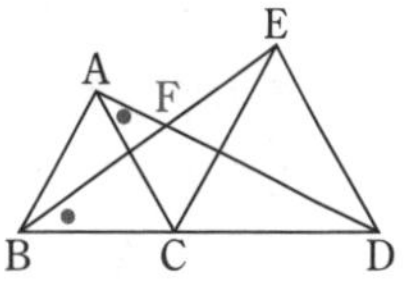

∠AFB＝∠CBE＋∠CDA＝∠CAD＋∠CDA＝60°
したがって ∠BFD も 120° となり，∠BCE と等しくなる。
(2) BEと AD をそれぞれふくむ三角形のうち，合同であるものをさがし，証明する。このとき，正三角形の 3 つの辺は等しいことを利用する。

4 (1) 直角三角形の合同条件を使う。AD と CB が斜辺。
(2) 別解 (1)より，△AED≡△CFB
合同な図形では対応する辺の長さは等しいから
AE＝CF …①
DE＝BF …②
△ABF と △CDE において
平行四辺形の性質より
AB＝CD …③
AB∥DC より平行線の錯角は等しいから
∠ABF＝∠CDE …④
②，③，④より，2 組の辺とその間の角がそれぞれ等しいから
△ABF≡△CDE

5 章

合同な図形の対応する辺の長さは等しいから
AF＝CE …⑤
①，⑤より，２組の対辺がそれぞれ等しいから，四角形 AECF は平行四辺形である。

6 (1) ∠A＝∠C，∠B＝∠D より，平行四辺形であることがわかる。
したがって AB＝CD，BC＝DA
これと BC＝CD より
AB＝BC＝CD＝DA

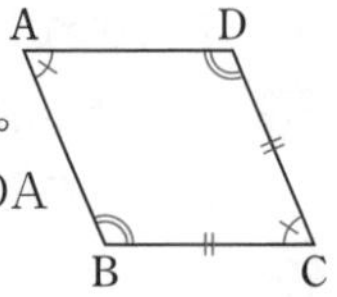

(2) AB＝BC＝CD＝DA より
ひし形であることがわかる。
また ∠A＝∠B，
∠A＋∠B＝180°
より ∠A＝∠B＝90°

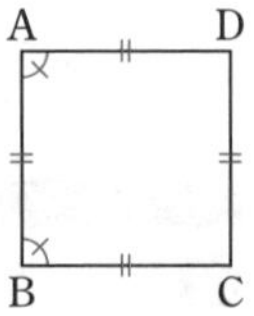

(3) AB＝DC，AB∥DC より平行四辺形であることがわかる。
また ∠C＝∠D，
∠C＋∠D＝180°
より ∠C＝∠D＝90°

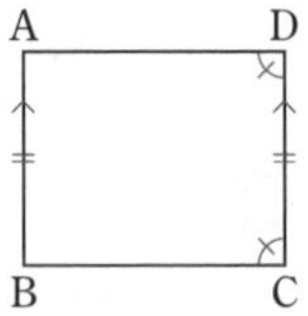

(4) ∠A＝∠B＝∠C＝∠D より
長方形であることがわかる。
したがって AB＝CD，
BC＝DA
また AB＝BC より
AB＝BC＝CD＝DA

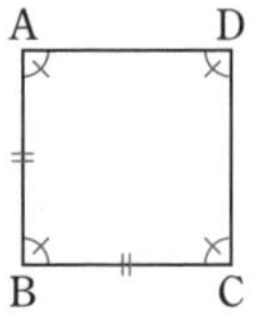

得点アップのコツ
問題の条件にあてはまるように図をかき，それをもとにして考えるとまちがいが少なくなる。

7 頂点Aと点M，点Pを直線で結ぶ。
点MはBCの中点なので，AMによって△ABCの面積は２等分される。
△APCの面積は，△ABCの面積の $\frac{1}{2}$ より
△AMPの分だけ小さいので，
△AMPと等しい面積の三角形を△APCに加えるようにする。
点Mを通ってAPに平行な直線をひき，ABとの交点をQとする。△APQは，△AMPと面積が等しいので，PQが△ABCの面積を２等分する直線となる。

6章 データの分布と確率

p.94〜95 ステージ1

1 (1) 第１四分位数…19冊
第２四分位数…39冊
第３四分位数…56冊
(2) 第１四分位数…25.5冊
第２四分位数…35冊
第３四分位数…50冊
(3) 37冊　(4) 24.5冊　(5) 56冊

2 (1) 第１四分位数…24日
第２四分位数…30日
第３四分位数…42日
(2) 第１四分位数…34日
第２四分位数…44日
第３四分位数…48日
(3)

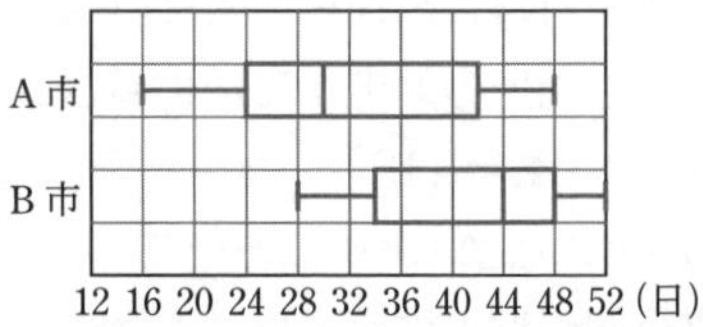

解説

1 (1) A組のデータの個数は10個だから，
第２四分位数は，$\frac{36+42}{2}=39$ (冊)
↑中央値は，５番目と６番目のデータの平均値。
３番目が第１四分位数だから19冊。
８番目が第３四分位数だから56冊。
(2) B組のデータの個数は９個だから，
第２四分位数は35冊。←中央値は５番目。
第１四分位数は，$\frac{22+29}{2}=25.5$ (冊)
↑２番目と３番目のデータの平均値。
第３四分位数は，$\frac{48+52}{2}=50$ (冊)
↑７番目と８番目のデータの平均値。
(5) 範囲は，(最大値)－(最小値) で求めるから，
65－9＝56 (冊)

2 (3) 箱ひげ図は，下の図のような形に表す。

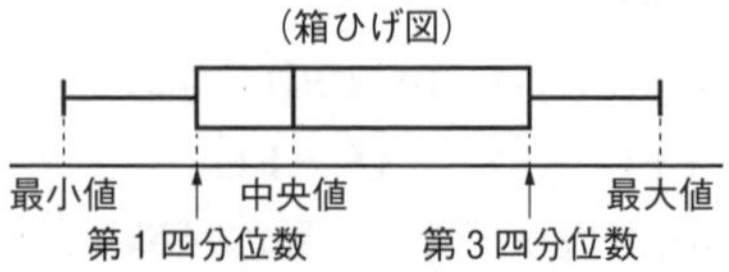

※箱の長さが「四分位範囲」になる。

96~97 ステージ1

❶ (1) $\frac{1}{5}$　(2) $\frac{4}{5}$

(3) 0

❷ (1) $\frac{1}{4}$　(2) $\frac{3}{4}$

❸ (1) $\frac{3}{8}$

(2) $\frac{7}{8}$

❹ (1) $\frac{1}{36}$

(2) $\frac{1}{12}$

(3) $\frac{1}{9}$

❷

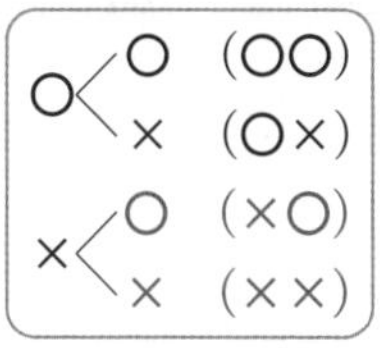

❸

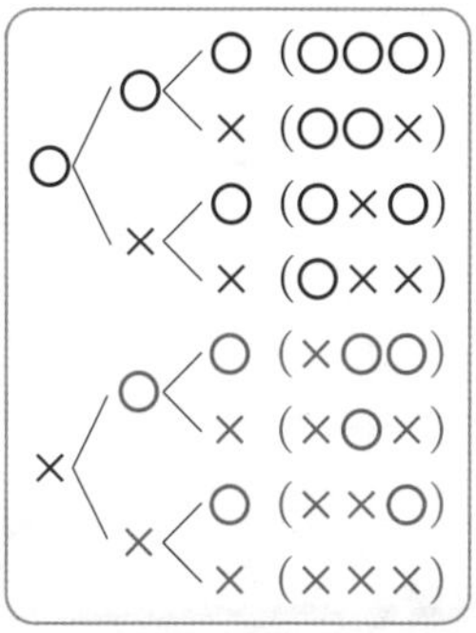

解説

❶ 起こりうるすべての場合は 10 通り。

(1) 取り出した玉が白玉である場合は 2 通り。

(2) 取り出した玉が白玉である確率が $\frac{1}{5}$ だから，

白玉でない確率は，$1-\frac{1}{5}=\frac{4}{5}$

(3) 黄玉ははいっていないから，黄玉を取り出す確率は 0 になる。

❷ 起こりうるすべての場合は，(表，表)，(表，裏)，(裏，表)，(裏，裏) の 4 通り。

(1) 2 枚とも表が出る場合は 1 通り。

(2) 「少なくとも 1 枚は表」というのは，「2 枚とも裏」ではない場合で，3 通りある。

❸ 樹形図などを使って，起こりうるすべての場合を調べる。

この問題の場合は 8 通り。

(1) 1 枚が表で，2 枚が裏になる場合は 3 通り。

(2) 「少なくとも 1 枚は表」→「3 枚とも裏」ではない場合は 7 通り。

❹ 表をつくって考えるとよい。

さいころの目の出方は 36 通り。

(1) 和が 12 になるのは (6，6) の 1 通り。

(2) 和が 10 になるのは (4，6)，(5，5)，(6，4) の 3 通り。

(3) 積が 6 になるのは (1，6)，(2，3)，(3，2)，(6，1) の 4 通り。

p.98~99 ステージ1

❶ (1) $\frac{1}{10}$　(2) $\frac{3}{5}$　(3) $\frac{9}{10}$

❷ (1) ㋐ $\frac{1}{10}$　㋑ $\frac{1}{5}$　㋒ $\frac{4}{5}$　(2) $\frac{4}{25}$

❸ ない

解説

❶ 起こりうるすべての場合の数は 10 になる。

(3) 「少なくとも 1 枚は奇数である」は，(1)の「2 枚とも偶数である」場合以外になるので，確率は $1-\frac{1}{10}=\frac{9}{10}$ となる。

❷ 赤玉，白玉が 2 個ずつあるので，それらを区別して樹形図をかき，場合の数を求める。

(1) 起こりうるすべての場合の数…10

(2) 取り出した玉をもとにもどすので，起こりうるすべての場合の数は 25 で，2 回とも白玉になる場合の数は 4 になる。

❸ 樹形図をかくと，下のようになる。

(1 人目)(2 人目)　(○…あたり　●…はずれ)

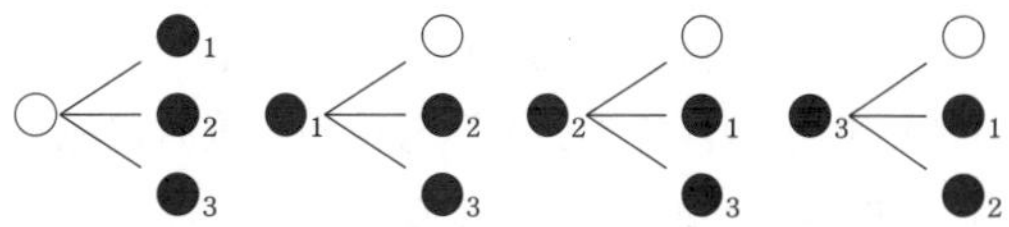

1 人目があたりくじを引く確率は $\frac{1}{4}$ で，2 人目があたりくじを引く確率は $\frac{3}{12}=\frac{1}{4}$ で，同じになる。

p.100~101 ステージ2

❶ (1) 第 1 四分位数 … 16 m
第 2 四分位数 … 21 m
第 3 四分位数 … 27 m

(2) 第 1 四分位数 … 12 m
第 2 四分位数 … 22 m
第 3 四分位数 … 27 m

(3)

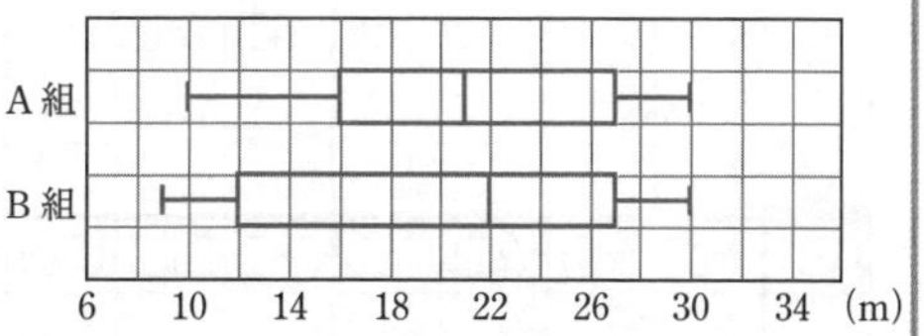

❷ (1) $\frac{1}{6}$　(2) $\frac{7}{36}$

❸ 8 個

❹ (1) $\frac{1}{4}$　(2) $\frac{11}{26}$

5 (1) $\frac{1}{5}$　　(2) $\frac{3}{5}$

6 ☆と□

〔理由〕起こりうるすべての場合は 64 通りであり，このどれが起こることも同様に確からしい。このうち，最も多いマークの組み合わせは☆と□の 24 通りだから，これが最も出やすい組み合わせになる。

・・・・・

① (1) $\frac{15}{16}$　　(2) $\frac{7}{16}$

② (1) $\frac{5}{18}$　　(2) $\frac{11}{36}$

解説

1 (1) データの数は 10 個。

第 2 四分位数は中央値のことで，5 番目と 6 番目のデータの平均値になる。

第 1 四分位数 … 16 (m)

第 2 四分位数 … $\frac{20+22}{2}=21$ (m)

第 3 四分位数 … 27 (m)

(3) 最小値，最大値と四分位数の位置に線をかき，次に箱をかく。そしてひげをかく。

3 赤玉の数を x 個とすると，

起こりうるすべての場合は 12 通り。

取り出した玉が赤玉である場合は x 通り。

赤玉の確率が $\frac{2}{3}$ より，$\frac{x}{12}=\frac{2}{3}$，$x=8$

5 起こりうるすべての場合は 15 通り。

(1) 男子 2 人が選ばれる場合は 3 通り。

(2) 男子 1 人，女子 1 人が選ばれる場合は 9 通り。

6 組み合わせを表を使って調べ，それぞれの場合の数を求めて比べる。

	☆	☆	☆	☆	□	□	□	○
☆	☆☆	☆☆	☆☆	☆☆	☆□	☆□	☆□	☆○
☆	☆☆	☆☆	☆☆	☆☆	☆□	☆□	☆□	☆○
☆	☆☆	☆☆	☆☆	☆☆	☆□	☆□	☆□	☆○
☆	☆☆	☆☆	☆☆	☆☆	☆□	☆□	☆□	☆○
□	☆□	☆□	☆□	☆□	□□	□□	□□	□○
□	☆□	☆□	☆□	☆□	□□	□□	□□	□○
□	☆□	☆□	☆□	☆□	□□	□□	□□	□○
○	☆○	☆○	☆○	☆○	□○	□○	□○	○○

起こりうるすべての場合は 64 通り。

① 樹形図をかくと，(○…表，●…裏)

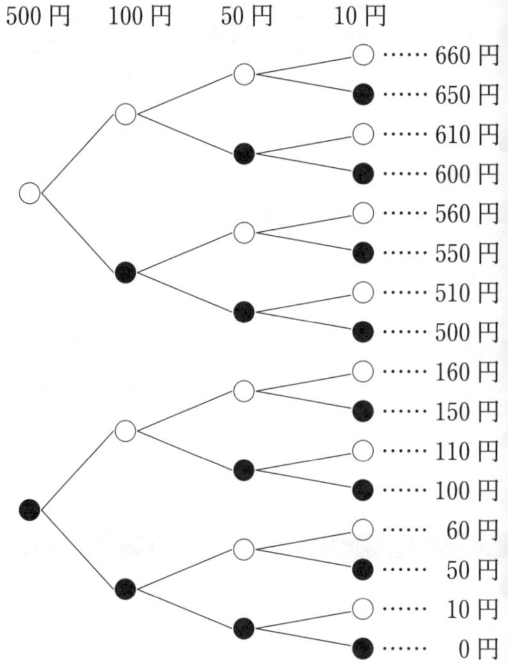

4 枚の硬貨の表裏の出方は全部で 16 通りある

(1) すべてが表になるのは 1 通りだから，少なとも 1 枚は裏となるのは 15 通りある。

よって，求める確率は，$\frac{15}{16}$

(2) 樹形図から，表が出た金額の合計が 510 円上になるのは 7 通りある。

よって，求める確率は $\frac{7}{16}$

② 大小 2 つのさいころを投げるとき，目の出方 $6\times6=36$ (通り) ある。

(1) $a+b\leqq5$ となるのは，

$(a, b)=(1, 1), (1, 2), (1, 3), (1, 4),$
$(2, 1), (2, 2), (2, 3), (3, 1), (3, 2), (4,$
の 10 通り。

よって，求める確率は $\frac{10}{36}=\frac{5}{18}$

(2) a，b の少なくとも一方が 5 となるのは，

$(a, b)=(1, 5), (2, 5), (3, 5), (4, 5),$
$(5, 5), (6, 5), (5, 1), (5, 2), (5, 3), (5,$
$(5, 6)$ の 11 通り。

よって，求める確率は $\frac{11}{36}$

102~103　ステージ3

(1) **26 回**

(2) **18 回**

(3) **14 回**

㋐, ㋓, ㋔

(1) $\frac{4}{9}$　(2) $\frac{1}{3}$

(1) **8 通り**

(2) ㋐ $\frac{5}{8}$　㋑ $\frac{3}{8}$

(1) $\frac{1}{6}$　(2) $\frac{8}{9}$

(1) $\frac{1}{15}$　(2) $\frac{1}{36}$

A … $\frac{1}{5}$　B … $\frac{1}{5}$

$\frac{9}{10}$

(1) $\frac{16}{25}$　(2) $\frac{7}{10}$

解説

さいころを投げて 6 の目が出る確率は $\frac{1}{6}$

「確率が $\frac{1}{6}$」ということは「6 回投げると必ず 1 回は 6 の目が出る」ということではないが，数多く投げると，全体のおよそ $\frac{1}{6}$ は 6 の目が出ると予想される。

(1) 樹形図をかくと，下のようになる。

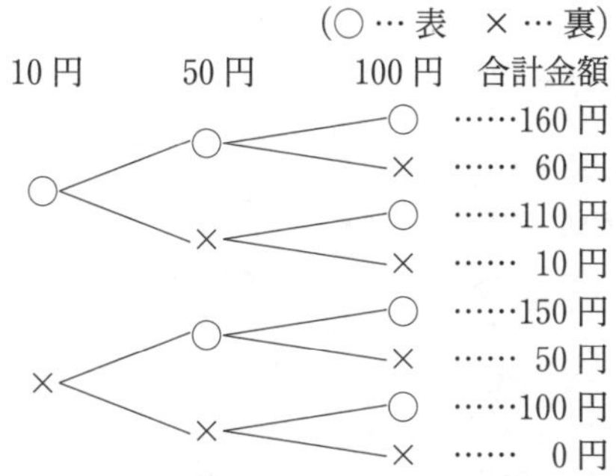

(2) ㋐　表の金額の合計が 100 円以下になるのは，5 通り。

㋑　表の金額の合計が 100 円より多くなるのは，㋐でない場合なので，

$1-\frac{5}{8}=\frac{3}{8}$

得点アップのコツ

樹形図や表などを使って，起こりうるすべての場合の数を調べると，落ちや重なりがなく調べられる。樹形図や表は，きちんとわかりやすくかく。

6 (1) 起こりうるすべての場合は 30 通り。
1 個目が赤，2 個目が白になる場合は 2 通り。

(2) 起こりうるすべての場合は 36 通り。
2 回とも赤になる場合は 1 通り。

7 樹形図にかくと，(○…あたり　●…はずれ)

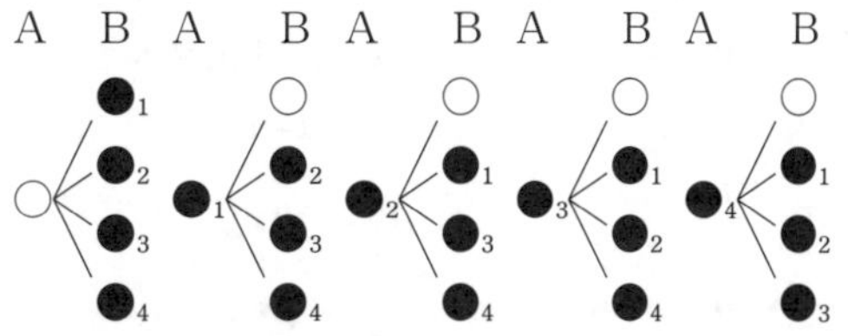

A があたりを引く確率は $\frac{1}{5}$,

B があたりを引く確率は $\frac{4}{20}=\frac{1}{5}$ で，同じ。

8 男子を A, B, C, 女子を d, e とすると，樹形図は右のようになる。

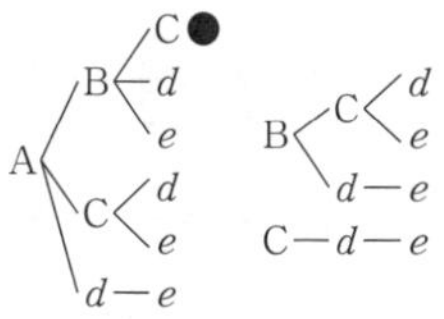

選び方は全部で 10 通り。
「少なくとも 1 人が女子」となるのは，「3 人とも男子」ではないときである。
「3 人とも男子」は●の 1 通り。
したがって，$1-\frac{1}{10}=\frac{9}{10}$

9 (1) 樹形図をかくとき，取り出したカードを箱にもどすので，同じカードを取り出す場合があることに注意して場合の数を求める。
起こりうるすべての場合は 25 通り。
2 つの数の積が偶数となる場合は 16 通り。

(2) 起こりうるすべての場合は 20 通り。
2 つの数の積が偶数となる場合は 14 通り。

p.104　ステージ1

1 (1) **450 円**　(2) **B スーパー**

解説

1 (1) $5000\times\frac{30}{600}+1000\times\frac{70}{600}+100\times\frac{500}{600}=450$

別解 $\frac{5000\times30+1000\times70+100\times500}{600}=450$

(2) 期待値は，B スーパーの方が A スーパーより高いので，B スーパーの方が有利である。

6 章

定期テスト対策 得点アップ! 予想問題

p.106~107 第1回

1 (1) $9a-8b$　(2) $-3y^2-2y$
(3) $7x+4y$　(4) $-7a-2b$
(5) $-2b$　(6) $16x+16y+18$
(7) $1.3a$　(8) $28x-30y$
(9) $\frac{22x-2y}{15}\left(\frac{22}{15}x-\frac{2}{15}y\right)$　(10) $\frac{19x-y}{6}\left(\frac{19}{6}x-\frac{1}{6}y\right)$

2 (1) $32xy$　(2) $-45a^2b$
(3) $-5a^2$　(4) $14a$
(5) $\frac{n}{4}$　(6) $10xy$
(7) $\frac{2}{5}x$　(8) $\frac{7}{6}a^3$

3 (1) -4　(2) 1

4 (1) $a=\frac{3}{2}b-2$　(2) $y=5x+\frac{19}{7}$
(3) $b=\frac{3}{2}a-3$　(4) $b=-2a+5c$
(5) $a=-3b+\frac{\ell}{2}$　(6) $c=\frac{V}{ab}$
(7) $b=\frac{3S}{h}-a$　(8) $a=-5b+2c$

5 $\frac{39a+40b}{79}\left(\frac{39}{79}a+\frac{40}{79}b\right)$ 点

6 連続する4つの整数は，n，$n+1$，$n+2$，$n+3$ と表される。
4つの整数の和から2をひくので
$n+(n+1)+(n+2)+(n+3)-2$
$=4n+4=4(n+1)$
$n+1$ は整数だから，$4(n+1)$ は4の倍数である。
したがって，連続する4つの整数の和から2をひいた数は4の倍数になる。

解説

1 (6)
$$\begin{array}{r} 34x+\ \ 4y+\ 9 \\ -)\ 18x-12y-\ 9 \\ \hline 16x+16y+18 \end{array}$$

$34x-18x=16x$
$4y-(-12y)=16y$
$9-(-9)=18$

(9) $\frac{1}{5}(4x+y)+\frac{1}{3}(2x-y)$
$=\frac{3(4x+y)+5(2x-y)}{15}$
$=\frac{12x+3y+10x-5y}{15}$
$=\frac{22x-2y}{15}\left(=\frac{22}{15}x-\frac{2}{15}y\right)$

2 (2) $(-3a)^2\times(-5b)$
$=9a^2\times(-5b)$
$=-45a^2b$

(8) $-\frac{7}{8}a^2\div\frac{9}{4}b\times(-3ab)$
$=-\frac{7a^2}{8}\times\frac{4}{9b}\times(-3ab)$
$=\frac{7a^2\times\overset{1}{\cancel{4}}\times\overset{1}{\cancel{3}}\overset{1}{a}\cancel{b}}{\underset{2}{\cancel{8}}\times\underset{3}{\cancel{9}}\underset{1}{\cancel{b}}}$
$=\frac{7}{6}a^3$

3 (1) $4(3x+y)-2(x+5y)$
$=12x+4y-2x-10y$
$=10x-6y$
この式に $x=-\frac{1}{5}$，$y=\frac{1}{3}$ を代入する。

得点アップのコツ
式の値を求めるときは，先に同類項をまとめてから文字に値を代入する。

4 (5)
$\ell=2(a+3b)$　両辺を入れかえる。
$2(a+3b)=\ell$　両辺を2でわる。
$a+3b=\frac{\ell}{2}$　$3b$ を移項する。
$a=-3b+\frac{\ell}{2}$

(7)
$S=\frac{(a+b)h}{3}$　両辺に3をかける。
$3S=(a+b)h$　両辺を入れかえる。
$(a+b)h=3S$　両辺を h でわる。
$a+b=\frac{3S}{h}$　a を移項する。
$b=\frac{3S}{h}-a$

5 (合計)=(平均点)×(人数) だから，
Aクラスの得点の合計は $39a$ 点，
Bクラスの得点の合計は $40b$ 点。
よって，2つのクラス全体の79人の得点の合計は，$(39a+40b)$ 点なので，平均点は，
$\frac{39a+40b}{39+40}=\frac{39a+40b}{79}$ (点)

108〜109 第2回

$\frac{13}{5}$

(1) $\begin{cases} x=1 \\ y=2 \end{cases}$ (2) $\begin{cases} x=-1 \\ y=4 \end{cases}$

(3) $\begin{cases} x=-1 \\ y=3 \end{cases}$ (4) $\begin{cases} x=2 \\ y=-1 \end{cases}$

(5) $\begin{cases} x=-3 \\ y=2 \end{cases}$ (6) $\begin{cases} x=-2 \\ y=-1 \end{cases}$

(7) $\begin{cases} x=5 \\ y=10 \end{cases}$ (8) $\begin{cases} x=3 \\ y=2 \end{cases}$

$\begin{cases} x=2 \\ y=-3 \end{cases}$

$a=2$，$b=1$

みかん… 9 個，りんご… 6 個

64

男子…77 人，女子…76 人

5 km

解説

$x=6$ を $4x-5y=11$ に代入すると，

$24-5y=11$　これを解いて，$y=\frac{13}{5}$

上の式を①，下の式を②とする。(2)，(4)，(6)は代入法で，その他は加減法で解くとよい。

(2)　②の y に①の $-2x+2$ を代入して，

$x-3(-2x+2)=-13$　　$x=-1$

(3)　①×5 より，$20x-10y=-50$ ……③

②×2 より，$6x+10y=24$ ……④

③+④ より，$26x=-26$，$x=-1$

(4)　①の $5y$ に②の $6x-17$ を代入すると，

$3x+(6x-17)=1$　　$x=2$

(5)　①×2 より，$2x+5y=4$ ……③

③×3 より，$6x+15y=12$ ……④

②×2 より，$6x+8y=-2$ ……⑤

④−⑤ より，$7y=14$　　$y=2$

(6)　①×10 より，$3x-4y=-2$ ……③

③に②を代入して，$3(5y+3)-4y=-2$

$15y+9-4y=-2$　　$y=-1$

(8)　①，②のかっこをはずして整理すると，

$x-4y=-5$ ……③

$4x-6y=0$ ……④

③×4 より，$4x-16y=-20$ ……⑤

⑤−④ より，$-10y=-20$　　$y=2$

3　$\begin{cases} 5x-2y=16 & \text{……①} \\ 10x+y-1=16 & \text{……②} \end{cases}$ の形になおす。

この他に，$\begin{cases} 5x-2y=10x+y-1 \\ 10x+y-1=16 \end{cases}$

$\begin{cases} 5x-2y=10x+y-1 \\ 5x-2y=16 \end{cases}$ としてもよい。

4　連立方程式に，$x=3$，$y=-4$ を代入すると，

$\begin{cases} 3a+4b=10 \\ -4a+3b=-5 \end{cases}$　これを加減法で解く。

6　もとの整数の十の位の数を x，一の位の数を y とすると，もとの整数は $10x+y$，十の位と一の位の数を入れかえた整数は，$10y+x$ と表される。

$\begin{cases} 10x+y=7(x+y)-6 & \text{……①} \\ 10y+x=10x+y-18 & \text{……②} \end{cases}$

①，②を連立方程式として解くと，$x=6$，$y=4$

得点アップのコツ

問題にふくまれる数量の関係から，x，y などを使った 2 つの方程式をつくり，連立方程式として解く。解を求めたら，解が問題にあうかどうか確かめる。

7　昨年度の男子，女子の新入生の人数をそれぞれ x 人，y 人とすると，男子の 10 % は $\frac{10}{100}x$ 人，女子の 5 % は $\frac{5}{100}y$ 人となる。

昨年度の人数の関係より，$x+y=150$　……①

今年度増減した人数の関係より，

$\frac{10}{100}x-\frac{5}{100}y=3$　……②

①，②を連立方程式として解くと，$\begin{cases} x=70 \\ y=80 \end{cases}$

今年度の新入生の人数は，

男子…$70\times\left(1+\frac{10}{100}\right)=77$ (人)

女子…$80\times\left(1-\frac{5}{100}\right)=76$ (人)

8　A地点から峠までの道のりを x km，峠からB地点までの道のりを y km とする。

行きの時間の関係より，$\frac{x}{3}+\frac{y}{5}=\frac{76}{60}$　……①

帰りの時間の関係より，$\frac{x}{5}+\frac{y}{3}=\frac{84}{60}$　……②

①，②を連立方程式として解くと，$\begin{cases} x=2 \\ y=3 \end{cases}$

A地点からB地点までは，$2+3=5$ (km)

p.110〜111 第3回

1 (1) $y=\frac{20}{x}$ (2) $y=-6x+10$

(3) $y=-0.5x+12$

y が x の1次関数であるもの (2), (3)

2 (1) $\frac{5}{6}$ (2) $y=\frac{2}{5}x+2$

(3) $y=-x+3$ (4) $y=4x-9$

(5) $y=-2x+4$ (6) $(3,\ -4)$

3 (1) $y=x+3$ (2) $y=3x-2$

(3) $y=-\frac{1}{3}x+3$ (4) $y=-\frac{3}{4}x-\frac{9}{4}$

(5) $y=-3$

4

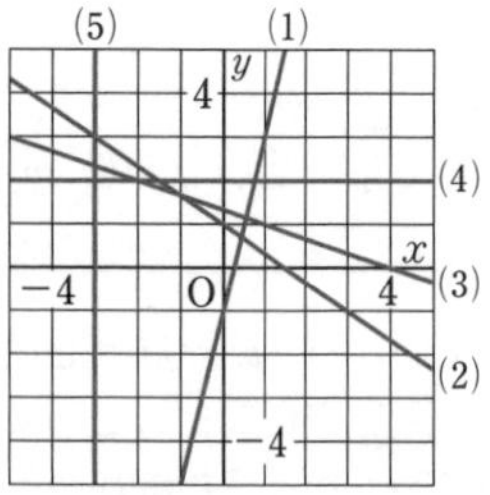

5 (1) 走る速さ…分速 200 m,
歩く速さ…分速 50 m

(2) 家から 900 m の地点

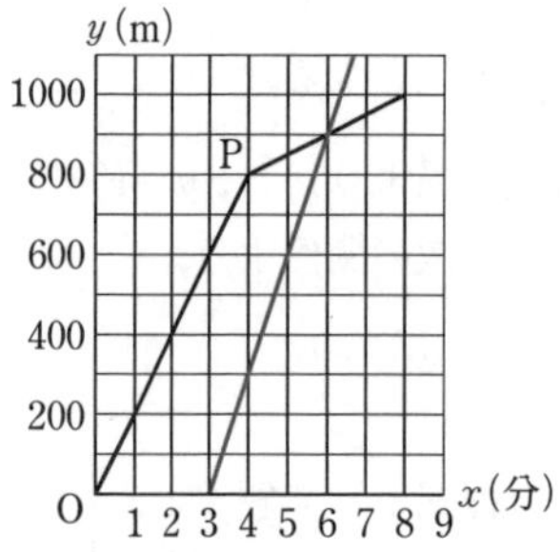

6 (1) $y=-6x+30$

(2) $0\leqq y\leqq 30$

解説

2 (1) 1次関数では,

$(\text{変化の割合})=\frac{(y\text{の増加量})}{(x\text{の増加量})}=a$ (傾き) で,

変化の割合は一定である。

(3) 求める1次関数の式を, $y=ax+b$ とする。

傾き a は, $a=\frac{-1-5}{4-(-2)}=-1$

だから, $y=-x+b$ となる。

この式に $x=-2$, $y=5$ を代入すると,

$5=2+b$, $b=3$

したがって, $y=-x+3$

別解 $x=-2$ のとき $y=5$ だから,

$5=-2a+b$

$x=4$ のとき $y=-1$ だから, $-1=4a$

この2つの式を連立方程式として解く。

(4) 平行な2直線の傾きは等しいので, 傾きが

で点 $(2,\ -1)$ を通る直線の式を求める。

(6) 2直線の交点の座標は, 連立方程式の解と

て求めることができるので, $\begin{cases}x+y=-1\\3x+2y=1\end{cases}$

解く。

3 (1) 傾きが1で切片が3の直線。

(2) 2点 $(0,\ -2)$, $(1,\ 1)$ を通る直線の式を求

る。

(4) 2点 $(-3,\ 0)$, $(1,\ -3)$ を通る直線の式を

める。

(5) 点 $(0,\ -3)$ を通り, x 軸に平行な直線の式

求める。

得点アップのコツ

直線が通る点の x 座標, y 座標から, 傾きと切片を求める。

4 (3) $y=0$ のとき $x=4$, $y=1$ のとき $x=1$

ので, 2点 $(4,\ 0)$, $(1,\ 1)$ をとり, この2点

通る直線をひく。

(4) $5y=10$ より, $y=2$

$(0,\ 2)$ を通り, x 軸に平行な直線になる。

(5) $4x+12=0$ より, $4x=-12$ $x=-3$

点 $(-3,\ 0)$ を通り, y 軸に平行な直線になる

5 (2) 兄は, Aさんが出発してから3分後は,

から 0 m の地点, 4分後は 300 m の地点にい

ので, 点 $(3,\ 0)$ と点 $(4,\ 300)$ を通る直線をひ

点 $(6,\ 900)$ で, Aさんのグラフと交わる。

6 (1) $\triangle ABP=\frac{1}{2}\times AP\times AB$

$=\frac{1}{2}\times(AD-PD)\times AB$

なので, $y=\frac{1}{2}(10-2x)\times 6=-6x+30$

(2) y が最小のとき, 点PはAにあり,

このとき $x=5$ より, $y=-6\times 5+30=0$

y が最大のとき, 点PはDにあり,

このとき $x=0$ より, $y=-6\times 0+30=30$

112〜113 第4回

(1) **90°**　(2) **55°**

(3) **75°**　(4) **60°**

△ABC≡△LKJ

2組の辺とその間の角がそれぞれ等しい。

△DEF≡△XVW

3組の辺がそれぞれ等しい。

△GHI≡△PQR

1組の辺とその両端の角がそれぞれ等しい。

(1) **2700°**　(2) **十六角形**

(3) **360°**　(4) **正二十四角形**

鈍角三角形

(1) **仮定　AC＝DB，∠ACB＝∠DBC**

結論　AB＝DC

(2) ㋐ **BCは共通**

㋑ **2組の辺とその間の角**

㋒ **△ABC≡△DCB**

㋓ **(合同な図形の) 対応する辺の長さは等しい。**

㋔ **AB＝DC**

△ABD≡△CBD

1組の辺とその両端の角がそれぞれ等しい。

△ABCと△DCBにおいて

仮定から　AB＝DC　…①

∠ABC＝∠DCB　…②

BCは共通　…③

①，②，③より，2組の辺とその間の角がそれぞれ等しいから

△ABC≡△DCB

合同な図形の対応する辺の長さは等しいから

AC＝DB

解説

(1) 右の図のように，ℓ，m に平行な直線をひいて考えるとよい。

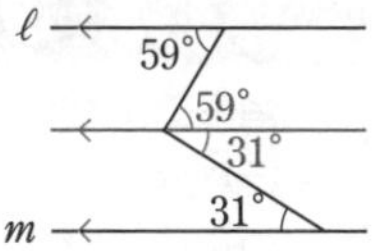

$\angle x=59°+31°=90°$

(2) 右の図より，

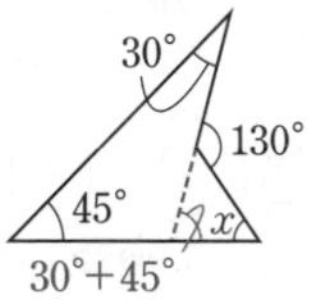

$30°+45°+\angle x=130°$，

$\angle x=55°$

(3) 多角形の外角の和は360°だから，

$\angle x+110°+108°+67°=360°$ より，$\angle x=75°$

(4) 六角形の内角の和は，

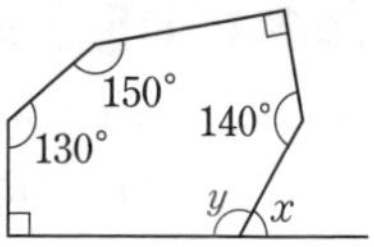

$180°\times(6-2)=720°$

$150°+130°+90°+\angle y$

$+140°+90°=720°$

より，$\angle y=120°$

$\angle x=180°-120°=60°$

2 ∠PQR＝180°−(80°＋30°)＝70° より，

∠GHI＝∠PQR

また，∠GIH＝∠PRQ，HI＝QR より，1組の辺とその両端の角がそれぞれ等しいから，

△GHI≡△PQR

3 (1) 十七角形の内角の和は，

$180°\times(17-2)=2700°$

(2) 求める多角形を n 角形とすると，

$180°\times(n-2)=2520°$

これを解くと，$n=16$ より十六角形になる。

(3) 多角形の外角の和は，360°である。

(4) 正多角形の外角の大きさはすべて等しいので，

$360°\div15°=24$ より，正二十四角形

4 この三角形の残りの角の大きさは，

$180°-(35°+25°)=120°$ である。

1つの角が鈍角なので，この三角形は鈍角三角形。

5 仮定「AC＝DB，∠ACB＝∠DBC」と BC＝CB (共通な辺) から，△ABC≡△DCB を導き，「合同な図形の対応する辺の長さは等しい」という性質を根拠として，結論「AB＝DC」を導く。

6 △ABD≡△CBD の証明は，次のようになる。

△ABDと△CBDで，

仮定から　∠ABD＝∠CBD　……①

∠ADB＝∠CDB　……②

BDは共通　……③

①，②，③より，1組の辺とその両端の角がそれぞれ等しいから　△ABD≡△CBD

7 ACとDBをそれぞれ1辺とする△ABCと△DCBに着目し，それらが合同であることを証明する。合同な図形の対応する辺の長さが等しいことから，AC＝DB がいえる。

得点アップのコツ

辺や角の大きさが等しいことを証明するには，その辺や角が対応する図形が合同であることを証明する。証明では，仮定から出発し，すでに正しいと認められたことがらを使って，結論を導く。

p.114〜115 第5回

1 (1) $\angle a=56^\circ$　(2) $\angle b=60^\circ$
(3) $\angle c=16^\circ$　(4) $\angle d=68^\circ$

2 (1) △ABC で，∠B＋∠C＝60° ならば，
∠A＝120° である。
正しい
(2) a，b を自然数とするとき，$a+b$ が奇数ならば，a は奇数，b は偶数である。
正しくない

3 (1) 直角三角形の斜辺と 1 つの鋭角がそれぞれ等しい。
(2) AD
(3) △DBC と △ECB において
仮定から
∠CDB＝∠BEC＝90°　……①
∠DBC＝∠ECB　……②
BC は共通　……③
①，②，③より，直角三角形の斜辺と 1 つの鋭角がそれぞれ等しいから
△DBC≡△ECB
合同な図形の対応する辺の長さは等しいから　DC＝EB

4 ㋐，㋓，㋗，㋘

5 △AEC，△AFC，△DFC

6 (1) 長方形　(2) EG⊥HF

7 △AMD と △BME において
仮定から
AM＝BM　……①
対頂角は等しいから
∠AMD＝∠BME　……②
AD∥EB で，錯角は等しいから
∠MAD＝∠MBE　……③
①，②，③より，1 組の辺とその両端の角がそれぞれ等しいから　△AMD≡△BME
合同な図形の対応する辺の長さは等しいから
AD＝BE　……④
また，平行四辺形の対辺は等しいから
AD＝BC　……⑤
④，⑤より　BC＝BE

解説

1 (1) $\angle a=(180^\circ-68^\circ)\div 2=56^\circ$
(2) $\angle b+\angle b=2\angle b=120^\circ$ より，$\angle b=60^\circ$
(3) △ABC は正三角形，△ABD は二等辺三角
$\angle \mathrm{BAD}=60^\circ+\angle c=76^\circ$ より，
$\angle c=16^\circ$
(4) 右の図より，$2\angle d+44^\circ=180^\circ$
これを解いて，$\angle d=68^\circ$

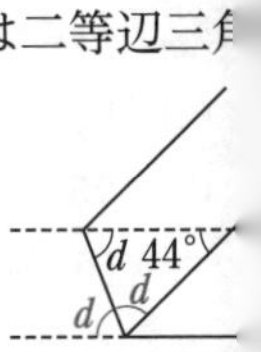

2 (1) △ABC で，∠B＋∠C＝60° のとき，
∠A＝180°−(∠B＋∠C)＝180°−60°＝120°
なるので，逆は正しい。
(2) a が偶数で b が奇数となる場合もあるので
逆は正しくない。

4 ㋐ 1 組の対辺が平行で，その長さが等しい
㋓ 2 組の対角がそれぞれ等しい。
㋗ ∠A＋∠B＝180° より，AD∥BC
∠B＋∠C＝180° より，AB∥DC
2 組の対辺がそれぞれ平行である。
㋘ 対角線が，それぞれの中点で交わる。
㋑，㋒，㋔，㋕，㋖は，次の図のようになる場
があるので，平行四辺形になるとはいえない。

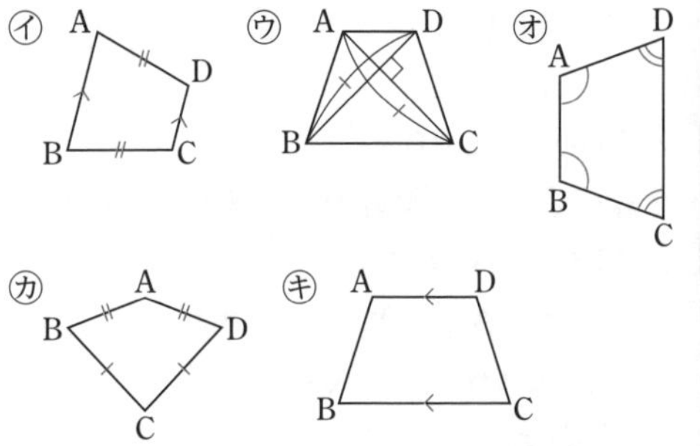

5 AE∥DC だから，AE を共通な底辺とみて，
△AED＝△AEC
EF∥AC だから，AC を共通な底辺とみて，
△AEC＝△AFC
AD∥FC だから，FC を共通な底辺とみて，
△AFC＝△DFC

得点アップのコツ
三角形の 1 つの辺を共通の底辺として，その底辺と平行な線上に頂点がある三角形を見つける。また，他の辺についても，同じようにして面積の等しい三角形を見つける。

6 (1) 平行四辺形だから，∠A＝∠C，∠B＝∠
である。∠A＝∠D とすれば，
∠A＝∠D＝∠B＝∠C で，4 つの角がすべ
等しい四角形になる。
(2) 正方形の対角線は，長さが等しく，垂直に
わっている。

116〜117 第6回

(1) 6点　(2) 8点　(3) 3点

(1) $\frac{1}{4}$　(2) $\frac{4}{13}$　(3) 0

(1) $\frac{3}{5}$　(2) $\frac{2}{5}$

$\frac{3}{8}$

(1) $\frac{4}{25}$　(2) $\frac{2}{25}$　(3) $\frac{4}{25}$

(1) $\frac{5}{18}$　(2) $\frac{5}{36}$

(3) $\frac{1}{3}$　(4) $\frac{3}{4}$

(1) $\frac{3}{7}$　(2) $\frac{2}{7}$

(1) $\frac{1}{15}$　(2) $\frac{3}{5}$

解説

(1) データの個数が10個だから，中央値（第2四分位数）は5番目と6番目の平均値で，6点

(2) 8番目が第3四分位数だから，8点

(3) 第3四分位数から第1四分位数をひいた値を四分位範囲という。

(1) ハートのカードは13枚ある。

(2) 6の約数1，2，3，6のカードは1つのマークについて4枚だから，

全部で 4×4=16（枚）

(3) ジョーカーははいっていないので，確率は0

(1) カードの取り出し方は，下の図のように10通りある。そのうち，和が奇数になるのは○をつけた6通りで，

確率は $\frac{6}{10}=\frac{3}{5}$

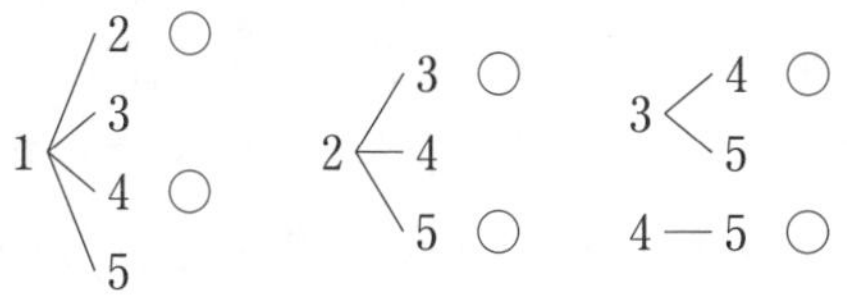

(2) 和が偶数になるのは奇数でないときだから，

$1-\frac{3}{5}=\frac{2}{5}$

別解 和が偶数になるのは，上の図で○のついていない4通りで，

確率は $\frac{4}{10}=\frac{2}{5}$

5 赤玉を赤$_1$，赤$_2$，白玉を白$_1$，白$_2$，黒玉を黒とすると，樹形図は下のようになる。

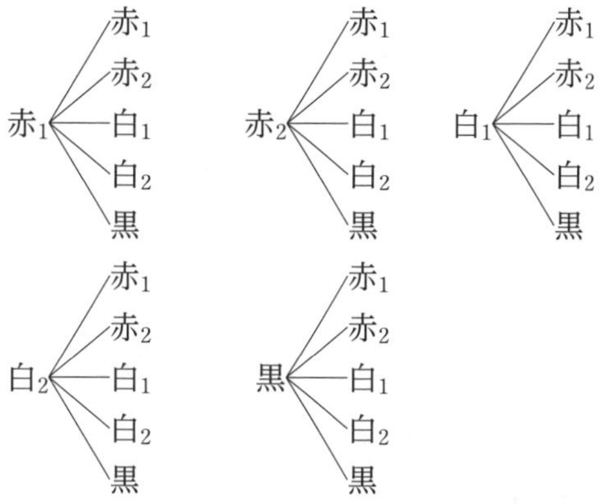

(2) はじめに赤玉が出て，次に黒玉が出るのは2通り。

(3) 赤玉が1個，黒玉が1個出るのは4通り。

得点アップのコツ

樹形図をかくとき，赤玉を赤$_1$，赤$_2$…などのように，同じ色の玉でも違う玉であることを区別してかいて，起こりうる場合の数を調べる。

6 (1) 目の出方は全部で36通り。出る目の数の和が9以上になるのは右の表より，10通りである。

A＼B	1	2	3	4	5	6
1	2	3	4	5	6	7
2	3	4	5	6	7	8
3	4	5	6	7	8	9
4	5	6	7	8	9	10
5	6	7	8	9	10	11
6	7	8	9	10	11	12

(3) 出る目の数の和が3の倍数になるのは，右の表で，3，6，9，12になるとき。

(4) 1−（奇数になる確率）で求める。積が奇数になるのは，A，Bともに奇数の目が出たとき。

7 (1) くじの引き方は全部で42通りあり，このうち，Bがあたる場合は18通りある。

(2) A，Bともにはずれる場合は12通りある。

8 (1) くじの引き方は全部で15通りあり，2本ともあたる場合の数は1通りである。

(2) 1本だけあたる場合は8通りなので，少なくとも1本あたりである場合は 1+8=9（通り）

よって，求める確率は，$\frac{9}{15}=\frac{3}{5}$

別解 2本ともはずれる確率は6通りである。

1本以上があたりである確率は，

1−（2本ともはずれる確率）なので，

$1-\frac{2}{5}=\frac{3}{5}$

p.118~120 第7回

1 (1) $2x+7y$　(2) $12x-18y$

(3) $-4x-10y$　(4) $-28b^3$

(5) $-y$　(6) $\dfrac{13x+7y}{10}\left(\dfrac{13}{10}x+\dfrac{7}{10}y\right)$

2 (1) $\begin{cases} x=-2 \\ y=5 \end{cases}$　(2) $\begin{cases} x=-3 \\ y=-7 \end{cases}$

(3) $\begin{cases} x=2 \\ y=-1 \end{cases}$　(4) $\begin{cases} x=3 \\ y=1 \end{cases}$

3 (1) -1　(2) $y=3x+14$

(3) $y=\dfrac{3}{2}x-3$

4 男子…338 人　女子…357 人

5

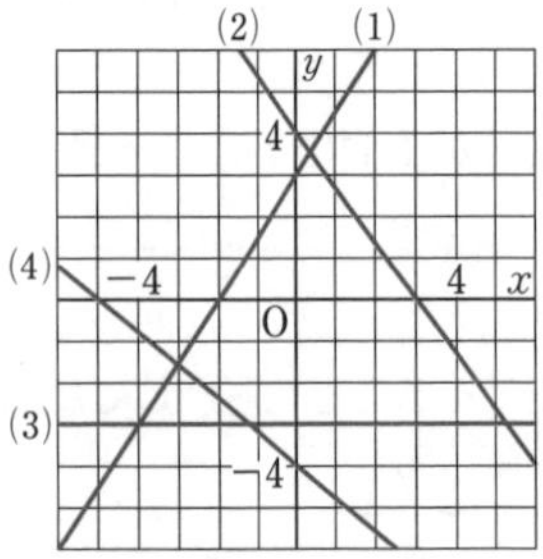

6 (1) A(−1, 0)　B(4, 0)

(2) (2, 3)　(3) $\dfrac{15}{2}$

7 (1) 120°　(2) 94°　(3) 135°

8 ㋐ DE　㋑ CE　㋒ 対頂角

㋓ 2 組の辺とその間の角

㋔ 対応する角の大きさ

㋕ 錯角

9 △ABF と △CDE において,

平行四辺形の対辺は等しいから

AB=CD ……①

また　BF=BC−CF, DE=DA−AE

BC=DA, CF=AE だから

BF=DE ……②

平行四辺形の対角は等しいから

∠B=∠D ……③

①, ②, ③から, 2 組の辺とその間の角がそれぞれ等しいから　△ABF≡△CDE

合同な図形の対応する辺の長さは等しいから

AF=CE

10 $\dfrac{3}{8}$

11 $\dfrac{11}{12}$

解説

1 (6) $\dfrac{3x-y}{2}-\dfrac{x-6y}{5}$

$=\dfrac{5(3x-y)-2(x-6y)}{10}$

$=\dfrac{15x-5y-2x+12y}{10}$

$=\dfrac{13x+7y}{10}\ \left(=\dfrac{13}{10}x+\dfrac{7}{10}y\right)$

得点アップのコツ

分数のあるたし算やひき算は, 通分して計算する。
かっこをはずすときは, 符号の変わり方に注意する

3 (1) $9a^2b\div6ab\times10b=\dfrac{9a^2b\times10b}{6ab}=15ab$

この式に a, b の値を代入する。

4 昨年度の男子を x 人, 女子を y 人とすると,

$\begin{cases} x+y=665 \\ \dfrac{4}{100}x+\dfrac{5}{100}y=30 \end{cases}$

これを解くと, $\begin{cases} x=325 \\ y=340 \end{cases}$

今年度の男子…$325\times\left(1+\dfrac{4}{100}\right)=338$ (人)

今年度の女子…$340\times\left(1+\dfrac{5}{100}\right)=357$ (人)

5 (1) $x=0$ を代入すると, $y=3\rightarrow(0,\ 3)$

$y=0$ を代入すると, $x=-2\rightarrow(-2,\ 0)$

この 2 点を通る直線をひく。

6 (3) AB=4−(−1)=5

$\triangle PAB=\dfrac{1}{2}\times AB\times3=\dfrac{1}{2}\times5\times3=\dfrac{15}{2}$

9 △ABF と △CDE の合同を証明するには, 平行四辺形の性質を使えばよい。

10 表, 裏の出方は全部で 8 通りあり, 合計得点が 20 点となる場合は, 1 回だけ表が出る場合で, (表, 裏, 裏), (裏, 表, 裏), (裏, 裏, 表) の 3 通りあるから, 求める確率は, $\dfrac{3}{8}$ である。

11 出る目の数の和が 11 以上になるのは, (A, B)=(5, 6), (6, 5), (6, 6) の 3 通りで, その確率は, $\dfrac{3}{36}=\dfrac{1}{12}$ である。

出る目の数の和が 10 以下になる確率は,

$1-\dfrac{1}{12}=\dfrac{11}{12}$ である。

6 5 4 3 2
D C B A

教科書ワーク 数学 特別ふろく②

無料ダウンロード

定期テスト対策問題

こちらにアクセスして，表紙カバーについているアクセスコードを入力してご利用ください。
https://www.kyokashowork.jp/ma11.html

1 実力テスト

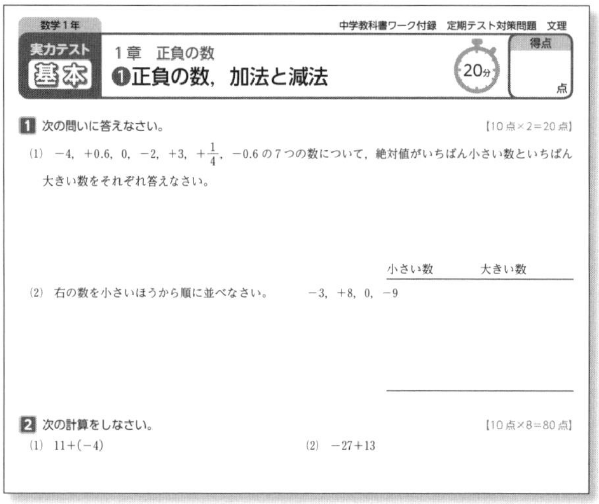
数学1年　中学教科書ワーク付録　定期テスト対策問題　文理
実力テスト 基本　1章　正負の数
❶正負の数，加法と減法　20分　得点　点

1 次の問いに答えなさい。【10点×2＝20点】
(1) -4，$+0.6$，0，-2，$+3$，$+\frac{1}{4}$，-0.6 の7つの数について，絶対値がいちばん小さい数といちばん大きい数をそれぞれ答えなさい。
小さい数　大きい数
(2) 右の数を小さいほうから順に並べなさい。　-3，$+8$，0，-9

2 次の計算をしなさい。【10点×8＝80点】
(1) $11+(-4)$　(2) $-27+13$

基本・標準・発展の3段階構成で無理なくレベルアップできる！

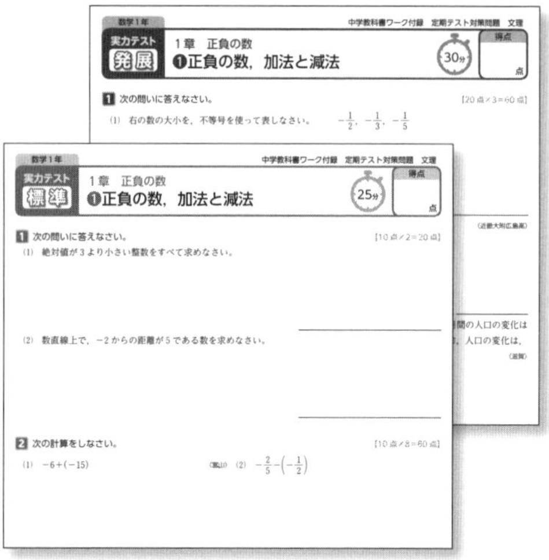
数学1年　中学教科書ワーク付録　定期テスト対策問題　文理
実力テスト 発展　1章　正負の数
❶正負の数，加法と減法　30分　得点　点
1 次の問いに答えなさい。【20点×3＝60点】
(1) 右の数の大小を，不等号を使って表しなさい。　$-\frac{1}{2}$，$-\frac{1}{3}$，$-\frac{1}{5}$

数学1年　中学教科書ワーク付録　定期テスト対策問題　文理
実力テスト 標準　1章　正負の数
❶正負の数，加法と減法　25分　得点　点
1 次の問いに答えなさい。【10点×2＝20点】
(1) 絶対値が3より小さい整数をすべて求めなさい。
(2) 数直線上で，-2からの距離が5である数を求めなさい。
2 次の計算をしなさい。【10点×8＝80点】
(1) $-6+(-15)$　(2) $-\frac{2}{5}-\left(-\frac{1}{2}\right)$

2 観点別評価テスト

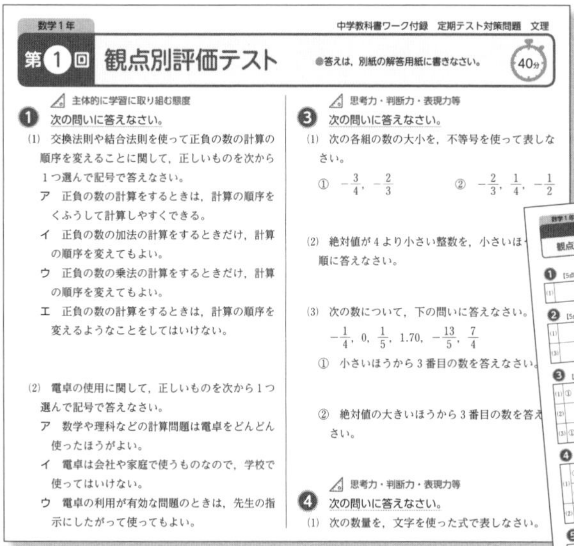
数学1年　中学教科書ワーク付録　定期テスト対策問題　文理
第1回 観点別評価テスト　●答えは，別紙の解答用紙に書きなさい。　40分

主体的に学習に取り組む態度
❶ 次の問いに答えなさい。
(1) 交換法則や結合法則を使って正負の数の計算の順序を変えることに関して，正しいものを次から1つ選んで記号で答えなさい。
ア　正負の数の計算をするときは，計算の順序をくふうして計算しやすくできる。
イ　正負の数の加法の計算をするときだけ，計算の順序を変えてもよい。
ウ　正負の数の乗法の計算をするときだけ，計算の順序を変えてもよい。
エ　正負の数の計算をするときは，計算の順序を変えるようなことをしてはいけない。
(2) 電卓の使用に関して，正しいものを次から1つ選んで記号で答えなさい。
ア　数学や理科などの計算問題は電卓をどんどん使ったほうがよい。
イ　電卓は会社や家庭で使うものなので，学校で使ってはいけない。
ウ　電卓の利用が有効な問題のときは，先生の指示にしたがって使ってもよい。

思考力・判断力・表現力等
❸ 次の問いに答えなさい。
(1) 次の各組の数の大小を，不等号を使って表しなさい。
①　$-\frac{3}{4}$，$-\frac{2}{3}$　②　$-\frac{2}{3}$，$\frac{1}{4}$，$-\frac{1}{2}$
(2) 絶対値が4より小さい整数を，小さいほう…順に答えなさい。
(3) 次の数について，下の問いに答えなさい。
$-\frac{1}{4}$，0，$\frac{1}{5}$，1.70，$-\frac{13}{5}$，$\frac{7}{4}$
①　小さいほうから3番目の数を答えなさい。
②　絶対値の大きいほうから3番目の数を答え…さい。

思考力・判断力・表現力等
❹ 次の問いに答えなさい。
(1) 次の数量を，文字を使った式で表しなさい。

観点別評価にも対応。苦手なところを克服しよう！

解答用紙が別だから，テストの練習になるよ。

数学1年　第1回　観点別評価テスト　解答用紙